Sajjad Porgar

Noções básicas dos processos de refinaria de unidades petrolíferas

AF307027

Sajjad Porgar

Noções básicas dos processos de refinaria de unidades petrolíferas

ScienciaScripts

Imprint

Any brand names and product names mentioned in this book are subject to trademark, brand or patent protection and are trademarks or registered trademarks of their respective holders. The use of brand names, product names, common names, trade names, product descriptions etc. even without a particular marking in this work is in no way to be construed to mean that such names may be regarded as unrestricted in respect of trademark and brand protection legislation and could thus be used by anyone.

Cover image: www.ingimage.com

This book is a translation from the original published under ISBN 978-620-5-63219-2.

Publisher:
Sciencia Scripts
is a trademark of
Dodo Books Indian Ocean Ltd. and OmniScriptum S.R.L publishing group

120 High Road, East Finchley, London, N2 9ED, United Kingdom
Str. Armeneasca 28/1, office 1, Chisinau MD-2012, Republic of Moldova, Europe
Printed at: see last page
ISBN: 978-620-5-70305-2

Copyright © Sajjad Porgar
Copyright © 2023 Dodo Books Indian Ocean Ltd. and OmniScriptum S.R.L publishing group

Noções básicas dos processos de refinaria de unidades petrolíferas

Autor: Sajjad Porgar

Tabela de conteúdos

Introdução

O petróleo bruto é uma mistura complexa de hidrocarbonetos que abrange uma vasta gama de pontos de ebulição. Os hidrocarbonetos são compostos por diferentes moléculas, a mais simples e a mais leve das quais é o metano (em forma gasosa) e a mais pesada é o betume. Os hidrocarbonetos constituem frequentemente 50% a 98% do petróleo bruto.

Os hidrocarbonetos em petróleo bruto são: (PONA)

- Parafinas ou alcanos (compostos saturados de cadeia)
- Olefinas ou alcenos (compostos de cadeia insaturados)
- Naftenos (compostos cíclicos saturados)
- Aromáticos (compostos cíclicos insaturados)

Compostos de impurezas em petróleo bruto

- Os compostos oxigenados no óleo incluem ácidos e fenóis. Os ácidos no petróleo são na sua maioria ácidos cíclicos ou nafténicos. Os ácidos acíclicos também existem em formas saturadas ou insaturadas.
- Compostos de enxofre: a maioria dos óleos contém enxofre livre em solução ou em combinação. A corrosividade e o cheiro desagradável do óleo é devida à presença de compostos de enxofre.
- Compostos de nitrogénio: O nitrogénio pode estar presente numa das seguintes formas na composição do petróleo bruto: quinolina-piridina-carbazol-pirrol.
- Derivados metálicos: quando queimam os restantes materiais da destilação do petróleo bruto; deixa uma cinza que contém alguns compostos metálicos. Contêm elementos tais como silício, ferro, alumínio, cálcio, magnésio, níquel, sódio e vanádio.

Processos de refinação

O significado de processos de refinação é um conjunto de diferentes processos de conversão de petróleo bruto natural em produtos com características específicas que podem ser consumidos no mercado.

A refinação do petróleo bruto é feita em três fases principais:

- Separação física: inclui operações tais como destilação, extracção de solventes e cristalização.
- Tratamento químico: inclui processos tais como conversão catalítica, craqueamento térmico e craqueamento catalítico.
- Operação de purificação: normalmente feita no produto final e inclui processos como a lavagem com ácido ou soda e a absorção por aminas. A fim de remover substâncias nocivas (venenos químicos) para os catalisadores dos reactores de conversão e de decomposição, é efectuado o tratamento com hidrogénio na alimentação destes reactores.

Os produtos da refinaria podem ser divididos em três categorias principais:

- Produtos acabados que podem ser consumidos directamente.

- Produtos semi-acabados que precisam de ser processados para serem consumidos.

- Produtos intermédios que são utilizados como matéria-prima para as indústrias petroquímicas.

Processos de refinação

- Separação: destilação, extracção com solvente.

- Conversão: rachadura, reforma, isomerização, polimerização, alquilação.

- Tratamento: dessulfurização, remoção de hidrocarbonetos pesados, remoção de compostos de impurezas.

Métodos de destilação na refinaria.

- Destilação sob pressão atmosférica: utilizada para destilação primária de petróleo bruto.

- Destilação sob pressão de vácuo: É utilizada para a destilação de produtos petrolíferos pesados obtidos da destilação atmosférica.

- Destilação a alta pressão: utilizada para a destilação de gases petrolíferos.

Processos de extracção

No processo de extracção, a separação de hidrocarbonetos em cortes de petróleo é feita com base na diferença de solubilidade de um solvente adequado. Por exemplo, considere uma mistura de álcool e gasolina. Estas duas substâncias não podem ser separadas por destilação, e se quisermos separar o álcool, adicionamos água à mistura, e o dispositivo utilizado para a separação por solvente é chamado torre de extracção.

Propriedades dos solventes

- Há uma grande diferença entre o ponto de ebulição do solvente e a sua camada superior e a extracção.

- Diferença de alta densidade entre óleo e corte com solvente.

- Estabilidade química e ausência de corrosão.

- Baixa temperatura de congelação.

- Não tóxico e não inflamável.

- Barato e abundante.

Processos de conversão

As fracções de óleo obtidas no processo de destilação devem ser submetidas a novas operações para aumentar a quantidade, eficiência e qualidade do produto. Para este efeito, as reacções químicas que alteram a estrutura dos hidrocarbonetos e convertem um corte específico são designadas por unidade.

Os métodos de conversão mais importantes nas indústrias de refinação

- Rachaduras térmicas.
- Rachaduras catalíticas.
- Polimerização.
- Alquilação.
- Isomerização.
- Hidrocraqueamento.

Variedade de catalisadores

Em geral, os catalisadores utilizados no petróleo estão divididos nas duas categorias seguintes:

- Metais como o níquel, platina, ou óxidos metálicos: são frequentemente utilizados para quebrar ou formar ligações C-H.

- Ácidos fortes tais como ácido sulfúrico, ácido fosfórico, ácido fluorídrico: utilizado para formar ou quebrar ligações C-C.

Rachaduras catalíticas

No craqueamento catalítico, o catalisador SIO_2 , $Al\ O_{23}$ é utilizado pela primeira vez. O mecanismo de acção é baseado na formação de iões de carbonização. Estas carbonocações são activas e podem provocar várias reacções.

Reacções unitárias básicas

- Aromatização ou hidrogenação de naftenos e sua conversão em aromáticos

- Conversão simultânea de parafinas normais em naftenas e a sua conversão em aromáticas

- Hidrocracking: utilizando hidrogénio produzido durante reacções anteriores, cadeias curtas de hidrocarbonetos são produzidas pela quebra de cadeias longas.

- Dessulfurização: ao utilizar o hidrogénio produzido, este é combinado entre si e produz novos isómeros.

Tipos de reactores catalíticos

- Reactor de leito fixo
- Reactor de leito móvel: O reactor de leito móvel significa utilizar ferramentas mecânicas tais como correias transportadoras ou placas portadoras de catalisador para remover permanentemente o catalisador da zona de reacção e enviá-lo para o dispositivo de regeneração e devolvê-lo à zona de reacção.
- Reactor de leito fluidizado: Em reactores de leito fluidizado, um forte fluxo de gás ou líquido é utilizado para o transporte de catalisadores.

Unidade CRU (formador de placa, unifiner)

O objectivo desta unidade é a produção de gasolina de alta qualidade numa refinaria. O trabalho da unidade unifiner consiste em preparar a alimentação adequada para a antiga máquina de pratos. Na unidade unifiner, os venenos metálicos e as impurezas na alimentação de entrada são separados antes de ir para a máquina formadora da placa.

A) Unidade Unifiner

As partes principais são forno térmico e reactor catalítico e torres de destilação. A alimentação desta unidade de corte é nafta de má qualidade ou gasolina, que contém impurezas metálicas tais como arsénio, ferro e chumbo, e impurezas não metálicas tais como azoto, oxigénio e enxofre, que são separadas por catalisadores de cobalto-molibdénio através da realização de reacções apropriadas.

Reacções químicas da unidade UNIFINER.

- Conversão de compostos orgânicos de enxofre em sulfureto de hidrogénio.

- Conversão de compostos orgânicos contendo azoto em amoníaco.

- Conversão de compostos orgânicos oxigenados em água.

- Saturação de compostos olefínicos.

- Conversão de compostos orgânicos de halogeneto de hidrogénio em halogeneto de hidrogénio.

- Remoção de compostos orgânicos metálicos.

b) Unidade anterior da plataforma

- Os principais componentes são fornos, reactores e torres de destilação.

- O catalisador utilizado nesta unidade é composto de platina e níquel, que é utilizado num leito fixo.

- Nesta unidade, todas as reacções previamente armazenadas, ou seja, hidrogenação, hidrogenação, isomerização, e ciclização, são realizadas.

Reacções básicas da unidade anterior Plat

- Hidrogenação de hidrocarbonetos.

- Isomerização de parafinas.

- Hidrogenação e produção de compostos cíclicos.

- Discriminação dos hidrocarbonetos por hidrogénio.

Reacções que são desfavoráveis e causam uma queda na eficiência da unidade:

- Separação do Grupo Metilo.

- Abertura do laço.

- Formação de compostos policíclicos.

- Detalhamento de compostos não hidrocarbónicos.

Métodos sintéticos

- Alquilação: Alquilação significa a acumulação de uma molécula saturada com uma molécula saturada. Esta reacção é realizada na presença de um catalisador de ácido fluorídrico. Por exemplo, a reacção entre a gasolina e o metano pode ser mencionada, o que leva à formação de tolueno.

- Isomerização: Neste método, ao isomerizar compostos lineares simples em compostos ramificados, a qualidade do produto é aumentada. Quanto maior o número de ramificações, maior o número de octanas ou o grau de boa combustão da gasolina. Por exemplo, conversão do butano em isobutano. ou conversão do pentano em isopentano na presença de catalisadores HCL, $ALCL_3$.

- Polimerização: Polimerização significa combinar duas ou mais moléculas de hidrocarbonetos olefínicos uma com a outra e produzir um hidrocarboneto saturado mais pesado. Os catalisadores utilizados neste método são: ácido sulfúrico - ácido fosfórico e sulfato de cobre.

- As operações de craqueamento térmico são principalmente utilizadas para produzir produtos que são utilizados como combustível, tais como querosene e fuelóleo (óleo de forno), enquanto que as operações catalíticas são utilizadas para produzir gasolina e combustíveis para motores.

Combinação de métodos térmicos e catalíticos (unidade Isomax)

É uma unidade que combina métodos térmicos e catalíticos para converter resíduos da destilação a vácuo em produtos de destilação intermédios, tais como gasolina e querosene. Para atingir este objectivo, são utilizadas altas temperaturas e pressões na presença de hidrogénio. Os produtos obtidos através deste método são: gases leves, gás liquefeito, gasolina leve, e petróleo.

As principais partes da unidade são compressores e reactores e torres de destilação. Os catalisadores utilizados têm dois papéis e efectuam a hidrogenação e a fissuração. Os tipos mais importantes são: CO/MO; Pt/Zn; W/NI; $AL\,O\,/SiO_{232}$.

Reacções que têm lugar:

- Rachadura de hidrocarbonetos pesados em hidrocarbonetos mais leves, na presença de hidrogénio.
- Remoção de nitrogénio (reacção entre piridina e hidrogénio) e remoção de enxofre.
- Aromas saturantes e olefinas saturantes.

Produção de hidrogénio H_2 Planta

O objectivo desta unidade é preparar o hidrogénio para injecção na alimentação da unidade ISOMAX. A alimentação da unidade de produção de hidrogénio é de metano, etano, propano e gás butano, que é realizada na presença de vapor de água e óxido de zinco e catalisadores de óxido de cobre a uma temperatura de 640 e a uma pressão de 300 PSI.

Processos de purificação

Os processos de refinaria são utilizados para remover compostos de enxofre do petróleo bruto e produtos de refinaria, bem como para remover outras impurezas, tais como compostos de oxigénio e azoto e substâncias insaturadas.

Os efeitos destas substâncias nos produtos petrolíferos são:

- Odor e cor desagradáveis.

- Corrosão.

- Diminuição da qualidade de desempenho dos combustíveis para motores
e óleos e massas lubrificantes

Métodos de purificação

- Refinamento de aparas leves, tais como gases.

- Refinação de cortes médios como querosene, gasolina, gasóleo.

- Purificação de cortes pesados tais como óleo e gordura.

Refinamento de cortes ligeiros (gases)

As impurezas mais importantes nos cortes de gás leve são CO_2 , H_2 . Para
remover estes materiais, é utilizado um material absorvente que tem
propriedades alcalinas.

Purificador de gás com amina

Foi instalado um dispositivo de purificação de gás para remover o enxofre
de hidrogénio dos gases de refinaria. A capacidade deste dispositivo é de 4,8
milhões de metros cúbicos e o objectivo da sua instalação é evitar a poluição
atmosférica, recuperar o enxofre e fornecer gás combustível de alta
qualidade para utilização nas refinarias. Neste dispositivo, é utilizada a
substância química monoetanolamina, que pode ser regenerada e reutilizada.
Os mercaptanos em materiais petrolíferos leves são facilmente combinados
com soda cáustica devido às suas propriedades ácidas e produzem um
químico chamado mercaptano de sódio. O mercaptano de sódio não é solúvel
em óleo e apenas se dissolve em soda cáustica ou água. Utilizam esta
propriedade de insolubilidade do mercaptano de sódio em óleo e máquinas

de lavar óleo extraem os mercaptanos em produtos petrolíferos com soda cáustica.

Propriedades dos mercaptanos:

- Os mercaptanos leves são ácidos.

- São muito malcheirosos.

- A sua presença no petróleo causa a corrosividade dos materiais petrolíferos.

- Reduzem o número de octanas dos produtos petrolíferos.

Refinação de cortes médios (querosene - gasolina - gasóleo)

Na indústria petrolífera, os cortes de gasolina e querosene são normalmente chamados materiais brancos. O objectivo da purificação destes materiais é libertá-los de substâncias nocivas devido ao seu odor ou cor desagradáveis, e também remover hidrocarbonetos insaturados - compostos de oxigénio (ácidos de petróleo e compostos asfálticos), compostos de enxofre (mercatinas) e compostos de azoto.

Refinaria

Uma refinaria é um conjunto de diferentes unidades concebidas para realizar operações de separação, conversão e purificação do petróleo bruto, a fim de produzir os produtos necessários em diferentes sectores de consumo, incluindo combustíveis térmicos, combustíveis para motores, óleos e massas lubrificantes, betume, solventes petrolíferos, gás liquefeito e matérias-primas petroquímicas.

Tipos de refinarias

Em geral, as refinarias podem ser divididas nas três categorias seguintes em termos de produtos:

1. Refinarias de combustíveis: que são o tipo de refinaria mais comum e o seu objectivo é produzir combustíveis comuns como gasolina, gasóleo, gás liquefeito, querosene, etc.

2. Refinarias de petróleo: cujos produtos são todos os tipos de óleos e lubrificantes leves e pesados, bitumens, etc. Estes produtos podem produzir petróleo separadamente ou continuar o funcionamento de uma refinaria de combustíveis.

3. Refinarias petroquímicas: que, além de produzirem produtos combustíveis, produzem matérias-primas para unidades petroquímicas tais como aromáticos, etileno, butadieno, etc.

Características das indústrias de refinação

Na refinaria, a maior parte dos materiais são sob a forma de líquido ou gás, e são utilizadas linhas primárias para os transportar para lá, sendo possível realizar a maior parte das operações de forma contínua e automática. São necessárias forças qualificadas e especializadas para operar as refinarias e é utilizada mão-de-obra mínima. A refinaria deve ser parada de forma intermitente e em momentos adequados (Shut down) para se sobrepor ao uivo. O objectivo é verificar o estado de diferentes peças, reparar e reparar danos e substituir catalisadores, etc., o que requer muita mão de obra. Os critérios de segurança e as normas mecânicas na refinaria são essenciais e de elevada qualidade. Isto deve-se às altas temperaturas, às altas pressões e à corrosividade dos materiais e à sua inflamabilidade. A colocação de dispositivos ou layout na refinaria é diferente de outras indústrias que têm uma linha de produção. Neste caso, factores importantes como os riscos de explosão e incêndio são considerados.

Produtos de refinaria

Classificação geral dos cortes de produção na refinaria

- Cortes de energia (combustível): materiais que são utilizados para produzir energia térmica ou luz ou força motriz em automóveis.
- Cortes não energéticos: são desejados produtos que tenham utilizações industriais e as suas propriedades não térmicas.

Termos relacionados com produtos de refinaria

- Corte: um conjunto de diferentes hidrocarbonetos na fase líquida, que são considerados como um produto de refinaria com determinadas propriedades.

- Petróleo: Qualquer substância extraída do petróleo bruto, em geral, é chamada de petróleo.

- Gasolina: cortes que se encontram na gama de substâncias voláteis mais pesadas do que o gás líquido e mais leves do que o combustível, que são principalmente utilizados como combustíveis para motores.

- Gasóleo: Significa cortes que são mais pesados que o querosene e mais leves que os óleos lubrificantes.

- Óleo combustível: Existem fracções mais pesadas que o gasóleo que são utilizadas como combustível em fornos térmicos (fuelóleo) ou (óleo de fornalha).

- Resíduos: refere-se a cortes que são mais pesados do que o fuelóleo.

- Gasolina de destilação directa: refere-se a cortes obtidos directamente da destilação do petróleo bruto e pode ser utilizada como gasolina para motores, mas o seu número de octanas é de cerca de 60.

- Nafta: Significa fracções voláteis mais pesadas do que o gás liquefeito e mais leves do que a gasolina. Na realidade, nafta é um nome geral para solventes petrolíferos. O termo (éter de petróleo) também lhe é dado.

Produtos de refinaria

O petróleo não é muito útil na sua forma bruta ou não processada, e não é muito útil quando sai do solo. Embora o óleo doce (baixa viscosidade e baixo enxofre) tenha sido utilizado não refinado em veículos movidos a vapor, os seus gases e outras soluções mais leves acumularam-se normalmente no depósito de combustível e causaram explosões. Para além do caso mencionado de utilização de petróleo, para produzir outros produtos como plástico, espumas, etc., o petróleo bruto deve ser refinado. Os produtos petrolíferos são utilizados numa vasta gama de aplicações, combustível para navios, combustível para aviões a jacto, gasolina e muitas outras. Cada uma das substâncias mencionadas tem um ponto de ebulição diferente, pelo que podem ser separadas umas das outras através do processo de destilação. Uma vez que existe uma grande procura de componentes líquidos mais leves, portanto, numa refinaria de petróleo moderna, os hidrocarbonetos pesados e os componentes gasosos leves são convertidos em materiais mais valiosos durante processos complexos e consumidores de energia.

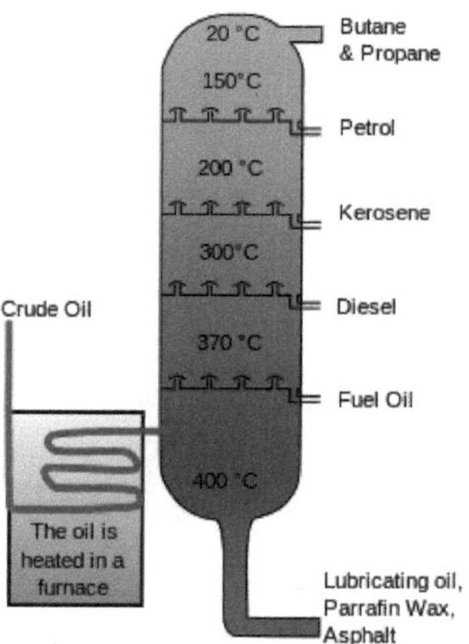

Os produtos da refinaria, por ordem de leves a pesados, são:

- GPL.

- Gasolina.

- Nafta (um corte que está entre a gasolina e o querosene e as suas propriedades são uma combinação dos dois).

- Querosene e combustíveis de aviação relacionados.

- Diesel (gás de petróleo) e combustíveis diesel em geral.

- Óleo combustível conhecido como mazut ou óleo negro.

- Óleos de petróleo.

- Cera de parafina.

- Asfalto e betume.

- coque de petróleo.

- Enxofre.

- Processos comuns.

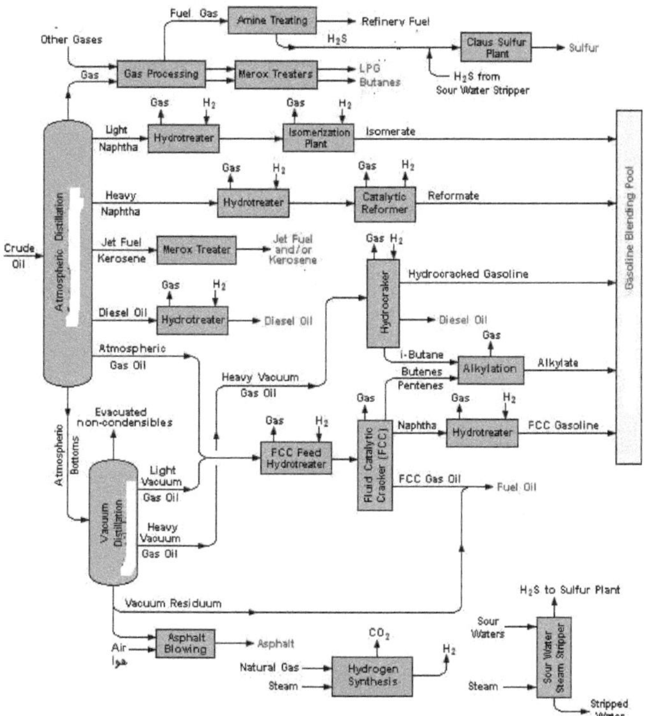

Na figura, são mostrados os processos habituais numa refinaria de petróleo. As refinarias de petróleo incluem várias unidades de processo, que são brevemente explicadas abaixo:

- Unidade dessalinizadora (o sal é separado do petróleo durante a operação de lavagem antes de o petróleo bruto ser transferido para a unidade de separação atmosférica)
- Unidade de Destilação Atmosférica (o petróleo bruto é destilado em diferentes cortes.
- Unidade de Destilação a Vácuo (os restantes materiais são ainda mais separados da unidade de separação atmosférica.

- Unidade de Hidrotratamento da Nafta (Naphtha Hydrotreater Unit) (dessulfurização é feita utilizando hidrogénio da nafta obtido da torre de destilação

- Unidade Reformadora Catalítica (Unidade Reformadora Catalítica) (Esta unidade tem um catalisador que é utilizado para converter a gama de evaporação da nafta em produtos óptimos com alta octanagem. Um dos produtos laterais da unidade reformadora catalítica é o hidrogénio, que é utilizado no hidrotratador e no hydrocracker.

- Unidade de Hidrotreater Destilado (dessulfura o combustível diesel condensado após a torre separadora.

- Unidade de Cracking Catalítico de Fluidos (Unidade de Cracking Catalítico de Fluidos) (melhora os cortes mais pesados da torre de destilação para cortes mais leves e mais valiosos.

- Hydrocracker Unit (Unidade Hydrocracker) (Usando hidrogénio converte cortes mais pesados em cortes mais leves com mais valor.

- Merox Treater (em alguns casos especiais, tais como modificação de combustível de avião ou um processo Merox é utilizado para oxidar mercaptanos a substâncias orgânicas.

- O processo de coquefacção (Caking Process) (durante este processo, o asfalto é convertido em gasolina e gasóleo, e o coque permanece como resíduo

- Unidade de alquilação (produz componentes com elevado número de octanas para o processo de mistura.

- Unidade de dimerização

- Unidade de Isomerização (converte moléculas lineares em moléculas cíclicas que têm maior octanagem e o produto é dirigido para a unidade de alcalinização ou gasolina para mistura).

- Unidade Reformadora de Vapor (Steam Reforming Unit) (fornece o hidrogénio necessário para as unidades hydrocracker e hydrotreater.
- Unidades de gás propano liquefeito e combustíveis gasosos similares (estas unidades são circulares para ter a capacidade de fornecer estes combustíveis na forma líquida.
- Tanques de armazenamento para petróleo bruto e produtos refinados.

Produtos voláteis

(GPL) Gás de petróleo liquefeito: Os hidrocarbonetos propano e butano com diferentes rácios são chamados gás líquido. As suas características importantes são:

- Pureza superior a 95% para a mistura de dois gases.

- Ausência de sulfureto de hidrogénio.

- Não ter propriedades de costura.

- Não ter pequenas quantidades de água.

- O enxofre total disponível deve ser, no máximo, 15 grãos/pé^3 .

Gasolina Natural:

Significa hidrocarbonetos mais pesados que o butano e mais leves que o hexano, que na sua maioria contêm substâncias insaturadas e aromáticas e são obtidos a partir de gás natural. As suas especificações são:

- Pressão de vapor de rejeição 10-34 psi (R.V.P).
- Percentagem de evaporação a 85-25% 140f.
- Percentagem de evaporação a 275 F superior a 90%.
- Ponto final (E.P.) menos de 375f.
- Corrosão não-corrosiva.
- Cor superior a 25.

Cortes ligeiros

Gasolina

Um dos produtos importantes da refinaria, que tem muitos tipos, a gasolina é utilizada como combustível para motores de aviões e automóveis.

O que se entende por goma ou materiais ondulados na gasolina são polímeros que são produzidos ao longo do tempo a partir da união de hidrocarbonetos leves dentro da gasolina. Estes polímeros são gradualmente depositados e mudam a cor da gasolina.

Uma gasolina de alta qualidade deve ter as seguintes características:

- Não ter água e substâncias gengivais e compostos de enxofre corrosivos.
- Ter uma certa pressão (a pressão de vapor é demasiado elevada).
- Ter um elevado grau de secura.
- Ter condições adequadas do ponto de vista da temperatura de ignição e da aceleração do motor.

No caso da gasolina, a cor, densidade, ponto de ebulição inicial e final são menos importantes Aditivos à gasolina:

- MTBE.
- Antioxidantes 2-16 1b/100bbl.
- anticongelante 1/2-1%.
- Desactivadores de metal 1-3 1b/100bbl.
- Materiais coloridos: insignificantes.
- Inibidor de corrosão 10-50 ppm.

Características importantes:

- Ser incolor.

- Fuga rápida.

- Não ter propriedades ácidas.

- Não corrosivo.

- Não ter substâncias gengivais.

- Não ter um cheiro desagradável.

- Elevada percentagem de substâncias aromáticas para dissolver resinas e vernizes.

- Baixa percentagem de substâncias insaturadas e aromáticas para criar mais estabilidade.

Aplicações de solventes:

- Extracção de domínios de óleos vegetais.

- Utilização nas indústrias de tinturaria e de tinturaria.

- Utilização na indústria da borracha.

- Utilização na indústria dos adesivos.

- Utilização na máquina de lavar roupa.

Carborreactor

É semelhante ao querosene, que tem tipos diferentes.

Querosene

As suas características importantes são:

- Ponto de inflamação.

^{0} -API.

- Curva de destilação ASTM.

- Percentagem de enxofre por peso.

- Cor.

- Taxa de corrosão.

À medida que a velocidade do carro aumenta, a taxa de combustão será melhor. Nos motores actuais, tenta-se utilizar gasolinas que têm um número elevado de octanas e que o grau de boa combustão é óptimo a todas as velocidades.

Destilar cortes

Combustível diesel: É um corte que é utilizado em motores diesel, que é chamado diesel. As suas características importantes incluem a quantidade de carbono residual, número de cetano, índice de diesel, viscosidade, ponto de fluidez, ponto de trabalho e curva de destilação.

Óleo combustível: É utilizado como combustível em fornos de produção de calor.

Petroquímica refere-se a indústrias em que os hidrocarbonetos em petróleo bruto ou gás natural são convertidos em produtos químicos tais como fertilizantes químicos, químicos e solventes, plásticos, borracha e fibras sintéticas, detergentes em pó, tintas e resinas em bruto, e muitos consumíveis são convertidos em aparelhos e equipamentos domésticos e industriais.

As indústrias petroquímicas podem ser divididas em cinco unidades principais:

- Unidades a montante.

- Unidades básicas.

- Unidades intermédias.

- Unidades finais.

- Unidades a jusante.

As unidades básicas, intermédias e finais estão localizadas em complexos petroquímicos. A alimentação destes complexos é fornecida pelas unidades a montante e o seu produto final é consumido pelas unidades a jusante. As refinarias de petróleo nas quais a nafta, os gases leves e o gás liquefeito são preparados como alimentação petroquímica e as refinarias de gás que refinam o gás natural são conhecidas como unidades a montante na indústria petroquímica. As unidades a jusante são também referidas como unidades que se encontram na sua maioria fora dos complexos petroquímicos e convertem os produtos finais dos complexos petroquímicos em produtos de consumo.

Capítulo Um

Destilação

1.Introdução

O processo de destilação é um tipo de processo de purificação composto, cuja base é o oposto do ponto de ebulição dos constituintes da solução. Por outras palavras, o processo de destilação consiste em aquecer a mistura a uma temperatura especificada, recolher os vapores quentes e condensar os componentes separados. O processo de destilação é utilizado de diferentes maneiras, dependendo do tipo de composição e da sua aplicação, que explicaremos a seguir sobre cada um deles.

1.1. Destilação atmosférica

A primeira fase da refinação do petróleo bruto é a destilação sob pressão atmosférica, que separa as principais fracções de petróleo bruto umas das outras. Para este fim, o petróleo bruto é aquecido no forno a cerca de 360 graus Celsius, depois entra na torre de destilação na atmosfera. Os produtos desta torre incluem: gás, gás liquefeito, gasolina bruta, nafta, querosene, gasóleo, fuelóleo, etc.

O destilador de petróleo é o núcleo de cada refinaria. A operação de destilação é utilizada em cada uma das unidades da refinaria para separar os cortes produzidos uns dos outros. A primeira fase da destilação é a destilação à pressão atmosférica, que é feita sobre o petróleo bruto que entra na refinaria.

Nas torres de destilação, a alimentação entra a partir de um local onde a concentração que passa por essa fase é o mais próxima possível da concentração da ração. Se quisermos aumentar a concentração do produto para valores mais elevados, a destilação deve ser feita em várias fases, a que chamamos destilação contínua de refluxo em várias fases e em várias fases.

As vantagens da destilação contínua em várias fases são:

- Redução de resíduos.

- Obtenção de uma maior concentração na saída.

- Menos consumo de energia.

- Aumentar a eficiência da separação em cada passo.

- A possibilidade de remover condensadores intermédios.

1. 2. Partes básicas de uma unidade de destilação

- Torre de Destilação.

- Tubo ainda (forno).

- Estabilização Mais baixa.

- Tanque & Tambor.

- Equipamento de transferência de petróleo e gás, incluindo bombas e compressores.

- Dispositivos para controlar e medir a temperatura, pressão, intensidade da corrente.

- Torre de vaporização.

- Permutador.

1. 3. Os produtos da torre de destilação na atmosfera

- Os nossos gases petrolíferos são metano, etano, propano e butano

- Gasolina leve e gasolina pesada.

- Nafta.

- Querosene.

- Gasóleo leve e gasóleo pesado (gasóleo).

- Óleo combustível.

- Residual.

1. 3.1. Especificações dos produtos de destilação à pressão atmosférica

- Hidrocarbonetos gasosos que não se liquefazem facilmente. São utilizados como combustível na refinaria, que são conhecidos como combustíveis de refinaria.

- Os hidrocarbonetos que podem ser liquefeitos a partir de pressões relativamente baixas (cerca de 4 a 6 atmosferas) são considerados como gás líquido, que consiste principalmente em propano e butano.

- A gasolina leve tem um intervalo de ebulição de 30 a 120 Celsius e a gasolina pesada tem um intervalo de ponto de ebulição de 120 a 180 Celsius.

- O querosene tem um intervalo de ponto de ebulição entre 170 e 270 Celsius.

- O gasóleo tem um intervalo de ponto de ebulição entre 200 e 360 Celsius.

- O resíduo tem um ponto de ebulição superior a 350 Celsius.

A fim de melhorar a qualidade dos produtos obtidos na torre de destilação na atmosfera, são utilizadas torres de estabilização. Nestas torres, a separação de hidrocarbonetos leves e pesados do produto é feita de modo a que se espere que o intervalo do ponto de ebulição seja o ideal.

1.4. Destilação em vácuo

Este método de processo de separação é um método único para compostos que é realizado a uma pressão inferior à pressão padrão, de tal forma que a solução desejada ferve a uma temperatura inferior ao seu ponto de ebulição. Por este motivo, este método de separação é a melhor maneira de separar compostos de alta ebulição que tendem a decompor-se à sua temperatura de ebulição.

Este método pode ser aplicado sem aquecer a mistura se não puder ser feito por outros métodos. É de notar que este método de destilação pode ser combinado com outros métodos para um melhor desempenho. Por exemplo, para separar alguns compostos aromáticos, utiliza-se a separação a vácuo com método de separação a vapor. Além disso, a combinação de dois métodos de separação no vácuo e no vácuo pode realizar o processo de separação com melhor qualidade.

1.4.1. Finalidade e aplicação da destilação em pressão de vácuo

- A fim de baixar o ponto médio de ebulição das moléculas grandes em óleo, é utilizado o vácuo.

- O sistema de vácuo é concebido de tal forma que se quisermos separar os materiais petrolíferos dentro da torre sem criar um vácuo, temos de criar mais calor e a temperaturas muito elevadas, os materiais quebram-se e racham-se, e neste caso, a natureza dos materiais é diferente.

- Para que a natureza do material obtido da torre de vácuo não mude e as moléculas não se partam, em vez de aumentar a temperatura, criamos um interior da torre e desta forma separamos os materiais petrolíferos.

1.4.2. Os principais componentes da unidade de destilação sob pressão de vácuo

- Destilação.

- Forno térmico tubular.

- Contentores.

- Dispositivos de transmissão, tais como bombas.

- Dispositivos para controlar e medir a pressão, temperatura e intensidade da corrente.

- Permutadores de calor (aquecedores - refrigeradores).

- Sistema de produção a vácuo.

1.4.3. Condições de trabalho da torre de destilação sob pressão de vácuo

- Torre de destilação, a temperatura de entrada dos alimentos é de cerca de 460 Celsius e a pressão é de 170 bar.

- Cimo da torre: temperatura cerca de 80 Celsius e pressão cerca de 30 bar.

- Fundo da torre: temperatura 400 Celsius e pressão de cerca de 150 bar.

- Um dispositivo chamado vácuo a vapor é utilizado para criar um vácuo.

1.5. Destilação a vapor

Outro método de destilação é introduzir vapor de água no aparelho de destilação, neste caso, sem criar um vácuo, os componentes do petróleo bruto evaporam-se a uma temperatura mais baixa. Este caso é normalmente feito quando a pressão de vapor dos componentes separados é elevada no ponto de ebulição da água, de modo a que sejam separados da mistura juntamente com o vapor de água.

Neste método, a mistura de água e matéria orgânica é destilada em conjunto, o que é possível de duas maneiras:

1) Método directo: a mistura de água e matéria orgânica é aquecida em conjunto (destilação por água).

2) Método indirecto: que cria vapor de água num outro recipiente e o passa através da matéria orgânica.

Na destilação a vapor, segundo a lei de Dalton, a pressão dos vapores resultantes a uma determinada temperatura é igual à soma das pressões parciais dos mesmos vapores. Decorre desta afirmação que a qualquer temperatura, a pressão de vapor de toda a mistura é superior à pressão de vapor do componente mais volátil a essa temperatura, porque a pressão de vapor de outros componentes da mistura também interfere. Por conseguinte, o ponto de ebulição da mistura de compostos imiscíveis deve ser inferior ao componente que tem o ponto de ebulição mais baixo.

A água (com um ponto de ebulição de 100 graus Celsius) e o bromobenzeno (com um ponto de ebulição de 156 graus Celsius) são insolúveis um no outro. Esta mistura ferve a cerca de 95 graus Celsius. A este nível, a pressão de vapor de toda a mistura é igual à pressão atmosférica. Como previsto pela teoria de Dalton, este grau é inferior ao ponto de ebulição de cada uma destas duas substâncias em forma pura.

1.5.1. Vantagens da destilação a vapor

A importante vantagem de utilizar a destilação a vapor é que a temperatura nesta destilação é relativamente baixa (menos de 100 graus), e como resultado, este método é fácil de separar e purificar materiais que são sensíveis ao calor e se decompõem a altas temperaturas. Além disso, este método é útil para separar o composto da mistura de reacção que contém uma grande quantidade de materiais semelhantes ao alcatrão. Ao utilizar este método, os compostos orgânicos voláteis podem ser facilmente separados e purificados com uma elevada percentagem de pureza.

1.5.2. Desvantagens da destilação a vapor

Os compostos orgânicos voláteis que não se misturam com água ou são quase imiscíveis com água podem muitas vezes ser separados e purificados por destilação a vapor, e é menos útil noutros casos. Este método não pode ser utilizado para separar substâncias que têm um elevado ponto de ebulição. Não pode ser utilizado para separar substâncias que formam um azeótropo juntos, tais como água e álcool.

1.6. Destilação contínua

Destilação contínua na qual uma mistura líquida é introduzida continuamente (sem interrupção) no processo e as fracções separadas são continuamente removidas à medida que os efluentes se separam ao longo do tempo durante a operação. A destilação contínua produz pelo menos duas fracções de saída, incluindo pelo menos uma fracção de destilado volátil, que é fervida e capturada separadamente como um vapor e depois condensada num líquido. Há sempre uma fracção de fundos (ou resíduo), que é pelo menos o resíduo volátil que não foi capturado separadamente como vapor condensado. A destilação contínua difere da destilação descontínua na medida em que as concentrações não devem mudar ao longo do tempo. A destilação contínua pode ser realizada por um período de tempo arbitrário em estado estacionário. Para cada material de base com uma composição específica, as principais variáveis que afectam a pureza dos produtos em destilação contínua são a razão de refluxo e o número de etapas de equilíbrio teórico, que na prática é determinado pelo número de tabuleiros ou pela altura da embalagem. O refluxo é um fluxo do condensador para a coluna que produz uma reciclagem que permite uma melhor separação com um determinado número de tabuleiros. As etapas de equilibração são etapas ideais onde os compostos atingem o equilíbrio vapor-líquido, repetindo o processo de separação e permitindo uma melhor separação de acordo com a razão de refluxo. Uma coluna com uma elevada taxa de refluxo pode ter menos fases, mas irá refluxar uma grande quantidade de líquido, resultando numa coluna larga com uma elevada retenção. Inversamente, uma coluna com um baixo rácio de refluxo deve ter um grande número de fases, exigindo assim uma coluna mais alta.

1.7. Destilação fraccionária

Em muitos casos, os pontos de ebulição dos componentes da mistura estarão suficientemente próximos que a lei de Raoult deve ser considerada. Por conseguinte, a destilação fraccionada deve ser utilizada para separar os componentes por ciclos repetidos de evaporação-condensação numa coluna de fraccionamento embalada. Esta separação, com destilações sucessivas, é também referida como purificação. Como a solução é aquecida para purificação, os seus vapores sobem para uma coluna quebradiça. À medida que sobe, arrefece e condensa nas paredes do condensador e nas superfícies do material de embalagem. Aqui, o condensado continua a ser aquecido através da subida de vapores quentes. Evapora-se uma vez mais. Contudo, a composição dos vapores frescos é mais uma vez determinada pela lei de Raoult. Cada ciclo de evaporação-condensação (chamada placa teórica) produz uma solução mais pura do componente mais volátil. De facto, nem todos os ciclos a uma dada temperatura ocorrem exactamente na mesma posição na coluna de partição. Portanto, o plano teórico é mais um conceito do que uma descrição precisa. Mais planos teóricos levam a uma melhor separação. Um sistema de destilação por banda rotativa utiliza uma banda rotativa de teflon ou metal para forçar os vapores ascendentes a entrarem em contacto próximo com o condensado descendente, aumentando o número de placas teóricas.

Capítulo dois

Dessalinização do petróleo bruto

2.1. Introdução

O preço do petróleo bruto exportado depende da sua qualidade. Por exemplo, cada aumento de ppm nos depósitos de água e sal no petróleo irá reduzir o preço em cerca de 0,85 a 1,3 dólares. Por exemplo, esta quantidade situa-se entre 0,1 a 3% em peso ou 10 libras por 1000 barris, ou a água máxima permitida é de 0,15 ou 0,1 a 10% em volume, e o sal máximo permitido é de 29 gramas por metro cúbico. Por conseguinte, é necessária e necessária a realização de investigação para purificar e aumentar a qualidade do petróleo bruto. Existem dois parâmetros para determinar a qualidade do petróleo, um é a densidade do petróleo bruto, que depende da quantidade de parafina, asfalteno e outros hidrocarbonetos nele contidos, e é representada pela unidade padrão API americana, sendo que o mais elevado indica que o petróleo bruto é mais leve. E o seu valor mais baixo indica que o petróleo bruto é mais pesado. Outro parâmetro é a percentagem de depósitos de sal e água com petróleo, que é determinada pelo parâmetro BS&W. A maioria dos campos de petróleo no mundo produz petróleo com uma quantidade significativa de água salgada, e actualmente no Irão, a maioria dos poços produz petróleo com alguma água. A fim de melhorar a qualidade do petróleo bruto, é necessário separar a salmoura e, portanto, o sal da mesma. Qualquer método que remova água, sal, areia e outras impurezas do petróleo bruto é denominado refinação de petróleo bruto. Todos os métodos de refinação de petróleo têm um objectivo comum, que é o de criar condições e ambiente adequados para separar a água salgada do petróleo bruto por gravidade. O processo de dessalinização que geralmente tem lugar após a desidratação ou quebra da emulsão de água do petróleo bruto.

A filosofia da unidade de dessalinização do petróleo bruto, antes do petróleo ser enviado para a refinaria, é que o petróleo bruto contém muita água e sais minerais como NaCl, que, se não forem separados do petróleo, se combinam com hidrogénio nas várias fases de refinação do petróleo. e ácidos como HCL são produzidos, o que provoca a corrosão do equipamento de processo.

A quantidade de sal permitida no óleo após dessalinização deve ser de cerca de 10 a 20 libras PTB por 1000 barris). De acordo com as normas da Iran Oil Company, a quantidade de sal deve ser separada do petróleo bruto até 29 gr/m^3 e a água até 0,15% por volume.

Os seguintes métodos analíticos são utilizados para determinar o teor de sal dos óleos brutos:

- A titulação da HACH com mercúrio (II) muda após a extracção de sal com água.

- Titulação potenciométrica após extracção com água.

- Titulação potenciométrica num solvente diferente.

- Titulação de Mohr, titulação com prata após extracção da água.

- Condutividade eléctrica.

2.2. Âmbito da dessalinização do petróleo bruto

1) O sal que é dissolvido na água juntamente com o petróleo bruto entra na refinaria, provoca a formação de depósitos no interior das tubagens e dispositivos e entupimento dos permutadores de calor.

2) os sais minerais presentes na água que vem com petróleo, levam à corrosão química do equipamento de produção, condutas e tanques de armazenamento.

3) O cloro presente na água salgada com petróleo bruto produz ácido clorídrico como resultado da hidrólise ou como resultado da combinação com enxofre de hidrogénio, o que causa corrosão do equipamento da refinaria.

4) A quantidade de sal e água no petróleo bruto para venda não deve ser superior ao limite especificado definido pelos compradores. Normalmente, este intervalo varia de 0,1 a 3 por cento em peso.

5) A água no petróleo bruto não tem valor, é transportada com o petróleo bruto a custos elevados, além disso, parte dos oleodutos e tanques de armazenamento são ocupados por esta água juntamente com o petróleo bruto, e isto é um desperdício de algum capital.

6) O petróleo bruto é comprado e vendido com base na gravidade expressa como grau API, e o petróleo com um grau API mais elevado terá um preço mais elevado. A presença de água reduz este índice e baixa o preço do petróleo.

2.3. Processos utilizados em operações de dessalinização

No processo de dessalinização, vários agentes auxiliares são utilizados para facilitar a separação, incluindo

- Manter imóvel ou baixar a velocidade do fluxo de petróleo para reduzir a turbulência e aumentar o tempo de residência até que a água livre seja separada pela força do peso.

- Separação de gases associados ao petróleo.

- Adição de compostos químicos (demulsificantes) que quebram a emulsão. Os desmulsificantes destroem a membrana cerosa que envolve as moléculas de água e intensificam a tensão superficial entre as moléculas de água.

- Aquecimento do óleo, que reduz a sua viscosidade e reduz a força de arrastamento da fase contínua (óleo) contra o movimento da fase dispersa (água). Esta acção acelera o processo de separação.

- Utilização de campos eléctricos para carregar gotículas de água.

- Utilização de métodos mecânicos como o aumento da superfície para uma melhor integração das gotículas de água no óleo.

2.4. Etapas da dessalinização do petróleo bruto

2.4.1. Adicionar água diluída (ou com menos sal) ao petróleo bruto: a mistura desta água diluída com petróleo bruto é feita para diluir as gotículas de água salgada no petróleo bruto. Para separar a água salgada do petróleo bruto, é feita a desidratação (purificação ou remoção das emulsões) e a diluição. A descrição geral do processo de dessalinização é que antes do processo de dessalinização, pode haver tanques para capturar água livre com óleo. Estes tanques podem ser um tanque simples ou separadores trifásicos horizontais ou verticais. Se o tempo de residência para estes tanques for calculado correctamente, a água livre juntamente com o óleo é facilmente recolhida e separada no fundo deste tanque. Além disso, os gases com óleo são libertados a partir do topo destes tanques. Se a temperatura e pressão destes tanques forem ajustadas correctamente, o gás formado é facilmente separado e removido.

2.4.2. Utilização do sistema de aquecimento: No passo seguinte, em alguns sistemas, o óleo é aquecido. O aquecimento do óleo é feito em permutadores de placas, permutadores de tubos ou fornos (directos ou indirectos). Normalmente, o óleo é aquecido a uma temperatura de cerca de 60-80 graus Celsius. Para além de facilitar a mistura e a dissolução do óleo na água, o óleo de aquecimento também reduz a viscosidade do óleo. Como resultado desta quantidade de aquecimento, a viscosidade do stock diminui cerca de 5 cêntimos. Como mencionado anteriormente, os sais do petróleo existem em duas formas, solúveis em água ou cristalinos. Para que todos os sais no óleo se dissolvam na água, depois de aquecer o óleo com água diluidora, este é misturado pelo equipamento de mistura, de modo que todos os sais se tornam solúveis no óleo. De facto, com este processo, se a água salgada for completamente removida, o sal no óleo também será removido.

2.4.3. Injecção de produtos químicos: Após a injecção de água diluente, esta água deve ser bem misturada com o óleo. Uma válvula misturadora é normalmente utilizada para misturar óleo e água. Usando esta válvula, é possível controlar facilmente a quantidade de água e de mistura de óleo. Antes desta válvula, materiais de emulsão frágeis são injectados no óleo. Estas substâncias fazem com que as minúsculas gotículas de água suspensas no óleo adiram umas às outras. Nas etapas seguintes, o óleo entra nos tanques de dessalinização. Dependendo das propriedades do óleo, pode ser utilizada tecnologia diferente.

2.5. Métodos industriais de separação do sal do petróleo bruto

7 métodos gerais são utilizados para separar a água salgada do petróleo bruto. Estes métodos incluem: o método por gravidade, o método de adição de água doce chamado água de lavagem, o método térmico, a utilização de produtos químicos de quebra de suspensão, o método mecânico, o método eléctrico, e o método combinado. É evidente que os métodos por gravidade e térmico são menos dispendiosos do que outros métodos. . De acordo com as características do petróleo bruto em cada região, uma série dos métodos acima mencionados é utilizada para separar o sal do petróleo bruto.

2.5.1. Separação de água salgada do petróleo bruto pelo método da gravidade

Este método é geralmente feito em tanques de sedimentação, tanques de lavagem ou dentro de tanques separadores de água abertos. Quando as gotículas de água salgada se movem na fase contínua de óleo, são afectadas pela força da gravidade. À medida que o diâmetro das partículas aumenta, a viscosidade da fase de óleo diminui e a diferença de densidade entre água salgada e óleo bruto aumenta, a taxa de sedimentação aumenta. Juntando pequenas partículas de água e formando gotas maiores, a água instala-se mais rápida e facilmente, a esta acção dá-se o nome de coalescência.

2.5.2. Separação de água salgada do petróleo bruto por método térmico

Como mencionado na secção de revisão do método por gravidade, o aquecimento do óleo reduz a viscosidade e aumenta assim a velocidade de assentamento das gotas de água. Além disso, o aquecimento da película de emulsão em torno das gotas de água quebra-se e faz com que as gotas de água se colem umas às outras. É de notar que se o petróleo bruto for sobreaquecido, os hidrocarbonetos leves e voláteis no óleo evaporarão e deixá-lo-ão. Este trabalho provoca o desperdício de compostos úteis de petróleo bruto e a redução do API do petróleo, o que resulta na redução dos preços do petróleo. Normalmente, a temperatura de aquecimento situa-se entre 60-80 C. O aquecimento do petróleo é feito utilizando fornos directos ou indirectos ou pré-aquecedores indirectos.

2.5.3. Dessalinização por adição de água doce

A dessalinização e desidratação do petróleo bruto é um processo importante, durante o qual os compostos indesejáveis do petróleo são separados antes de chegarem à unidade principal. A mistura de água doce com petróleo bruto é feita para diluir as gotículas de água salgada no petróleo bruto. Para separar a água salgada do petróleo bruto, a desidratação (refinação ou emulsificação) esta diluição é feita. Vale a pena mencionar que é difícil fazer uma alteração no funcionamento de um sistema de dessalinização e que é melhor criar um estado de equilíbrio e de meio-termo. Um equilíbrio óptimo (equilíbrio) deve ser mantido durante o período de tempo em que os parâmetros de optimização do transporte de sal, tais como intensidade da mistura, características da água de lavagem e alimentação de emulsionantes químicos, são controlados. Para optimizar o processo de dessalinização, devem ser continuamente aplicadas diferentes condições. A principal função de um dispositivo de dessalinização é separar o sal e a salmoura do petróleo bruto. Para além do sal e da salmoura, outros materiais residuais do petróleo, tais como lama, ferrugem, etc., devem também ser separados. Porque quando estes materiais são colocados nas superfícies de transferência de calor, podem causar corrosão e avaria dos dispositivos. Além dos materiais acima mencionados, também podem existir metais que podem ser utilizados como catalisadores inativos no processo de purificação.

2.5.4. Separação de água salgada do petróleo bruto utilizando agentes anti-suspensão

As emulsões químicas frágeis são utilizadas para a purificação química do petróleo bruto. Estes materiais são vendidos sob diferentes nomes comerciais no mundo. A função destes materiais é tal que quebram a membrana fina à volta das gotículas de emulsão de água; de facto, os disjuntores de suspensão são activadores de superfície. Estas substâncias neutralizam os agentes emulsificantes da água. Evidentemente, é de notar que a injecção excessiva destas substâncias provoca a produção de novas substâncias de emulsão, o que mais tarde causa muitos problemas no processo de tratamento de águas residuais. Por conseguinte, devem ser feitos cálculos precisos na determinação da taxa de injecção destas substâncias. Se as emulsões formadas forem fracas, só podem ser neutralizadas com forças mecânicas e a acção da coligação pode ser executada. Mas tais situações acontecem normalmente raramente, por isso, na maioria dos casos, os agentes de quebra de suspensão devem ser injectados no sistema. Estas substâncias são insolúveis em água salgada e altamente solúveis em óleo. Por esta razão, podem mover-se rapidamente na fase de óleo e atingir a superfície das partículas. Com isto, as gotículas de água salgada colam-se mais facilmente e formam partículas maiores.

A quantidade de injecção destas substâncias depende do tipo de óleo e da quantidade de substâncias emulsionantes tais como asfaltenos, parafinas, ácidos orgânicos, sais metálicos, etc. As propriedades do petróleo bruto e o tipo de emulsionantes têm um grande impacto na escolha dos agentes anti-suspensão a utilizar. Tipicamente, os óleos pesados requerem mais produtos químicos do que os óleos leves. Sulfuretos de ferro, argila e lama de perfuração são facilmente lavados com água e separados do petróleo. Mas os materiais parafínicos e asfálticos precisam de químicos para quebrar a sua superfície de emulsão. É de notar que quaisquer alterações no processo de dessalinização, tais como mudanças de fluxo, condições de temperatura e pressão, mudanças de estação, etc., afectam a quantidade de injecção destes materiais, pelo que a quantidade de injecção destes materiais variará de acordo com as condições. A injecção destes materiais antes das bombas faz com que se misturem melhor com o petróleo bruto e minimiza a formação de emulsão na bomba. Actualmente, a dessalinização do petróleo bruto é impossível sem a utilização destes materiais, independentemente de todas as tecnologias existentes.

2.5.6. Separação de água salgada do petróleo bruto por métodos mecânicos

Neste método, são normalmente utilizados tanques de gravidade, que têm placas onduladas no seu interior. A presença destas placas aumenta a superfície de contacto e uma melhor acumulação de gotículas de água salgada. De facto, a diferença de força de corte entre água e óleo é utilizada para separar a água salgada do óleo. A lei da gravitação de Stoke é utilizada para aumentar a superfície de contacto. Este processo é altamente dependente do tempo. Se as flutuações de pressão e velocidade excederem um certo limite, as gotículas de água já não são capazes de se colar e a ligação entre elas é quebrada antes da conclusão do processo de coalescência. Em geral, se dois líquidos imiscíveis forem misturados entre si, o contacto entre as partículas raramente fará com que estas se juntem.

2.5.7. Separação de água salgada do petróleo bruto por método eléctrico

Um dos métodos de dessalinização e desidratação é a dessalinização eléctrica. O equipamento utilizado neste método inclui uma válvula misturadora especial e um tanque de remoção de sal que é afectado pelo campo eléctrico. A cuba de dessalinização eléctrica é normalmente colocada horizontalmente.

No início do processo de lavagem, a água passa por uma válvula misturadora especial, e enquanto esta água passa pela válvula, a água transforma-se em gotículas muito finas e espalha-se no interior do óleo. Isto irá reduzir a concentração de sal na água. Em seguida, a mistura de água e óleo é direccionada para o tanque de dessalinização. Existe um campo eléctrico de alta voltagem no tanque de dessalinização. Este campo faz com que várias gotas de água se combinem e formem gotas de água maiores e mais pesadas. Estas gotas maiores movem-se para baixo sob a influência da gravidade e deixam o sistema. A corrente alternada com alta tensão (CA) ou corrente contínua (CC) é utilizada para separar as gotas de água salgada do petróleo bruto. Ao optimizar o processo, o tempo de coagulação das gotas pode ser reduzido. Num sistema físico, uma vez que as moléculas de água são polares, os purificadores eléctricos criam a bipolaridade induzida nestas moléculas, criando alta voltagem, e como resultado, estas moléculas colam-se mais rapidamente e formam gotas de água maiores, o que leva a um aumento da velocidade.

Hoje em dia, a utilização destas salinas eléctricas é uma das melhores, mais eficazes e económicas formas de separar a água salgada do petróleo. Estes tanques podem funcionar com corrente alternada, corrente contínua ou corrente dupla. A entrada de electricidade para estes dispositivos é convertida em electricidade de alta tensão (10.000 a 35.000 volts) por um transformador. Nos eléctrodos que têm corrente alternada, a corrente de alta tensão é ligada a um eléctrodo e o outro eléctrodo é ligado à terra. Mas, no tipo de corrente contínua, a corrente alternada com alta tensão é convertida em corrente contínua utilizando díodos. Tanto a corrente alternada como a corrente contínua e os eléctrodos gerais são utilizados em removedores de sal eléctricos duplos.

2.5.8. Método combinado

A fim de aumentar a quantidade de separação, é utilizada a combinação de dois ou mais dos métodos acima mencionados (mecânico, quebra de suspensão, térmico, sedimentação e eléctrico). Por exemplo, o método mecânico pode ser utilizado antes ou depois de uma combinação de vários métodos de sedimentação e injecção de substâncias químicas e de força de campo eléctrica. Por exemplo, a filtração pode ser utilizada antes de o óleo entrar na instalação de dessalinização, que combina vários dos métodos acima mencionados, ou uma centrifugadora pode ser utilizada para separar ainda mais água e sal juntamente com o óleo antes ou depois da dessalinização.

A injecção do desmulsificador apropriado e a sua quantidade adequada para formar uma camada entre água e óleo, de modo a que a energia eléctrica possa ter o seu efeito, é uma das condições necessárias para que este sistema (combinado) funcione melhor.

A figura a mostra uma gota de emulsão em petróleo bruto, antes de o campo eléctrico de alta tensão ser aplicado, a gota tem inicialmente uma forma esférica. Na figura b, é aplicado um campo eléctrico de alta voltagem e pode-se ver que as gotículas mudam de esféricas para elípticas. A atracção e a atracção entre as gotas adjacentes podem ser vistas na figura c, onde as cargas negativas no final de uma gota estão alinhadas com as cargas positivas no final da outra gota, a força de atracção é criada entre as duas gotas, e como resultado, as gotas são atraídas uma para a outra.

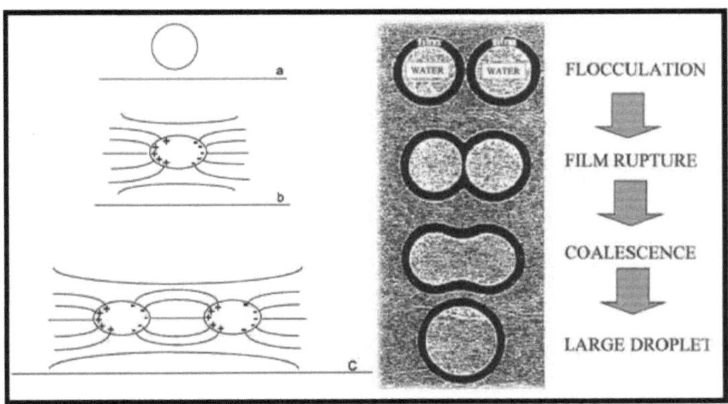

Figura 2.1- Teoria do separador electrostático

2.5.9. Sequência de processos utilizados em operações de dessalinização

A alimentação da unidade de dessalinização é fornecida a partir dos separadores que efectuam a separação primária de petróleo e gás em várias fases consecutivas (geralmente 3 fases).

A saída de óleo do separador da última fase entra num tanque chamado Tanque de Desgasificação para a separação inicial de água e óleo. A saída de óleo deste tanque é bombeada para a unidade de dessalinização. Na etapa seguinte, para aumentar a eficiência da separação, a temperatura do óleo deve ser aumentada. Devido ao aumento da temperatura, a viscosidade do petróleo bruto diminui e, como resultado, o processo de coalescência é melhor realizado. A temperatura ideal é de cerca de 60 graus Celsius. Após aumentar a temperatura, o fluxo de petróleo bruto deve ser misturado com a água de diluição pela válvula misturadora. A água é deliberadamente adicionada ao óleo para que este possa dissolver o sal que nele se encontra. Esta água deve estar sem oxigénio dissolvido de modo a não causar corrosão. Normalmente, a quantidade de água é 10% do caudal do petróleo bruto. Ao injectar materiais de emulsão de um lado e utilizando um forte campo eléctrico (5000 volts) entre as filas de placas metálicas paralelas (eléctrodos), o dispositivo de dessalinização é estabelecido. Devido à tensão superficial, as gotas de água acumulam-se na superfície dos eléctrodos e depois coalescem, o que resulta num aumento do peso da gota e no seu gotejamento no fundo do dispositivo de dessalinização. O óleo dessalinizado é direccionado para os tanques de armazenamento a transportar de lá para as unidades de refinaria ou oleodutos de exportação.

Capítulo três

Descrição do processo Visbreaker

3.1. Introdução

Descrição da operação unidade dequebrar viscosidade inclui duas partes, a parte de reacção e a parte de destilação.

3.2. Secção de reacção ou unidade de alimentação

A parte de reacção ou de alimentação da unidade é o fundo da torre de destilação (fundo vacum) num vácuo(VACCUM BOTTOM) que é , armazenado em tanques numerados-TK 2018 ,2019 e é bombeado para a unidade de redução de viscosidade porbombas P-2003 A/B.

Os fluxos seguintes são ligados à conduta de alimentação no início da unidade, que pode ser utilizada quando necessário.

A via -(ISO. FEED) DISTILLAÇÃO DE CAMINHO que pode ser utilizada no arranque daunidade.

Pista diesel leve e pesada que é utilizada para iniciar ou fechar a unidade e - lavar aspistas.

- BAR 20 vias de vapor de água para remoção de vapor doscaminhos.

- A saída do produtoTAR deE-310 é utilizada para criar um fluxo de circulação ao iniciar e explicar aunidade.

Fluxo de alimentação sob controlo de nível(controlador de nívelLIC-3001) V-301 - e com fluxoPI 3001=0-10 bar e temperatura aproximada de120-150 °D na casca dosconversores E-301 A/E (troca de calor com produto) A TAR é aquecida e depois entra no recipiente oscilanteFEED SURGE) DRUM V-301) entra então nas bombasP-301 A/B a partir do fundo doV-301 (espessador) Se o fundo destas bombas estiver frio e o líquido no seu . .interior estiver quente, estas bombas não serão submetidas a manutenção Uma corrente de alimentação quente que sai das bombas depois de passar pelas válvulas desulfureto 3106 ouXV-3105 mantém sempre a bomba de reserva quente. Esta via é na realidade aLINHA DE AQUECIMENTO das bombas.

A pressão de saída das bombas acima referidas(PI-3002) é de 40-45 bar A alimentação à saída das bombas acima referidas entra no invólucro dos permutadores(E-302 A/B) de troca de calor comTAR e depois entra no fornoH-301 em quatro passagens e através das válvulas de controloFIT-3017 ,3018 ,3027 ,3028 no ponto de entrada da alimentação. É injectado no forno.

CONVECÇÃO

A alimentação é pré-aquecida naparte CONVECTION do forno e para aquecimento final e atingir a temperatura de reacção daparte RADIATION do forno, que se apresenta sob a forma de quatrocélulas separadas depois , as quatro passagens de saída doforno H-301 são combinadas. E entrando no tubo de transferência(TRANSFER LINE) a temperatura nesta parte é , controlada pelodispositivo TIC-3066, que éCASCADE com3022 ouFC-3031 a395-405 C. (desconcentração) reduzindo a temperatura e parando efectivamente a fissuração e impedindo a formação de coque naTRANSFER LINE por fluxos de arrefecimento pesados e leves(HEAVY & LIGHT QUENCH) que são controlados porFIC-3032 eFIC-3031 respectivamente.

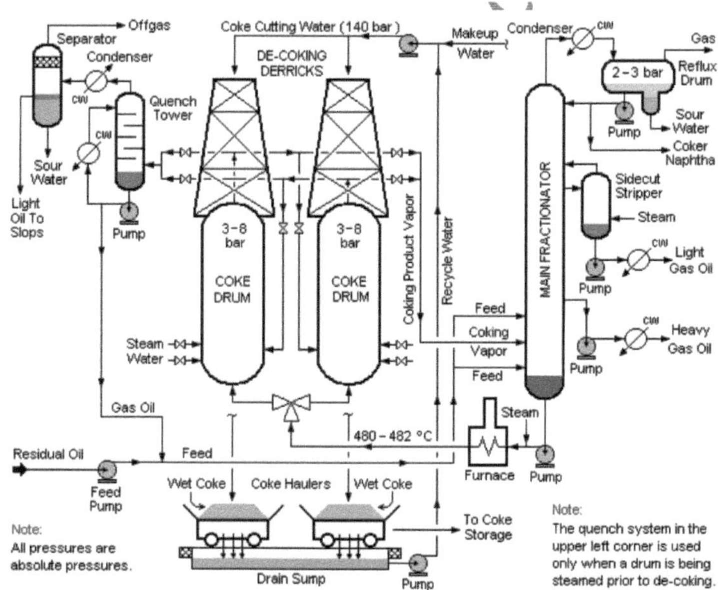

3-1- Figura unidade concentradora Convecção parte da

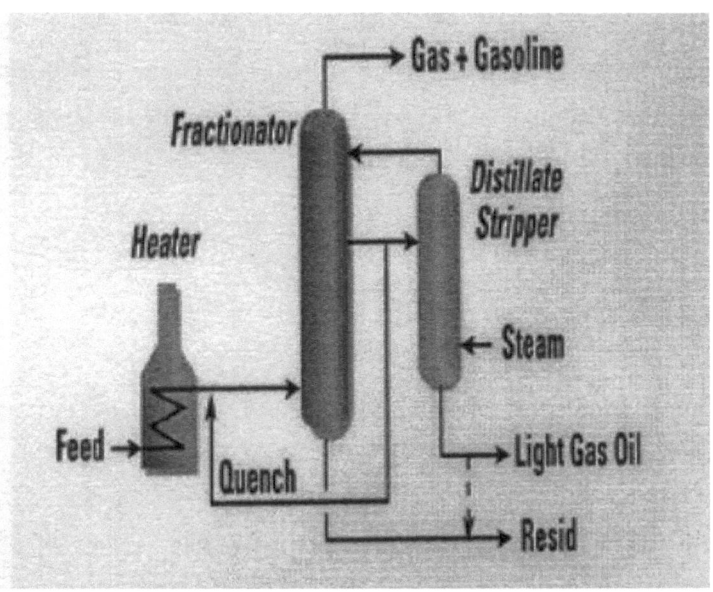

3-2-Figure todo o processo de quebra de concentração

3-3- Secção de destilação

Secção de destilação ou torreV-(302) FLASH FRACTIONATOR a ,
alimentação que sai do forno H-301 comuma temperatura de400-414 °C
entra naárea da ZONA FLASH da torreV-302 Não existem tabuleiros .
debaixo daárea FZ. FZ está localizado acima da área do poço central, que é
selado e o líquido não pode cairdali.

acima dopoço central para uma melhor separação, e devido à diminuição
do volume de vapores de hidrocarbonetos, o diâmetro da torre é reduzido
nesta área. Para o nível do líquido no fundo doV-302 é possível instalar ,
vidro. NoLIC-3010 que controla o nível de líquido no ,V-302 , são instalados
trêsnúmeros TI nas alturas baixas donível de líquido LLL , LOW altura ,
normal(NLL) e altura alta(HLL que de alguma forma indicam o nível de ,(
líquido no fundo doV-302 Como a temperatura dos líquidos é ligeiramente .

superior aos vapores de hidrocarbonetos, para além desta secção de alta altitudeH.LL , existem quatroNOZZLE VALVES a diferentes distâncias umas das outras, abrindo-as, é possível descobrir a presença de líquido nesse .ponto-3010 é lavado por umacorrente constante.

Os fluxos de saída datorre V-302 são:

- A partir do fundo da torre de produtosTAR

De cima -Gasolina e gases leves contendoH2S

A partir da parte central da torre, sai um fluxo de inter-destilação, que - regressa à torre após arrefecimento. O fluxo de saída do fundo daV-302 está sob o controlo doLIC-3010 e, devido à diferença de pressão entre as duas ,torresentra natorre stripper (V - 303 Após passar pela . (caldeira E-307 no fundo da torre(V-306) , o AB aquece o estabilizador e é dividido em dois ramos quando regressa àV-302 . (disjuntor de concentração)

O seu ramo principal está sob o controlo doFIC-301 que é misturado com , oLIC-3009 e regressa sob ocentro, bem como oQuench . O seu outro ramo sob o controlo dePIC-3035 entra nocentro superiorbem como um fluxo de retorno médio como um spray. Se o nível do líquido nopoço central for elevado, o fluxo deFIC-3012 aumenta e os gases provenientes daárea FZ diminuem devido à diminuição da pressão dalinha PIC. 3033- Reduz o fluxo de líquido até à parte superior dopoço central e reduz o nível de líquido no mesmo.

O fluxo de gás a montante da torre -V-302 é arrefecido e determinado no refrigerador de arE-304 A/B e no refrigerador de águaE-305 AB e entra(V - recipiente305 para recolha delíquidos a montante) Para prevenir a . corrosão, a substância química é injetada porP-309 no topo da torre V-302. Parte dos líquidos recolhidos no recipiente acima porP-305 ou oP-303 B de reserva comum e sob o controlo deFIC-3013 que é controlado por ,V-

302 controlador de alta temperaturaTIC-3024 a-160 175 Seascade como líquido de retorno para o topo da torreV-302 retorna.

Outro lado dos líquidos de hidrocarbonetos no tanque acima (excesso de) líquidos de fissuras) é enviado para a torre (estabilizador)V-306 por (P - 306 A/B e sob o controlo de LIC3011-LIC3011 .(Água ácida) recolhida no recipienteBOOT V-305 é injectada na condutaSW sob o controlo doLIC-3012. V-301 é ligado àHCB-03-0014-6 (linha de equilíbrio) através da tubagem de equilíbrio de pressãoV-302 da torre. E a sua pressão é equilibrada.

Barg control6-5.5 e emPIC-3010 porV- 301-305 e contentorV-302, a pressão da torre é medida. Após passar peloPV-3010 a quantidade de gases , que saem doV-305 é medida peloFI-3014 e entra no recipiente de líquido(KODrum) V-308 e de lá é enviada para a unidade de tratamento degás com amina

para removero H2S ou é enviado para o recipiente ,(Fuel. Gas KO Drum) V-309 e é utilizado comocombustível do forno H-301. Uma válvula de controloHV-3007 é instalada no topo da torreV-302 que pode ser aberta , manualmente da sala de controlo em direcção ao queimador da empresa em caso de emergência para controlar a pressão.

Torre de decapagem

Torre de decapagem(STRLPPER) V-303 a saída do fundo da ,torre V-302 sob o controlo doLIC-3010 e devido à diferença de pressão existente entra no tabuleiro 4 da torre de decapagemV-3-3 e os seus hidrocarbonetos leves , por vapor de águabarg 20 são libertados sob o controlo doFIC-3005 e saem do topo datorre V-303. O produtoTAR entra nas bombasP-302 A/B a partir do fundo datorre V-303 .

O interruptor DAL-3008, ,localizado na saída comum de ambas as bombas faz com que aturbina P-302-BT seja colocada em serviço durante uma falha de energia. A saída das bombas acima é dividida em três ramos com uma pressão dePI-3008=20-22barg. Um ramo comoMIN-FLOW volta para a torreV-303 o fluxo mínimo para a)P-302-AB ,é igual). No segundo ramo há a válvula de controloXV-3101 que é aberta em situações de emergência , e quando o interruptor de fluxo mínimo é operado para o forno passaFP-3012 ,3027 ,H-301 , e é retirado de serviço(P-301) O fluxo de alimentação de saída é injectado a partir do casco doconversor E-302 .

O fornoH-301 previne a formação de coque nos tubos. O terceiro ramo e na realidade o ramo principal dasaída P-302 AB depois de passar pelotubo conversor E-302 A/E eE-301 A/E e trocar calor com a alimentação de entrada é dividido em dois ramos, um ramo é um fluxo de arrefecimento pesado(e sob o controlo deHeavy Quench) TRANSFERLINE é injectado noFIC-3032 uma parte deste fluxo através do tubo ,Res-03-0712-3 como Quence é injectado no fundo datorre V-302 para evitar a formação de coque nesta área. O outro ramo de saídaTAR deE-301 após medição porFI-3004 e passando porLIC-3003 (controlador de nível) V-303 é arrefecido em refrigeradores de águaE-310 comágua temperada e a saídaTAR deE 310 é dividida em dois ramos.

SaídaTAR

é injectado como um fluxo de arrefecimento a frio deGold Heavy Quench para a saída do forno nalinha de transferência . Normalmente, este fluxo) não é utilizado) e o outro ramo vai até à fronteira da unidade, onde é dividido em dois ramos. Um ramo chama-seSTART UP LINE e é ligado à conduta de alimentação de entrada à unidade e é utilizado no arranque da unidade.

O seu outro ramo é enviado como umproduto TAR para o tanque2047 para TK-2042 O fluxo de gás a montante é arrefecido e determinado no .

refrigerador de arE-303 A/B e entra(V-304 recipiente colector de fluxo de retorno). O líquido no recipiente acima entra emP 3030 A/B e a saída da bomba é dividida em três ramos, um dos quais está sob o controlo deFIC-3006 , que está em cascata comTIC-3067 como o líquido de retorno ao tabuleiro nº 8Stipper retorna.

é injectado como um fluxo de arrefecimento leve(Light Quench) sob o controlo deFIC-3031 para alinha de Transferência , e o terceiro ramo está sob o controlo de LIC-3004 (controlo de contentores) V-304 antes(FV-3012 saída) P-304A/ B é injectado e injectado na parte inferior da torre(V-302 para controlar a quantidade de gases até à parte superior da torre). A água ácida é injectada na linha de água ácida no recipienteBOOT V-304 por P-310 A/B e sob o controlo doLIC-3005 V-303, a pressão da torre de decapagem porPIC-3007 embarg 2.4-2 e a temperatura no topo da torre é controlada porTIC-3067 e cerca de215-235 c Os gases de escape do . contentor V-304 são divididos em dois ramos.

Um ramo após passar peloPV-3007 A é consumido no fornoH-301 .e gases O excedenteV-304 é enviado para o queimador da empresa através daPV-3007. Para evitar a entrada de hidrocarbonetos líquidos através doPV-3007 A. em direcção aos queimadores de gás do forno e causar um incêndio no chão do forno, este tem o recipiente acima mencionado. Alarme de nível máximo de líquidoLSH-3014 .STABILIZADOR STABILIZADOR V-305 o excesso de líquido entra na bandeja 14 da torreV-306 porP-306 e através do(LIC-3011) controlo do nível de líquido(V-305) depois de passar pelo casco(E-306) troca de calor com produto de gasolina de baixa qualidade.

Depois de passar pelosrefrigeradores de água E-309 A/B, os gases superiores da torre são arrefecidos e definidos. Entra no recipienteV-307 (recipiente para recolha de líquidos de retorno). Para evitar a corrosão, a substância química P-309 é injectada na parte superior da torre. Os gases de escape dorecipiente V-307 sob controlo de pressão(PIC-3009). A pressão de 6-6,5bar é medida peloFI-3010 e misturada com os gases de escape do V-305 e após a separação de possíveis líquidos de hidrocarbonetos no(OFF GAS KODRUM) V-308 é enviada para a unidade de purificação de gás , .com amina.

Nível de líquido emV-307 porLTC-3007 que controla a válvula, se necessário. Parte do fluxo de entrada para os refrigeradores de águaF-309 é controlado porHOT BYPASS Para evitar mais condensação e aumento do . nível do líquido. Os líquidos de hidrocarbonetos norecipiente V-307 são devolvidos ao tabuleiro 26 da torre de estabilizaçãoV-306 porP-306B ouP-307 e através deFIC-3009 .

Na parte inferior datorre V-306, a   caldeiraE-307 liberta gases leves juntamente com os líquidos no fundo da torre. Todo o aquecimento emE-307 é líquido leve torreCENTER WELL V-302 , que é passado pelo tubo E-307 porP-304 A/B e controlado porTIC-3021). TIC-3021 controla a temperatura de fundo da torre acima a65-170 °C e aumenta o calor de ebulição deE -307 reduzindo a pressão de vapor da gasolina. O produto (GASOLINA .gasolina de baixa qualidade) foi removido do fundo da torre , Passa pelo tuboE-306 e pelo refrigerador de águaE-308 e a sua quantidade é medida peloFI-3008 Depois de passar por .(LIC-3006 controlo de nível de líquido) V-306 e é enviado para otanque COLD SLOPS .

(ÁGUA TEMPERADA) Rede de água semi-quente

(ÁGUA TEMPERADA) A rede de água quente arrefece produtos pesados tais comoH. V.SLOPS ,VACUUM BOTTOM ,TAR geralmente pelo , fluxo de água quente (e não água de arrefecimento normal). Fazem para aumentar o ponto de fluidez(POUR POINT) e como resultado desgastam e criam uma película. Deve ser evitado na parede exterior dos tubos dos refrigeradores deágua A água destilada quente é muito corrosiva na .

,presença de oxigénio. Portanto, para evitar a absorção de oxigénio estabelecem um fluxo de vapor demanta sobre a superfície da água. Para minimizar a corrosão no sistema, são-lhe adicionados produtos químicos.

3.1.1. Descrição da operação

A rede de água semi-quente e oCONDENSADO FRIO são armazenados e o TK-301 é utilizado no tanqueTEMPERED WATER EATER EATER como abastecimento de água(MAKE UP) em condições necessárias. Depois entra notubo refrigerador de água E-310 A/B através de P-311 A/ B e, após arrefecimento doproduto TAR, entra na unidade de destilação através de um tubo subterrâneo e é dividido em dois ramos. O seu ramo principal arrefece os produtos V.BOTTOM eHVVLOPS em refrigeradores de água E-173 eE-172 respectivamente ,.

.O seu outro ramo é para arrefecer diferentes partes de algumas bombas Materiais pesados e quentes são utilizados na unidade de destilação. Saída TEMP WATER dos refrigeradoresE-173 eE-172 e de algumas bombas de destilação, misturados entre si. e entrou em16 refrigeradores de arE-311 através de um tubo subterrâneo . A sua temperatura de saída é porTIC 3006 nas pás dos refrigeradores do volante. Os envios são controlados a50-55 °C . Se a unidade de redução de viscosidade não estiver em serviço, desviar os refrigeradoresE-310 por tubo em WAT- 03 0724-1-16 e TEMP. O WATER é enviado directamente para aunidade de .destilação

Controlar o nível da água no tanque acima referido do ponto de vista de fornecer a altura adequada. A direcção de entrada dasbombas P-311 A/B é importante e, portanto, tem um alarme mínimo. O nível éLAL-3201 . Estabelecer um fluxo constante deTEMP WATER a partir da pressão ,apropriada em refrigeradores de águaE-172 ,173 ,310 .e algumas bombas A unidade de destilação é absolutamente necessária e a interrupção deste fluxo por qualquer razão, por mais de 15 minutos. Levará ao encerramento de emergência de unidades semelhantes e à redução da viscosidade.

Por conseguinte, a saída das bombas acima referidas está equipada com um interruptor de baixo caudal(ALARME DE Baixo caudal FAL-300 Se a . bomba eléctricaP-311 A estiver em serviço, a pressão diminui por qualquer razão. Através daPSL-3006 activa a válvula solenóide ,PY-3006 e abre (PV- 3006 caminho (é MPSTEAMed e aturbina P-311 BT é posta em serviço imediatamente . O pessoal da operação deve sempre tomar conta das bombas acima referidas para que não funcionem vazias e se o nível da água diminuir emÁGUA PLANTA. OCONDENSADO FRIO não deve ser TK-301 imediatamente antes . Utilizar amangueira de água de combate a incêndiospara compensar a falta de NÍVEL O possível material de petróleo . acima do nível da água doTK-301 deve ser transbordado de vez em quando

.

Capítulo quatro

Processo de reforma a seco de metano em leito fixo catalítico

4.1. Introdução

O gás de síntese é um gás tóxico, inodoro e incolor que é uma combinação de hidrogénio e monóxido de carbono. O gás de síntese é utilizado em várias indústrias, incluindo indústrias petroquímicas e indústrias metalúrgicas. Existem vários métodos para produzir gás de síntese, o que hoje em dia é feito principalmente através da reforma a vapor do gás natural com hidrocarbonetos leves, como a nafta. O gás natural, que contém principalmente metano, reage com vapor de água em reactores tubulares a alta temperatura e com a absorção de uma grande quantidade de calor, na presença de um catalisador de níquel-alumina, e o resultado final das reacções é a formação de produtos de reacção.

A relação entre o gás hidrogénio e o monóxido de carbono é o critério mais importante para a concepção do reactor de processo. A modelização do reactor de produção de gás é muito importante como o coração de uma unidade operacional na indústria petroquímica.

Diferentes processos e diferentes matérias-primas são utilizados para produzir gás de síntese, estando ambos entre os parâmetros-chave para produzir gás de síntese com uma razão adequada próxima dos rácios estequiométricos necessários para as unidades petroquímicas. O método de oxidação e conversão parcial com vapor de água e a combinação destes dois métodos são métodos industriais, e actualmente, o gás de síntese de produção é normalmente obtido a partir deste último método utilizando gás natural. Uma das desvantagens destes métodos é a razão inadequada de hidrogénio para o monóxido de carbono. Os métodos de reforma do metano seco podem produzir directamente gás de síntese com uma relação favorável de cerca de um, o que é uma das razões para a não industrialização destes métodos até agora, nomeadamente a formação de coque no catalisador, a produção de produtos secundários, e a natureza antieconómica das matérias-primas em comparação com o metano. Em geral, o processo de reforma do metano é descrito como um processo adequado devido à abundância de gás natural e à produção de gás de síntese a uma proporção adequada, independentemente da formação de coque sobre o catalisador. O gás de síntese desempenha um papel intermediário na produção de muitos outros produtos químicos, tais como amoníaco, metanol, hidrocarbonetos líquidos da síntese Fischer-Tropsch de combustíveis líquidos e outros oxigenados de processos GTL, e tem geralmente um elevado potencial económico.

O processo de reforma a seco do metano tem sido realizado em vários reactores, tais como reactores de leito fixo, leito fluido, plug e membrana, e também foram realizadas investigações sobre os mesmos, bem como vários catalisadores, tais como Ni, Ru, Rh, Pt, etc., no processo. O comentário é utilizado.

Uma das questões importantes no processo de reforma é a escolha do catalisador certo. Ao escolher um catalisador, são considerados parâmetros como a actividade do catalisador, estabilidade às temperaturas utilizadas, resistência ao envenenamento por compostos químicos, boa selectividade, preço razoável, etc.

O processo de reforma do gás natural é amplamente utilizado em escalas industriais para produzir hidrogénio, pelo que actualmente 80-85% do hidrogénio produzido em todo o mundo é obtido através do processo de reforma. Neste processo, o gás metano reage com vapor de água na presença de um catalisador a uma temperatura de 700-900 graus Celsius e a uma pressão de 20-40 bar e produz hidrogénio e monóxido de carbono.

A natureza endotérmica do processo de reforma do gás natural torna necessário levar a cabo o processo a uma temperatura elevada para obter o rendimento desejado e uma conversão elevada de hidrocarbonetos. Uma reacção endotérmica requer calor para o seu progresso. Por conseguinte, as reacções endotérmicas precisam de ser realizadas a alta temperatura para que a reacção seja termodinamicamente favorável. As reacções químicas são realizadas mais rapidamente a uma temperatura mais elevada, por isso, para a reacção reformadora do metano, o aumento da temperatura faz com que a reacção progrida tanto cinética como termodinamicamente. Uma vez que controlar a reacção a altas temperaturas é uma tarefa difícil, fornecer e controlar a alta temperatura do processo faz com que sejam impostos custos adicionais ao processo. Portanto, em vez de aumentar a temperatura de reacção a temperaturas superiores a 1000 graus Celsius no processo desejado, é utilizado um catalisador para aumentar a velocidade da reacção.

Os catalisadores do processo de reforma são geralmente seleccionados em duas categorias: metais preciosos e metais comuns. Catalisadores caros são catalisadores tais como Pt, Ru, e Rh, e entre os catalisadores comuns, podemos mencionar o catalisador de níquel à base de alumina. Os catalisadores de metais nobres têm propriedades favoráveis à conversão catalítica, por exemplo, estes catalisadores são catalisadores de metais. São normalmente mais activos.

O catalisador de ródio-perovskite é mais activo do que o catalisador de níquel. Além disso, o catalisador deste catalisador obtém uma maior taxa de conversão do que o catalisador de níquel num tempo de contacto mais curto (7,4 ms para o ródio-perovskite e 7,4 ms para o catalisador de níquel). A conversão de metano está mais próxima do valor teórico termodinâmico quando o catalisador de ródio-perovskite é utilizado, e isto indica que uma menor quantidade de catalisador de ródio resulta numa maior taxa de conversão do que o catalisador de níquel.

O catalisador de níquel é utilizado principalmente no processo de reforma devido ao seu preço razoável e à sua capacidade de conversão catalítica. O catalisador habitual utilizado na reacção de reforma consiste em níquel (12 a 20% de níquel) sobre uma base de alumina resistente. Actualmente, está em curso a investigação sobre catalisadores de metais preciosos tais como ródio, paládio, platina e ruténio para utilização no processo de reforming.

No processo de reforma, a presença de alta temperatura e pressão e a presença de hidrocarbonetos e vapor de água criam um ambiente desfavorável para os catalisadores de níquel e também o equipamento metálico utilizado no processo, que pode reduzir a actividade do catalisador, envenenar o catalisador com enxofre, a formação de carbono na superfície do catalisador e o fenómeno de sinterização. Para além da natureza do metal desejado, a actividade de um catalisador depende também da densidade superficial dos locais activos. A actividade catalítica aumenta ao aumentar a densidade de partículas de metal na superfície da base catalítica.

O papel da base catalítica é fornecer uma área estável e de superfície elevada. Dependendo do tipo de processo utilizado, a escolha do suporte correcto tem um efeito na eficiência da fase activa do catalisador para realizar a reacção e pode ter um efeito crescente na actividade do catalisador.

As bases mais comuns utilizadas na reforma do metano são AL O_{23} , MgO, MgO, AL O_{23} , ZrO_2 , e TiO_2 . Comparando as bases de óxido de zircónio e óxido de alumínio, verificou-se que o catalisador de níquel ZrO_2 tem um melhor desempenho do que o catalisador baseado em AL O_{23} .

A principal desvantagem dos catalisadores metálicos é a formação de coque, envenenamento por enxofre e sinterização a altas temperaturas. Os catalisadores caros, quando expostos a enxofre e compostos contendo enxofre, perdem os seus locais activos devido a envenenamento por enxofre, mas a sua sensibilidade não é tão elevada como a dos catalisadores de níquel.

4-2- Critérios adequados para a selecção do catalisador

A fim de escolher o catalisador certo no processo de reforma, vários parâmetros como o efeito do tempo de retenção da mistura de gás de reacção na presença do catalisador sobre a taxa de conversão da reacção, o efeito da temperatura, a relação vapor/carbono na actividade do catalisador, e o preço do catalisador são considerados. Cada um dos parâmetros mencionados pode ser eficaz na escolha do catalisador correcto.

4-3- Catalisadores comuns

Foram utilizados vários catalisadores no processo de reforma do metano seco, os mais importantes dos quais são Ni, CO, e Al O_{23} base, mas estes catalisadores não são necessariamente os melhores. De acordo com a investigação de N. Laosiripojanactal, a actividade de vários catalisadores que foram investigados é a seguinte:

Ru > Rh > Ni-Ir > Pt > Pd

Como sabemos, Ru e Rh são metais caros, pelo que a utilização destes metais a nível industrial não pode ser justificada de um ponto de vista económico, embora, segundo o artigo de Lucapaturto et al., Ru metal possa ser utilizado num reactor de membrana, que tem uma justificação económica mais elevada.

No caso de Ni and Co, foram obtidos resultados interessantes durante a investigação conduzida por J. Juan juan. O problema mais importante no processo de reforma a seco é a desactivação do catalisador através da deposição de coque. Nesta investigação, Ni e Co foram utilizados tanto isoladamente como bimetálicos, tendo-se observado que a actividade do catalisador aumentou com o aumento da percentagem de cobalto. Devido à maior actividade deste metal para a decomposição do metano, que é a etapa de controlo da reacção, e o cobalto é também o catalisador mais estável porque nele estão presentes grandes componentes, e é criado um depósito significativo de carbono sobre o cobalto, mas este depósito é não-diactivo.

Numa outra investigação de R. Bouarab et al investigou o efeito da adição de MgO ao catalisador Co/SiO_2 , que a adição de MgO ao catalisador aumenta a actividade do catalisador e aumenta a estabilidade do catalisador. ao produzir a fase de silicato de magnésio que impede que a fase de cobalto se aglutine.

Também, numa outra investigação conduzida por K. Omata et al, foram examinados catalisadores que têm uma estabilidade sob alta pressão de cerca de 1 MPa, entre estes catalisadores está Co-MgO com base em $SrCO_3$. A percentagem de cobalto aumenta para 7% mol, a actividade do catalisador aumenta.

Na investigação realizada por Monica Garcia-Dieguez, os catalisadores Ni e Pt foram utilizados como catalisadores bimetálicos para a reforma a seco do metano, e chegaram à conclusão que o catalisador Pt_4 Ni/Al O_{23} mostra uma boa actividade catalítica e tem a maior quantidade de CH_4 e conversão de CO_2 . e em todo o processo de conversão de CO_2 , é superior à conversão de CH4 devido à presença em rwgs e reacções de Bordouard.

Na investigação realizada por Zouhair Bou Kha et al, foram utilizados catalisadores Ni(x)/CaHAP e Ni(x)/CaFAP para o processo de reforma a seco do metano, e a conversão para Ni(10)/CaFAP é a mais elevada e a proporção de H_2 /CO Em todos os catalisadores, é inferior à unidade, e em todas as temperaturas estudadas, a conversão é equivalente ao equilíbrio termodinâmico, e quanto mais alta for a temperatura, maior será a conversão.

Na investigação feita por K. Omata et al, o processo de reforma a seco do metano é feito com catalisador Ca-MgO, embora este processo seja feito a 1MPa pressão e temperatura K1023. Este catalisador apresenta uma actividade elevada e se o cobalto for utilizado com uma concentração de 10 mol%, temos um problema com a deposição de coque, então usamos uma concentração mais baixa de cerca de 6 mol%.

4-4- Reactores

O processo de reforma do metano seco é um processo endotérmico, pelo que a temperatura de funcionamento elevada causa um custo elevado de energia, equipamento, bem como o aglomerado e sedimentação no catalisador, os principais problemas deste processo. Uma solução proposta para evitar este custo elevado é a utilização de plasma frio, que foi proposta por Yang Jin et al. O efeito do plasma frio foi investigado tanto em reactores de leito fluidizado como em reactores de leito embalado. Foi observado que sem o catalisador de plasma frio, a reacção não pode ser realizada, mas o plasma frio reage com o catalisador $Ni/\gamma\text{-Al } O_{23}$. Claro que foram observados diferentes tipos de depósitos na superfície do catalisador, que podem causar fragmentação do leito no reactor de leito embalado, embora a conversão no reactor de leito embalado seja superior à do leito fluidizado, mas apesar da possibilidade de fragmentação do leito fluidizado, o reactor ideal É seco para o processo de reforma.

Outro reactor revisto por N. LaosiriPojana et al é uma célula combustível de óxido sólido IRR-SoFC com uma operação de reforma interna indirecta que tem um baixo impacto ambiental. Neste reactor, o catalisador $Ni/Al O_{23}$ é utilizado com o promotor CeO_2 e verifica-se que se for utilizado 8% CeO_2 , estes têm a maior actividade catalítica e a menor deposição de carbono. Em vez da razão estequiométrica de 1/1 para CH /CO_{42} , foi utilizada uma razão de 1/3, que foi eficaz, e verificou-se que a taxa de reforma a seco aumenta com o aumento da pressão parcial de dióxido de carbono e metano e da temperatura.

Na investigação conduzida por Luca Paturzo et al, a reacção seca reformadora do metano foi comparada nos reactores MR e TR e o catalisador deste processo foi Ru. No reactor MR, a conversão é mais elevada do que no reactor TR. Esta comparação foi feita a uma temperatura entre $350°$ C e $500°$ C, e a conversão de CO_2 em todos os reactores é superior à conversão CH_4 , e a selectividade de CO é superior $a_{H2,}$ e à medida que a quantidade de catalisador aumenta, a quantidade de precipitação Aumenta com a mesma razão. Esta comparação foi feita entre o reactor MR com 0,5 e 5% Ru, e finalmente, foi feita uma comparação entre a informação de diferentes artigos com reactores MR e TR e a conversão de equilíbrio, e foi determinado que a conversão no reactor MR é mais elevada do que a conversão de equilíbrio.

Num outro estudo conduzido por A. Topalidis et al, o processo de reforma a seco do metano foi estudado com catalisador 5% $Pt/SrTiO_3$, e num estudo conduzido por Assabumrungrat et al, o reactor DIR-SOFC foi utilizado para o processo de reforma a seco do metano. no qual, ao alterar a proporção de CO /CH_{24} e a temperatura de funcionamento e o tipo de electrólito, a quantidade de deposição de carbono foi reduzida, e o ar adicional à alimentação é uma estratégia adequada para evitar a deposição de carbono.

Na investigação conduzida por Stephanie Itaag et al, foi utilizado um reactor de membrana para o processo de reforma a seco do metano. A principal vantagem da utilização de um reactor de membrana é a resistência térmica e a ausência de reacções laterais adversas, bem como a desactivação por coque. Neste estudo, observou-se que é utilizado um reactor de membrana Ni e Ni-Co com base em alumínio, o que provoca a não realização da reacção lateral do RWGS neste reactor e provoca a remoção preferencial do hidrogénio e o aumento da conversão do metano.

4-5- Reformar o processo de produção

A reforma do gás natural por vapor está dividida em duas correntes gerais, uma das quais é a produção de corrente rica em hidrogénio do Reformat, que significa SMR. A reforma do metano com vapor, seguida do tratamento com hidrogénio, que significa pressão de absorção superficial flutuante ou PSA.

Estes processos decorrem em quatro fases.

1- A reforma.

2- Conversão por turnos.

3- Purificação de gás PSA.

4- Metanação.

4-6- Refinamento de rações reformadoras

Antes da reforma, a ração deve ser refinada. Nesta unidade, a ração de gás natural, que é uma mistura de etano, metano, azoto, CO_2 , propano, e butano normal, deve ser livre de enxofre, o que é feito utilizando um filtro de carvão activado, sob pressão e concebido em função do reformador.

Especificações de alimentação

Quadro 4-1- especificações de alimentação	
Componentes	**Composição**
N_2	0.1172
CO_2	0.66
CH_4	85.83
$C H_{26}$	1.7
$C H_{38}$	0.9
$n\text{-}C H_{410}$	0.44

4-7- Preparação de rações reformadoras

A alimentação da unidade de hidrogénio contém alguns compostos de enxofre e cloro, que devem ser removidos da alimentação para evitar o envenenamento do catalisador reformador. Este processo é feito pelo catalisador e em três fases, que são a hidrogenação, a descloração e a dessulfurização. No início, a alimentação é preparada da seguinte forma: o propano líquido é bombeado por bombas e entra no evaporador de propano, onde o propano é convertido em gás por vapor. Os gases Lpamin entram num tanque e de lá vão para o compressor e a sua pressão aumenta. O gás natural está disponível a uma pressão de 29,4 bar e não precisa de ser comprimido. Um pequeno fluxo de hidrogénio é comprimido pelo compressor de gás circulante e adicionado à alimentação, que mantém o conteúdo de hidrogénio da alimentação em cerca de 4mol%, após o que a mistura de alimentação entra na bobina do forno na secção de convecção e antes de entrar no Hidrocenador, a sua temperatura é de 400 graus Celsius.

4-7-1- Descloração e dessulfurização de alimentos:

Descloração: Os compostos sulfúricos e clorados na alimentação são hidrogenados e convertidos em HCL e H_2 S. Os catalisadores de hidrogenação e cloração estão localizados num recipiente acima do leito de hidrogenação e abaixo do leito do catalisador de cloração, que primeiro clorinam o conteúdo da alimentação no leito. O superior transforma-se em HCL. E depois transforma-se em NACL no substrato inferior, que continua até o catalisador estar saturado, e depois o catalisador deve ser mudado após o catalisador estar saturado.

4-7-2- Dessulfurização:

Os compostos de enxofre no conteúdo da alimentação são convertidos em H_2 S ao passar pelo catalisador de hidrogenação, e depois no reservatório onde o conteúdo do catalisador é Zno, o sulfureto de hidrogénio é absorvido pelo catalisador. Dois reactores de dessulfurização podem ser postos em serviço em série ou em paralelo, enquanto é possível retirar um dos recipientes de serviço para descarregar e carregar o catalisador sem perturbar o trabalho da unidade.

4-7-3- Conversão com vapor

As reacções de hidrogenação que ocorrem no reactor do tanque são as seguintes.

$$S\ RSH+H_2\ \cancel{RH+H}_2 \qquad\qquad)\quad 1\text{-}4)$$

$$R_1\ SSR +3H_{22}\ \cancel{R\ H}+R_{12}\ H +2H\ S_2 \qquad (2\text{-}4)$$

$$R_1\ SR +2H_{22}\ \cancel{R\ H}+R_{12}\ H +2H_2\ S\ (4\text{-}3)$$

R, R1 e R2 são radicais de hidrocarbonetos.

As reacções de dessulfurização são exotérmicas, mas como a quantidade de enxofre na ração é muito baixa, o calor libertado não é significativo. Para além da hidrogenação de compostos contendo enxofre, os compostos contendo cloro na ração também são convertidos em HCL como resultado da hidrogenação.

A fórmula de reacção é a seguinte:

$$CH +H_{42}\ \cancel{C\ H}_{26} +Calor\ (4\text{-}4)$$

$$C\ H +H_{362}\ \cancel{C\ H}_{38} +Calor\ (4\text{-}5)$$

Estas reacções são exotérmicas, como se viu. O catalisador de óxido de zinco reage com $H_2\ S$ como se segue.

$$H_2\ S+Zno\ \cancel{zns}+H_2\ O\ (4\text{-}6 \quad ($$

Em funcionamento normal e temperatura entre 360 e 400 graus Celsius, a quantidade de enxofre no gás de alimentação é reduzida e atinge cerca de 0,1 ppm wt.

4.8. Reformar com vapor

A ração refinada é injectada directa ou indirectamente com água no forno reformador com uma mistura de vapor, que entra no forno através de dois ramos divididos, e a quantidade de ambos os fluxos é controlada para evitar danos nos tubos do forno. Antes de entrar na alimentação do forno de vapor, também é injectada água no mesmo, e a proporção é mantida entre 3,31 e 4,29 (por peso), de acordo com os requisitos operacionais.

Depois disso, a mistura de alimentação e vapor entra nas bobinas e troca calor através do gás de combustão. A temperatura desta mistura à saída das serpentinas é controlada através da injecção de vapor de superaquecimento no gás de alimentação. Para ajustar a quantidade de Bfw à mistura de alimentação, para ajustar a sua temperatura na gama de 489-580 graus Celsius na parte de saída, é considerada uma serpentina de vapor.

A mistura de alimentação e vapor passa das bobinas do pré-aquecedor para tubos contendo catalisador de níquel, o catalisador tem geralmente a forma de anéis cilíndricos ocos de diâmetro. Este catalisador consiste em 25-40% de óxido de níquel sobre um suporte resistente ao calor, tal como a sílica.

Para evitar a desactivação do catalisador de níquel, o fluxo de alimentação do metano é mantido entre leitos preenchidos com óxido de zinco ou carvão activado que remove o enxofre. Após a mistura entrar nos tubos, aí a mistura transforma-se em hidrogénio, monóxido de carbono, dióxido de carbono e metano.

A reacção é muito endotérmica e requer temperatura, a temperatura de reacção está entre 760 a 810 graus Celsius (1400 a 1500 F). O calor necessário é fornecido pelos queimadores na fornalha, que se encontram em dois andares. O fluxo de saída dos tubos da fornalha tem uma temperatura de 860 graus Celsius e cerca de 4,5% de metano, que entra no permutador e produz vapor saturado. O HTSC também pode ser regulado ao passar pelo permutador. Na reforma do gás natural com vapor, o gás natural reage com vapor e pressão de cerca de 3-25 Bar, o que pode ser feito em duas partes. A primeira parte da reforma a alta pressão é feita integrando permutadores de calor e trabalhando a uma pressão superior a 16 bar, o que reduz o volume geométrico do recipiente do reformador, e a outra parte trabalha do reformador a baixa pressão e cerca de 3 bar, o que aumenta a razão de conversão e a condensação do reformador são feitos antes da purificação.

A reacção catalítica entre o metano e outros hidrocarbonetos no gás natural é feita com vapor de água.

CH +H$_{42}$ O~~CO~~→3H$_2$ -Calor (4-7   (

CH +2H$_{42}$ O~~CO~~→4H$_{22}$ -Calor (4-8   (

A temperatura do gás de combustão na parte de saída, a parte de radiação do forno é de cerca de 920-925 graus Celsius, o calor do gás de combustão é utilizado nas seguintes partes.

1- Pré-aquecer a mistura alimentar.

2- Na bobina de produção de vapor.

3- Calor a Vapor.

4- Aquecedor de água de alimentação da caldeira.

5- Pré-aquecer os alimentos.

4.9. Conversão de CO

Esta reacção tem lugar em duas fases, que é conhecida como reacção de deslocamento água-gás (WGS). Uma é a alteração da temperatura elevada do HTS em graus Celsius e a outra é a alteração das baixas temperaturas de 210-190 graus Celsius.

CO +H$_2$ O ~~CO +H~~$_{22}$ +Calor (4-9)

Esta reacção é exotérmica e é realizada num reactor catalítico de leito fixo devido à pequena quantidade de CO e à elevada quantidade de H$_2$ no fluxo do produto.

Uma temperatura mais elevada aumenta a taxa da reacção, mas de acordo com a actividade do catalisador, esta reacção é realizada à temperatura óptima de 350 a 380 graus Celsius.

Normalmente é utilizado um reactor com vários leitos de catalisadores entre os quais o fluido e a reacção é arrefecido, o catalisador utilizado nesta etapa é uma mistura de ferro e óxidos de crómio.

4.10. Purificação do hidrogénio (PSAunit)

A etapa seguinte da reforma do gás natural por vapor é a purificação, que normalmente é feita por PSA (pressão oscilante de adsorção superficial) para remover o metano, CO_2 , CO, N_2 , e a água do gás de saída da fase de convecção por turno. O produto de hidrogénio produzido nesta fase tem uma pureza de 99,99%.

4.11. Metanação

Em algumas unidades, a fim de eliminar as pequenas quantidades restantes de dióxido de carbono e monóxido de carbono, transforma-as em metano durante a reacção seguinte.

$$CO+3H_2 \rightarrow CH_4 +H_2 O \quad (4\text{-}10)$$

$$CO+4H_2 \rightarrow CH_4 +2H_2 O \quad (4\text{-}11 \quad ($$

Esta fase é também realizada num reactor catalítico de leito fixo a uma temperatura entre 700-800 F (427^0 C). Ambas as reacções acima são exotérmicas, e se a concentração de CO e CO_2 na alimentação atingir mais de 3%, é necessário devolver uma parte do gás refrigerado de saída para reduzir a temperatura de reacção. O catalisador contém 10 a 20% de níquel sobre uma base resistente ao calor .

4-12. Conversão de hidrocarbonetos com vapor de água REFORMA DE VAPOR DE VAPOR DE ÁGUA

Na conversão de gás natural e hidrocarbonetos saturados, é necessário mais vapor de água para evitar a formação de incrustações no catalisador e para atingir estados de equilíbrio:

$$CH_4 + H O_2 \rightarrow CO + 3H_2 \quad (ENDOTHERM/C) \quad (4\text{-}12\ ($$

$$nH_2\ n+2+ H O_2 \rightarrow nCO+(2n\text{-}1)H_2 \quad (ENEOTHERMIC) \quad (4\text{-}13\ ($$

Este trabalho pode ser feito a alta temperatura e alta relação vapor/carbono e baixa pressão, mas de um modo geral, este trabalho é feito. A proporção de metano no produto de saída do forno em condições de equilíbrio em relação à temperatura de pressão e RATIO mostrada na figura (1-4), a proporção de vapor de água em relação ao carbono em relação ao requisito operacional é de cerca de 3,5.

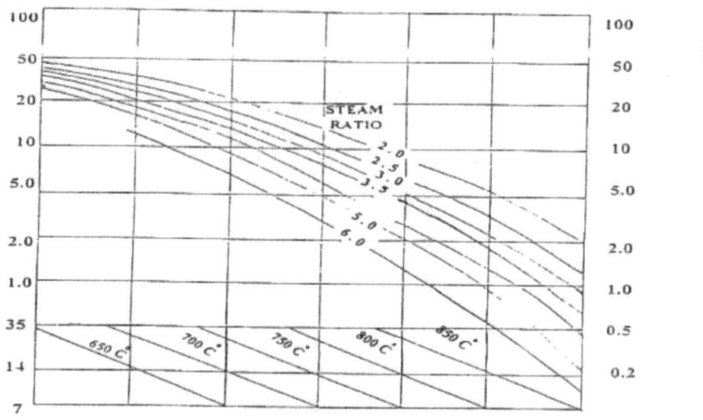

Figura (4-1) Taxa de metano no produto de saída do forno em condições de equilíbrio em relação à temperatura de pressão.

4-13- Formação de carbono (coque)

Todos os hidrocarbonetos irão decompor-se espontaneamente à temperatura de REFORMAÇÃO. Na ausência de vapor de água, irão produzir carbono e hidrogénio.

$$CH C+2H_4 \rightarrow_2 \qquad\qquad (4\text{-}14)$$

Durante as operações normais, há fissuração por metano e formação de carbono, mas felizmente, a taxa de formação de carbono é baixa, e as reacções de fissuração e regeneração de CO também removem o carbono.

$$2CO \rightarrow C+CO_2 \quad (DISPORTAÇÃO\ DE\ CO) \qquad (4\text{-}15)$$

$$CO+H_2 \leftrightarrow C+H_2O \quad (COREDUÇÃO) \qquad (4\text{-}16)$$

O carbono formado como resultado da decomposição do metano deve ser sempre removido por reacção com CO2 e vapor de água e a sua taxa de formação deve ser inferior à sua taxa de remoção. Trabalhar a uma temperatura inferior a 650°C requer um catalisador activo, mas acima de 650°C, a quantidade de hidrogénio formada é suficiente para a reacção de fissuração do metano e evita a formação de carbono. Se o catalisador for fresco e ainda não tiver sido reactivado, ou se for velho e a sua actividade tiver sido danificada por toxinas, o carbono pode ser formado, o que resultará em bandas quentes a uma distância de aproximadamente 1/3 do fundo do tubo.

Este problema afecta a transferência de calor e a temperatura da parede do tubo aumenta. A formação de carbono com alimentações de gás contendo hidrocarbonetos mais pesados do que o metano é também um problema. Estes hidrocarbonetos têm uma maior tendência a formar carbono durante as operações de PEFORMING. O efeito da temperatura do gás de funcionamento, da pressão dos componentes de hidrogénio e metano e da actividade do catalisador na formação do carbono é mostrado na Figura 4.2. Alguns catalisadores têm materiais alcalinos tais como potássio que é lentamente libertado pelo catalisador e tem os seguintes efeitos sobre o catalisador.

O processo PEFORMING de decomposição do vapor de água em hidrogénio e oxigénio remove o carbono da superfície activa do catalisador de níquel e do seu suporte. A eficiência de prevenir a formação de carbono depende do método através do qual o metal alcalino é unido ao suporte do catalisador e forma compostos que são hidrolisados para libertar uma quantidade constante de potássio e a uma temperatura mais elevada (650-700) é produzido carbono de alta densidade e uniformidade na escala de massa, que envolve a superfície activa do catalisador e causa uma diminuição significativa na actividade do catalisador.

Qualquer aumento da temperatura acima dos 700 graus Celsius leva a uma diminuição da taxa de produção de carbono e da quantidade da sua deposição sobre o catalisador.

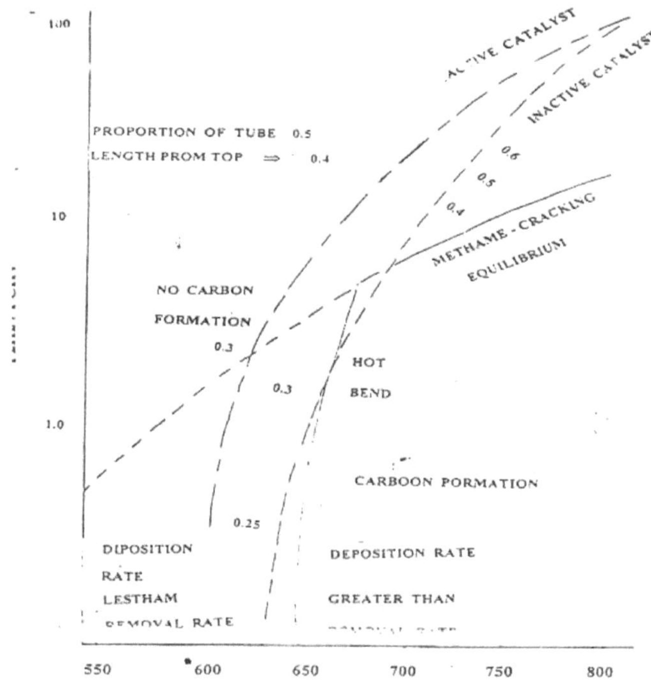

Figura 4-2- O efeito da temperatura do gás de funcionamento, da pressão dos componentes de hidrogénio e metano, e da actividade do catalisador na formação de carbono.

4-14- A relação vapor/carbono

O valor normal de concepção da razão de vapor flutua entre 3,37 e 4,29 (por peso). O trabalho com um RATIO mais baixo leva à formação de coque (carbono), o que leva a uma diminuição da actividade do catalisador, um aumento da temperatura do tubo, e um aumento da queda de pressão. O carbono é obtido a partir do craqueamento do metano e especialmente a partir de hidrocarbonetos mais pesados. Mas este mesmo carbono pode ser removido com vapor.

O efeito entre a formação do carbono e a sua remoção depende das seguintes condições:

- Composição do gás e proporção de vapor de água em relação ao carbono.

- A temperatura do catalisador e a temperatura das paredes dos tubos.

- O tipo de catalisador utilizado e a vida útil esperada.

A superfície mais quente em contacto com o gás é a parte interior da parede do tubo. Ao trabalhar com a RATIO, é muito importante manter baixa a temperatura da parte superior do tubo. Porque nessa área, a quantidade de metano no gás de alimentação é elevada e, portanto, é muito provável que se rache.

Para além da relação mínima de vapor para carbono necessária para evitar a deposição de carbono no catalisador, também deve haver uma quantidade suficiente de vapor de água no recipiente de dessulfurização para completar as reacções. Se o RATIO for muito baixo, especialmente em condições operacionais anormais e a avaria da unidade catalisadora FERRO/CHROME, poderá ser reduzido em excesso e o requisito operacional, que se encontra sob a forma de ($Fe\ O_{34}$), transformar-se-á num metal. Quando tal evento ocorrer (o ferro deve ser formado), o que facilitará as reacções indesejadas abaixo e actuará como um catalisador na realização destes processos.

$$2CO \rightarrow C + CO_2 \ (DISPROPORTIONAIION=CO \ (4\text{-}17)$$

$$2CO + 2H_2 \rightarrow (\text{-}CH_2\text{-})N + CO_2 + CALOR \ (4\text{-}18 \quad ($$

$$CO + 3H_2 \rightarrow CH_4 + H_2O + CALOR \qquad (4\text{-}19\ ($$

As reacções laterais indesejáveis exercem uma série de efeitos adversos sobre toda a operação da unidade, tais como: - perda de resistência do catalisador HTSC e - a possibilidade de aumentar a queda de pressão do leito do catalisador HTSC e aumentar a quantidade de vapor para o carbono para além do limite de concepção, causando uma diminuição da quantidade de metano para o vapor Estará à saída do forno.

4-15- Preparação de gás de síntese a partir de gás natural:

A segunda fonte de síntese de gás é o gás natural. Para este fim, são utilizados vários métodos. Os mais comuns destes métodos são:

1- SMR (Reforma do Metano a Vapor).

2- Auto Reforma Térmica.

3- Oxidação Parcial.

4- A reforma do metano com dióxido de carbono e vapor.

A proporção de H_2/CO necessária para a produção do produto desejado é uma variável importante na selecção da tecnologia e na concepção da unidade de gás de síntese.

O primeiro passo na conversão de gás natural (metano) em hidrocarbonetos líquidos é a sua conversão em síntese de gás através de um processo chamado reforming. A conversão do gás natural através da reacção com vapor é extremamente endotérmica e requer um elevado consumo de energia, e afecta fortemente a economia energética do processo de produção global. Por esta razão, foram propostos outros métodos para converter metano em gás de síntese, que ao mesmo tempo que melhoram o aspecto da reacção de diferentes rácios H_2/CO (produzem de acordo com a quantidade necessária).

4-16- Reformar com vapor

O método mais comum de produção de gás de síntese a partir do gás natural é o processo de reforma a vapor, que tem sido amplamente desenvolvido em complexos petroquímicos e de refinarias. Neste método, o vapor de água reage com gás metano ou um hidrocarboneto num reactor tubular, na presença de um catalisador a uma temperatura de 700 a 1100 C e a uma pressão de 5 a 35 bar. Os catalisadores para reacções de gás natural com vapor são feitos principalmente de níquel metálico sobre um suporte resistente ao calor, tal como cerâmica de alumina, aluminato de magnésio spinel, ou uma mistura dos dois. Além disso, para que o catalisador seja resistente às duras condições prevalecentes no reformador (pressão até 35 bar e temperatura entre 700 e 1000 C) e tenha uma vida útil mais longa, são utilizados catalisadores como o lantânio, zircónio, óxidos de estanho, cálcio e estrôncio. Estas reacções incluem duas reacções de equilíbrio, uma é a reacção de clivagem de hidrocarbonetos e a outra é a reacção de deslocamento de gás-água.

$$CO + 3H_2 \leftrightarrow CH_4 + H_2O \qquad (4\text{-}20 ($$

$$CO + H_{22} \leftrightarrow CO + H_2O \qquad (4\text{-}21)$$

Do ponto de vista termodinâmico, alta temperatura e baixa pressão são adequadas para o progresso da reacção à direita, no entanto, para optimizar a economia global do processo, esta reacção é realizada a alta pressão porque provoca um aumento do caudal por unidade de tempo e, como resultado, uma redução do volume do reactor. contém Também reduz o custo de aumentar a pressão, que é normalmente necessária para os próximos passos, e por outro lado, melhora a transferência de calor no interior dos tubos.

Neste processo, para prevenir e superar a reacção da formação de carbono e também para aumentar a reacção reformadora, a quantidade de vapor consumida é normalmente injectada em quantidades maiores do que as condições estequiométricas, através da reacção seguinte:

$$CO + H_2 \leftrightarrow C + H_2O \qquad (4\text{-}22)$$

Para evitar a formação de carbono na superfície do catalisador.

A reforma dos hidrocarbonetos saturados baseia-se nas seguintes reacções:

$$nCO + (2n+1)H_2 \rightarrow C_nH + nH_2O_{2n+22} \qquad (4\text{-}23)$$

$$CH_4 + H_2O \rightarrow CO + 3H_2 \qquad (4\text{-}24)$$

$$CO + H_2O \rightarrow CO_2 + H_2 \qquad (4\text{-}25)$$

Apesar da natureza exotérmica das reacções de formação de metano e troca gás-água, o resultado de todo o processo é endotérmico. Quando a ração contém hidrocarbonetos mais pesados, devido à maior tendência destes hidrocarbonetos para formar coque, deve ser utilizado mais vapor do que carbono.

4-17- Auto reforma térmica (ATR)

Neste processo, a oxidação parcial e a reforma adiabática com vapor são utilizadas em conjunto. O tipo e as condições operacionais deste processo são muito próximas da oxidação parcial. A alimentação dos reformadores térmicos automáticos é de hidrocarbonetos, oxigénio e água. Em vez de oxigénio, é possível utilizar ar ou ar rico em oxigénio. O vapor de água é misturado com oxigénio e hidrocarboneto em pequena proporção. Neste método, vários hidrocarbonetos tais como gás natural, gases de escape da refinaria, GPL, e nafta podem ser todos considerados como alimentações adequadas. Para processar hidrocarbonetos pesados, como a nafta, é necessária a presença de um pré-reformador adiabático. Após a alimentação passar pelo pré-formador adiabático, a ração contém apenas hidrocarbonetos monocarbonos. Para ajustar a composição do gás de síntese, pode ser utilizado um fluxo de alimentação de dióxido de carbono.

O reactor autotérmico consiste numa câmara pressurizada com uma parede refractária, um queimador, uma câmara de combustão e um leito catalítico. As equações das reacções químicas, uma combinação de combustão e reacções reformadoras com vapor são as seguintes:

$$CO + 3H_2 \leftrightarrow CH_4 + H_2O \qquad (4\text{-}26\ ($$

$$CO + 2H_2 \leftrightarrow CH_4 + 1/2O_2 \qquad (4\text{-}27)$$

$$CO_2 + 2H_2O \leftrightarrow CH_4 + 2O_2 \qquad (4\text{-}$$

28) O espaço do reactor está dividido em três lados distintos do queimador,

a zona de combustão e o leito do catalisador. O queimador é o componente chave do processo e queima a alimentação numa chama penetrante. O núcleo da chama tem uma temperatura de 2000 C. Por conseguinte, a transferência de calor para o corpo do queimador através de radiação e recirculação de gás quente deve ser minimizada.

A zona de combustão é uma chama penetrante mista onde o hidrocarboneto é gradualmente misturado com oxigénio e inflamado. O processo de combustão em ATR é uma reacção estequiométrica que funciona com uma razão total de oxigénio para metano de 0,55 para 0,6. Conversão de metano através do número Muitas reacções radicais ocorrem, mas podem ser mostradas de uma forma simples como uma reacção exotérmica, como se segue.

$$CO + 2H_2 O \leftrightarrow CH + 3/2O_{42} \tag{4-29}$$

 O monóxido de carbono é o produto primário que é convertido em dióxido pela lenta reacção de deslocamento água-gás. A câmara de combustão tem um domínio térmico, que é completado por reacções homogéneas da fase gasosa na qual a conversão de hidrocarbonetos é completada. Um leito catalítico fixo está localizado debaixo da câmara de combustão, onde a conversão de hidrocarbonetos se realiza através de reacções catalíticas heterogéneas. Na saída da zona catalítica, o gás de síntese estará em equilíbrio com a reacção de reforma do metano e a reacção de deslocamento água-gás e a reacção. Este substrato é exposto a temperaturas entre 1100 e 1400 C, pelo que o catalisador deve estar com o sistema portador e ser resistente ao calor. O catalisador de níquel tem uma elevada resistência e actividade neste processo .

O volume do catalisador é determinado pela escolha do tipo e distribuição do fluxo e da pressão do reactor. O desenvolvimento e optimização do sistema de alimentação com uma relação vapor/carbono muito baixa para a produção de gás de síntese rico em monóxido de carbono levou à economicização desta unidade.

4-18- Oxidação parcial de gás natural

O reactor é semelhante ao reactor autotérmico, com a diferença de que este reactor não contém um catalisador e não há vapor na alimentação. No método de oxidação parcial, a alimentação de gás natural é directamente misturada com oxigénio na parte superior do reactor e a oxidação parcial das reacções reformadoras é feita na zona de combustão e no queimador. A temperatura de saída deste reactor é de cerca de 1250C. O gás de saída destes reactores inclui monóxido de carbono, hidrogénio e é dióxido de carbono.

Na oxidação parcial, o gás natural reage com oxigénio e produz síntese de gás.

$CO + 2H_2 \leftrightarrow CH_4 + 0.5O_2$ (4-30)

Esta reacção é exotérmica e a composição do produto destina-se à produção de gás sintético com uma relação $H_2/CO=2$ (a melhor relação para a produção de hidrocarbonetos saturados e insaturados a partir da via de síntese Fischer-Tropsch). A queima de metano com a ajuda de oxigénio pode ser feita de duas maneiras.

O caminho não catalítico desta reacção é realizado sem catalisador a altas temperaturas entre 1250 e 1500 C ou uma relação igual de oxigénio e metano. Esta reacção é exotérmica.

O percurso do catalisador de reacção é realizado com catalisadores de grupo metálico de transição (Rh, Ru, Pt, Ni) VIII com base TiO_2 ou (Ni e Pt) com base $Al\,O_{23}$ a uma temperatura de 750 C.

Grande parte da nova investigação no domínio da síntese de gás está centrada na redução dos custos operacionais, na poupança de energia, na redução da poluição ambiental e na melhoria da eficiência dos queimadores. Como a oxidação parcial funciona adiabaticamente e a sua perda de energia é mínima, é um método útil e promissor para produzir gás de síntese a partir de metano e oxigénio com uma relação hidrogénio/carbono adequada para o processo Fischer-Tropsch e síntese de metanol .

Em alguns métodos, a produção de gás de síntese está fora do âmbito inerente a esse método em relação ao necessário H_2 /CO. Felizmente, em tais casos, existem processos que podem ser utilizados para preparar a relação necessária. Um método convencional para reduzir a relação H_2 /CO é a introdução de CO adicional[2] . Uma das formas comuns de aumentar a relação H_2 /CO é aumentar a quantidade de vapor e adicionar um reactor Conversor de Turno.

4-19- Comparação dos métodos de produção de síntese de gás a partir do gás natural

De acordo com as reacções seguintes, a proporção de CO/H_2 pode ser bem compreendida em cada método.

i) Reforma a vapor (SR): $CH_4 + H_2 O \rightarrow CO + 3 H_2$ (4-31 (

ii) Oxidação Parcial do Metano (POM): $CH_4 + 0,5 O_2 \rightarrow CO + 2 H_2$ (4-32)

iii)Reforma Autotérmica: $CH_4 + n/2 O_2 + (1-n) H_2$ 2 CO +(3-n) H O$\rightarrow$ (4-33 (

4-20- Comparação dos gases produzidos por cada método

Quadro 4-2- Comparação dos métodos de produção de gás de síntese			
Processo	Vantagens	Desvantagens	H_2 /CO razão estequiomét rica
Conversão de metano com vapor	1- Experiência industrial extensiva 2 - Falta de oxigénio	1- A proporção de CO/H_2 é normalmente superior à quantidade necessária.	3

	3- A necessidade de baixa temperatura de funcionamento 4- Razão elevada de CO/H_2 para a produção de hidrogénio	2- A absorção de calor do processo 3- Alto custo de produção de vapor supersaturado 4- Produção de quantidades significativas de dióxido de carbono	
Oxidação parcial do metano	1- Não há necessidade de dessulfurização nos alimentos 2- Baixo nível de perda de metano 3- Razão baixa de CO/H_2 para aplicações que requerem uma razão de menos de 2.	1- Razão baixa de CO/H_2 para aplicações que requerem uma razão inferior a 2. 2- A temperatura de funcionamento do processo é demasiado elevada. 3- Precisa geralmente de oxigénio. 4- Formação de coque e desactivação do catalisador	2
Reforma autotérmica do metano	1- A relação CO/H_2 é mais adequada do que a conversão a vapor. 2- Temperatura de funcionamento inferior à oxidação parcial 3- Baixo nível de perda de metano	1 - Experiência comercial limitada 2- Precisa geralmente de oxigénio	2-3
Reforma a seco do metano	1- Conversão de dois gases com efeito de estufa, o metano e o CO_2 , o que é	1- Formação de coque e desactivação do catalisador.	1

	de grande importância do ponto de vista ambiental. 2-Produção de gás de síntese com uma relação favorável 3- Baixa temperatura de funcionamento em comparação com a oxidação parcial 4 - Não há necessidade de oxigénio	2- O processo é de absorção de calor e alto consumo de energia	
Reforma do etanol seco	1-Síntese de produção de gás com a relação certa 2 - Não há necessidade de oxigénio. 3-Consumo de CO_2 como um gás com efeito de estufa.	1- A indisponibilidade e a relação custo-eficácia do etanol em comparação com o gás natural (metano). 2-Inexistência de estudos extensivos para obter condições de funcionamento e catalisador adequados. 3- A absorção de calor do processo	1
Reforma do propano seco	1- Razão baixa de CO/H_2 para aplicações que requerem uma razão inferior a 1. 2 - Não há necessidade de oxigénio. 3-Consumo de CO_2 como um gás com efeito de estufa.	1-A indisponibilidade e custo-eficácia do propano em comparação com o gás natural (metano). 2-Inexistência de estudos extensivos para obter condições de funcionamento e catalisador adequados.	0.67

		3- A absorção de calor do processo.	
Reforma a seco do éter dimetílico	1- A relação CO/H$_2$ ideal para aplicações em que é necessária uma relação de cerca de 1. 2 - Não há necessidade de oxigénio. 3-Consumo de CO$_2$ como um gás com efeito de estufa.	1- Não disponibilidade e relação custo-eficácia do éter dimetílico em relação ao gás natural. 2-Inexistência de estudos extensivos para obter condições de funcionamento e catalisador adequados. 3-Produção de subproduto do metano 4- A absorção do calor do processo.	1

4-21- Conversão de CO para CO$_2$ com um catalisador

A reacção WGS é utilizada para a produção máxima de H$_2$ do gás reformador e a conversão de CO para CO$_2$ para o remover nas próximas etapas. Como a reacção é exotérmica, a percentagem de conversão de CO é alta e a baixa temperatura a sua conversão será alta. Em dois leitos catalíticos adiabáticos em unidades de amoníaco, a reacção exotérmica da conversão de monóxido de carbono em dióxido de carbono tem lugar, a primeira fase é a alta temperatura (leito catalítico HTS) e após arrefecimento a baixa temperatura (leito catalítico LTS), a segunda fase da conversão é feita a baixa temperatura. e a constante de equilíbrio para ter K$_P$ é obtida da seguinte forma:

$$CO + H_2 O \leftrightarrow CO_2 + H_2 \quad \Delta H = - 41 \text{ kJ/mol} \quad (4\text{-}34 \quad ($$

$$Kp = p_{H2} \, p_{CO2} / p_{H2O} \, p_{CO} \quad (4\text{-}35)$$

31688   (4-36) Kp = exp(Z(Z(0,63508 - 0,29353 Z) + 4,1778) + 0,

Kelvin   onde Z = (1000/T) - 1, sendo T a temperatura absoluta

A posição do diagrama de equilíbrio depende da temperatura e da relação vapor-gás na entrada de HTS e LTS. A pressão não tem efeito sobre o equilíbrio, mas afecta a penetração nas cavidades catalíticas e também os efeitos da pressão parcial dos materiais combinados. O aumento da pressão melhora a conversão do CO.

4-22- Conversão de CO para CO_2 com catalisador de ferro em HTS

Esta é a primeira etapa da WGS que é realizada no HTS perto do catalisador de ferro. Neste leito, o aumento da temperatura continua até se atingir o ponto de equilíbrio, e os gases de escape do catalisador são arrefecidos a 200 graus Celsius e entram na segunda fase do WGS no leito catalítico LTS a uma baixa temperatura.

São dadas muitas relações cinéticas para a reacção de conversão de CO para CO_2 , como por exemplo:

r = k [CO]0.90 [H_2 O]0.25 [CO_2]-0.60 [H_2]0 x (β-1(4-37)

Onde: k = constante de taxa; [ ] = concentração de espécies

β = [CO_2][H_2]/ K[CO][H_2 O]; K = constante de equilíbrio (4-38   (

Não há consenso sobre como realizar a reacção na superfície do catalisador HTS. Foi declarado um mecanismo hipotético, que indica a oxidação da superfície metálica do catalisador por vapor e a redução do monóxido de carbono, CO, mas noutras pesquisas, as etapas de redução da velocidade foram mencionadas como a absorção do CO na superfície e a remoção do H_2

.

O agente activo do catalisador HTS é o óxido de ferro Fe O_{34} com base em Cr O_{23} . A concepção e construção do catalisador é na forma de Fe O -Cr_{2323} , Oonde os iões Cr^{+3} estabilizam Fe^{3+} iões na rede. Durante a fase de redução, é formado Fe O_{34} activo. Os iões Cr^{3+} formam uma rede de cristais no catalisador, que impede a acumulação de iões de ferro activos e mantém assim constante a actividade da superfície activa do catalisador.

A adição de Cu irá aumentar a actividade e torná-la resistente à redução excessiva, o que evitará a redução de Fe O_{34} para as fases mais baixas de oxidação, aumentando a proporção de H /H_{22} O e CO/CO_2 . A redução excessiva provocará a formação de uma rede metálica de Fe(0) e carboneto de ferro e reduzirá a actividade do catalisador.

A penetração de toxinas no leito do catalisador HTS, por exemplo 150-250 PPm H_2 S na entrada do HTS, reduz quase para metade a actividade do catalisador, e a sulfidação do catalisador e a irreversibilidade desta reacção são as razões para esta queda.

O catalisador HTS com a sua forma especial tem propriedades de penetração limitadas. A estrutura dos furos neste catalisador para minimizar os limites de penetração mostrou que um grande número de furos com um diâmetro de 70-100 nm foram capazes de transferir os elementos de reacção para a superfície do catalisador e aumentar a superfície efectiva do catalisador. Para o catalisador HTS, são utilizados grãos com um tamanho de cerca de 3,6-5,5 mm.

4-23- Conversão de CO para CO_2 com catalisador de cobre em LTS

A reacção em LTS sobre um catalisador à base de cobre com a fórmula Cu, ZnO, Al O_{23} proporciona um equilíbrio entre resistência mecânica, reacções selectivas, actividade e resistência a toxinas. O catalisador é concebido para fornecer a mais alta uniformidade de cristal de cobre com a estrutura ZnO, Al O .$_{23}$

A estrutura cristalina de Al O_{23} , ZnO aumenta a resistência e dá a máxima uniformidade aos locais activos de cobre e evita a acumulação e precipitação de cobre. Este catalisador é normalmente fornecido sob a forma de óxido e deve ser reduzido a cobre metálico antes do seu arranque. A sua reacção de redução é extremamente exotérmica e a quantidade de hidrogénio enviada juntamente com o gás portador, N_2 , deve ser cuidadosamente controlada.

Em alguns estudos, a actividade e velocidade da reacção dependem da superfície efectiva do Cu e a reacção está relacionada com a estrutura do catalisador. O catalisador LTS tem um limite de permeação inferior ao do catalisador HTS devido ao trabalho a uma temperatura mais baixa, e a reacção é realizada por permeação nas cavidades do catalisador. Toma. A velocidade da reacção WGS depende da relação entre o vapor e o CO. Em baixas quantidades de vapor para CO, a decomposição superficial do vapor de água na forma de H e OH é absorvida na superfície, e em altas quantidades de vapor para CO, a combinação de CO e O na superfície metálica reage sob a forma de CO_2 .

O produto lateral em LTS é o metanol, que depende da área transversal do catalisador de cobre e ocorre na acumulação de cobre nos catalisadores LTS no início da utilização do catalisador. A quantidade de metanol e a sua formação é tecnicamente limitada em LTS, e com o aumento da vida útil do catalisador durante mais de 6 meses, a sua produção atingirá o valor mais baixo.

Ao absorver o enxofre nos locais activos do metal, impede a reacção nestes locais. O enxofre adsorvido no catalisador move-se para óxido de zinco na superfície do catalisador e forma sulfureto de zinco de superfície. Tais reacções criaram um bloco de sulfureto de zinco no catalisador, que tem uma forma termodinamicamente estável, e devido à sulfatação do catalisador LTS, a actividade do catalisador perde-se em grande medida.

O cloreto é um veneno perigoso para o catalisador LTS, que forma cloretos com baixa temperatura de fusão com fase de cobre e óxido de zinco. A rede torna-se um catalisador. Assim, estes componentes são activos e fazem com que o catalisador perca rapidamente actividade, causando uma rápida acumulação.

A solubilidade dos cloretos de cobre e zinco é elevada e são solúveis em ácido. Portanto, a condensação no catalisador durante as fases de arranque e normais da unidade e durante o sono pode mover os cloretos e movê-los para o fim do leito catalítico e causar envenenamento do catalisador ao longo do leito.

4-24- Conversão de CO e CO$_2$ para metano com catalisador de níquel em metanizador

METANATOR realiza o contrário das reacções reformadoras e o seu objectivo é remover o CO e o CO$_2$ e convertê-los em metano e vapor de água nas proximidades de hidrogénio.

O fluxo do gás de síntese, cuja quantidade de monóxido de carbono e dióxido de carbono atingiu 0,5-0,1 mole por cento, deixa a saída da torre de absorção de CO$_2$. A fim de controlar a formação de carbonato de amónio no equipamento de laço de síntese, que é causado pela reacção do CO + CO$_2$ com amoníaco, o CO e o CO$_2$ deve ser removido do gás de síntese. As reacções seguintes são levadas a cabo no metanizador.

Estas reacções são exotérmicas e provocam um aumento da temperatura de 74 graus Celsius para cada percentagem de CO e 60 graus Celsius para cada percentagem de CO$_2$ em unidades de amoníaco.

$$CO + 3H_2 \leftrightarrow CH_4 + H_2O \quad \Delta H_{298} = -206\ 2.kJ/mol \quad (4-39)$$

$$CO_2 + 4H_2 \leftrightarrow CH_4 + 2H_2O \quad \Delta H_{298} = -\ 165kJ/mol \quad (4-40)$$

O catalisador desejado para esta reacção é o níquel, e a fim de alcançar os objectivos desejados no metanizador, deve estabelecer um equilíbrio entre os factores de reacção, actividade, estabilidade e propriedades físicas.

Apesar de reduzir a revivibilidade do catalisador, aditivos como o MgO, que faz soluções sólidas de NiO, estabilizam os cristais de NiO no processo de fabrico do catalisador e impedem a acumulação de cristais de NiO a partir dos locais activos do catalisador.

O catalisador do metanizador é feito sob a forma de óxido e precisa de ser regenerado, e é feito com o mesmo gás de processo durante a fase de arranque e a colocação em serviço do metanizador. Ao aumentar a temperatura do leito do catalisador, são formadas várias moléculas de NiO e ao realizar a reacção exotérmica de conversão de monóxido de carbono e dióxido de carbono em metano, a temperatura do leito aumenta e mais moléculas são reavivadas e completam a reacção de conversão.

Por vezes, com um aumento súbito de CO no gás de processo ou CO_2 causado pela perturbação do estado estável da secção de absorção de CO_2 , foi testemunhado no metanizador um aumento severo da temperatura de mais de 400 graus. O metanizador é cortado. Os novos catalizadores utilizados no metanizador foram estabilizados, o que provocou o início da sua actividade a baixas temperaturas, entre 250-300 graus.

No mecanismo do metanizador, o CO é primeiro absorvido e decomposto na superfície do níquel. Em paralelo, o hidrogénio é também absorvido na superfície e formam-se duas formas convertíveis de carbono, uma das quais é mais activa e hidrogenada e forma o grupo C-H na superfície, e com a absorção de mais hidrogénio, forma-se o metano. Outros estudos mostram que tanto o CO é decomposto como o metano é formado pela hidrogenação de todos os carbonos, o que também determina a taxa de reacção.

$$CO \ (g) \leftrightarrow CO \ (anúncios) \leftrightarrow C \ (anúncios) + O \ (anúncios \quad (4\text{-}41)$$

Os resultados de laboratório demonstraram que com a presença de CO sob valores PPm de 200-300, a conversão de CO_2 para metano é limitada pela reacção ao CO. São fornecidas equações de alta velocidade para a conversão de CO e CO_2 em metano na combinação da percentagem de gás de entrada, temperatura e diferentes pressões. No metanizador, a conversão de monóxido de carbono em metano depende principalmente da pressão, mas pode não ser devido ao aumento da pressão devido ao efeito de penetração na cavidade catalítica.

Em geral, a alta temperatura, a penetração da película na superfície do catalisador controla a velocidade global da reacção, e onde a temperatura tem pouco efeito, o aumento da velocidade linear do gás compensa este efeito através da utilização de grãos de catalisador mais pequenos.

A perda de actividade do catalisador deveu-se à baixa acumulação durante a operação e acontece a longo prazo (10 anos). Venenos como o enxofre e o cloreto estão presos em LTS, mas uma pequena quantidade pode atingir o metanizador. Envenenamento e perda de actividade com queda de pressão crescente como resultado da entrada de partículas líquidas da secção de absorção de dióxido de carbono, CO_2 Absorber Tower Carry Over, e estes líquidos são utilizados como uma solução de circulação para a absorção de $CO_{.2}$

Se a solução de Benfield da torre de absorção entrar no catalisador do metanizador, a recuperação do catalisador pode ser feita em condições especiais por lavagem com água que dissolve o carbonato de potássio e depois seca o catalisador.

4-25- Reforma a seco do metano

A reacção de reforma do metano seco é realizada de acordo com a seguinte equação:

$$CH_4 + CO_2 \rightarrow 2CO + 2H_2 \tag{4-42}$$

Os reagentes neste processo são CH_4 e CO_2 , ambos os quais são os mais baratos e os mais abundantes reagentes carbonáceos. O gás natural é a principal fonte de CH_4 , embora nele se possam encontrar etano, propano e butano e hidrocarbonetos ainda maiores. A quantidade destes componentes varia de uma fonte para outra, dependendo das condições locais. Compostos tais como dióxido de carbono, monóxido de carbono, vapor de água, etc. estão também presentes no gás natural, e a sua quantidade é significativa em alguns casos e negligenciável em alguns casos. Tanto os reagentes CO_2 como o CH_4 fazem parte dos gases com efeito de estufa, e a utilização destes reagentes reduz os gases com efeito de estufa na atmosfera.

O produto da reacção de reforma seca é o gás de síntese com uma razão próxima de um (H2/CO). O gás de síntese desempenha um papel intermediário na produção de muitas outras substâncias químicas tais como amoníaco, metanol, hidrocarbonetos líquidos da síntese Fischer-Tropsch de combustíveis líquidos e outros oxigenados de processos GTL. e é ambientalmente seguro.

4-25-1- Benefícios do processo de reforma a seco do metano

A razão mais importante para a utilização do processo de reforma do metano seco é a produção de gás de síntese (H_2/CO) com uma razão próxima de um, enquanto o processo de reforma a vapor que é utilizado industrialmente actualmente produz gás de síntese com uma razão de (H_2/CO). 1.3) produz o que impõe um elevado custo de separação ao processo.

Os reagentes do processo de reforma a seco são o metano, CH_4 e CO_2, ambos componentes dos gases com efeito de estufa. O consumo de CH_4 e de CO_2 reduz os gases com efeito de estufa na atmosfera.

O processo de reforma do metano seco é uma forma interessante de utilizar o biogás, que inclui uma fonte de metano (40-70%), dióxido de carbono (30-60%) e é produzido por digestão anaeróbica da biomassa.

Uma vez que o processo de reforma do metano seco é endotérmico, pode ser utilizado com a reacção endotérmica inversa da hidrogenação do monóxido de carbono para armazenar e transportar energia solar e nuclear para centros de consumo.

A utilização do processo de reforma a seco pode ser uma forma interessante de utilizar gás natural e convertê-lo em gases sintéticos, que podem ser utilizados para produzir amónio, ureia e síntese de metanol, bem como hidrogénio especificamente para a indústria petrolífera no processo. Pode ser utilizado Hydro-Cracking e Hydro-Treating e aplicação em combustível celular.

4-25-2- Comparação entre a reforma a seco e a vapor

Actualmente, o processo utilizado para produzir gás de síntese no mundo é a reforma do vapor de metano, que produz gás de síntese com uma proporção de H_2 /CO = 3. A sinterização e oxidação por depósito de coque irá poupar custos operacionais para a produção de gás de síntese. No melhor dos casos, se conseguirmos fazer a reforma a vapor com recuperação de dióxido de carbono, a reforma a seco é 53% menos cara do que a reforma a seco, e se não conseguirmos recuperar o dióxido de carbono, a reforma a seco é 14% menos cara do que a reforma a vapor. Como resultado, é claro que é necessário um catalisador adequado para realizar o processo, a fim de reduzir significativamente os custos de funcionamento da unidade de produção de gás de síntese.

Tem sido amplamente noticiado que a base baseada em ceria tem uma elevada capacidade de armazenamento de oxigénio, que pode ser utilizada como oxidante na conversão de CH_4 para CO e H_2 a alta temperatura. Neste contexto, são mencionados relatórios de Otsuka et al, Laosiripojana e Assabumrungrat e Stagg-Williams et al.

Além disso, a empresa da rede de oxigénio confirmou a introdução de ZrO_2 ao CeO_2 no processo de reforma do metano, não só melhora a capacidade de armazenamento de oxigénio, mas também a estabilidade da temperatura, como também provoca a reacção a temperaturas mais baixas em comparação com ceria pura. Os mecanismos propostos baseiam-se em dados experimentais e informações de artigos relacionados que são reunidos para que todas as etapas de reacção durante o CDRM sejam facilmente consideradas.

4-25-3- Mecanismos propostos

CH_3 (s) + H(s) $\leftrightarrow$ CH_4 + 2S (4-43)

CH_3 (s) + s $\leftrightarrow$ CH_2 (s) + H(s) (4-44)

CH(s) + S $\leftrightarrow$ C(s) + H(s) (4-45)

CH_2 (s) + S $\leftrightarrow$ CH(s) + H(s) (4-46   (

$$CH_4 + 5S \leftrightarrow C(s)+4H(s) \quad (4\text{-}47)$$

$$C(s) +Ox \leftrightarrow CO+O_{x\text{-}1} +s \quad (4\text{-}48)$$

$$CO_2 +Ox\text{-}1 \leftrightarrow Ox+CO \quad (4\text{-}49)$$

$$4H(s) \leftrightarrow 2H_2 +4S \quad (4\text{-}50)$$

$$H_2 +Ox \leftrightarrow Ox\text{-}1+H_2 O \quad (4\text{-}51)$$

que (S) e Ox representam os sítios activos desocupados e a rede de oxigénio na superfície CeO/6Zr.4O$_2$, respectivamente. Mostra as fases de reacção de absorção e dissociação do CH$_4$ em CHx. Porque o CO$_2$ reage sempre com os sítios reduzidos do catalisador.

O passo 4-48 mostra a reacção do carbono sólido. C(s) formado através da separação do CH$_4$ reage com a rede de oxigénio da base Ce/6Zr/4O$_2$. A reacção do passo 48-4 mostra que a oxidação dos sítios CeO -ZrO$_{22}$ reduzidos (5x-1) é realizada pela reacção com as moléculas de CO$_2$ anteriormente mencionadas. A propriedade altamente redutora e a capacidade de armazenar oxigénio na base CeO -ZrO$_{22}$ proporciona a possibilidade de mover componentes de oxigénio através do ciclo redox, o que faz com que a reacção avance rapidamente.

Da mesma forma, a produção de água é explicada a partir do passo 4-51. Através da reacção inversa água-gás que está geralmente presente no sistema. Um estudo recente do mecanismo de reacção do CDRM no CeO$_2$ na gama de temperaturas de 1273-1173 K relatou que a reacção do CH$_4$ com a superfície do CeO$_2$ é o passo decisivo e a reacção da superfície do CeO$_2$ reduzida com o CO$_2$ é muito mais rápida. A produção de coque na superfície do catalisador é geralmente realizada pelas reacções 4-47 e 46-4, que são rodeadas na presença do catalisador UFR-M pela propriedade redox utilizada na base e a capacidade de fornecer oxigénio móvel da base para os componentes de níquel que são transferidos O oxigénio ajuda o metal coqueado. A elevada área de superfície específica do material da base também melhora a dispersão do níquel, pelo que partículas menores de Ni impedem a deposição de coque. O mecanismo de reacção proposto mostra claramente a estabilidade e alta actividade da UFR-M durante mais de 200 h no processo CDRM.

4-26- Modelos de velocidade

Um modelo de poder empírico é inicialmente desenvolvido para avaliar expressões e parâmetros de taxa. 4 modelos são propostos mais tarde para mostrar o consumo de metano no processo CDRM. Formas de modelos seleccionados que podem representar uma vasta gama de mecanismos possíveis.

Em 2009, Yang Jin, Yi-Cheng, Qi wang obtiveram os seguintes resultados numa pesquisa realizada sobre o processo de reforma a seco do metano à pressão atmosférica em leito fluidizado de plasma com catalisador Ni-Al O

.23

O problema mais importante do processo de reforma do metano seco é trabalhar a alta temperatura, o que causa um elevado custo energético. O elevado custo do equipamento e a fácil desactivação do catalisador devido à precipitação ou ao aglomerado. Como alternativa ao plasma frio, é uma nova solução para a conversão directa de CH_4 , CO_2 mesmo à temperatura ambiente. Porque os electrões e componentes activos no plasma frio podem desencadear uma reacção química. Foram realizadas experiências em leito cheio de plasma e leito fluidizado de plasma. Os componentes catalíticos são massivamente preenchidos no intervalo entre as descargas. O ponto primário deste trabalho é o estilo de contacto diferente entre o catalisador e o plasma frio. O comportamento diferente de combinação destes dois métodos dá ao catalisador. Considerando o bom contacto dos componentes do catalisador e das matérias-primas gasosas no leito fluidizado gasoso com o efeito do plasma imposto em condições atmosféricas, isto mostra que há pouca investigação no leito fluidizado de plasma em pressão atmosférica. Há relatórios disponíveis sobre o leito fluidizado. O plasma é produzido em condições de baixa pressão ou vácuo, que é a limitação mais importante para o uso do leito fluidizado em processos de engenharia. No leito fluidizado de plasma, a pressão fria de plasma é produzida pelo método DBD, e os componentes do catalisador são fluidizados em vácuo. O fluido borbulhante é mantido. O principal objectivo deste trabalho é proporcionar o contacto entre o plasma frio e o catalisador. As partes móveis no leito fluidizado de plasma dão um novo esquema de efeito cinético do plasma e do catalisador.

4-27- Investigar o processo no reactor de célula de combustível

A célula de combustível de óxido sólido (SOFC) é um gerador eficiente de energia eléctrica em comparação com os processos convencionais. Devido à alta temperatura de funcionamento, são propostas amplas aplicações e flexibilidade na selecção de combustível para processos com produção interna de energia e alta eficiência do sistema de célula de combustível. Avanços recentes em SOFC levam a dois resultados principais: temperatura moderada do processo e utilização de outros combustíveis em vez de hidrogénio. A utilização de diferentes combustíveis alternativos tais como gás natural, bioetanol, carvão, biomassa, biogás, metanol, gasóleo e outros derivados do petróleo foram estudados em SOFC. Uma vez que os SOFC funcionam a alta temperatura, estes combustíveis são consumidos na parte anódica dos SOFC e produzem gás H_2 -CO. E finalmente, é utilizado para produzir electricidade e calor. Este processo é chamado de reforma interna directa.

De qualquer modo, para que o SOFC funcione com combustíveis substitutos do hidrogénio, vários problemas básicos devem ser resolvidos, um deles é o problema da deposição de carbono no ânodo, que causa a perda de locais activos e o problema da corrosão e da durabilidade reduzida. Um deles é a investigação sobre a fórmula apropriada das condições de reacção. Foram adicionados vários aditivos ao ânodo para reduzir a taxa de produção de carbono. incluindo molibdénio e óxidos metálicos cerâmicos aos ânodos alquílicos à base de Ni, tais como potássio, adicionando oxidante adicional à alimentação.

4-28- Investigando a cinética da reacção de reforma seca do metano em La2-x-SrxNiO4

O estudo cinético requer experiências muito longas, portanto, a fim de evitar problemas técnicos tais como a passagem de gases fragmentados ou problemas de equilíbrio de massa em função da elevada quantidade de produção de coque, foi escolhida a utilização do catalisador $LaSrNiO_4$. Neste caso, devido à redução do $LaSrNiO_4$, foi observada uma menor deposição de coque na superfície do catalisador durante a reacção.

O primeiro passo para obter a cinética de reacção é alterar a pressão parcial de CH_4 e CO_2 . RCH4 e RCO2 estão em termos de mol/sg na forma RCO2 =f(CO_2) e RCH4=f(CO_2) e RCH_4 =f(CH_4). Os pontos nestas formas estão em conformidade com os resultados experimentais. Os resultados são expressos por equações quasi-empíricas:

$$R_{CH4} = k_1 (P)_{CH4}{}^{m1} (P_{co2})^{n1} \quad (4\text{-}52 \ ($$

$$R_{Co2} = k_2 (P)_{CH4}{}^{m2} (P_{co2})^{n2} \quad (4\text{-}53)$$

Onde n2, m2, k2, n1, m1, m1, k1 são os parâmetros que devem ser medidos para converter metano de acordo com a equação de Riet, o grau de reacção dependente de CH_4 está no intervalo de 0,41-0,89, enquanto o grau de reacção dependente de CO_2 está próximo de zero. Para o dióxido de carbono, de acordo com a equação de Riet, o grau de reacção do CO_2 está próximo da unidade, enquanto que o grau de reacção do CH_4 está próximo de zero. A conversão de CO_2 é afectada por duas reacções de reforma a seco e pela reacção inversa de mudança de água.

4-29- Modelagem da reacção com o mecanismo Langmuir-Hinshelwood

Todos os catalisadores desenvolvidos nos artigos para a reacção de reforma a seco são compostos por dois componentes, um metal e um óxido. Estes dois componentes são responsáveis por dois processos diferentes durante a absorção. O metal absorve e activa o metano, enquanto que o óxido de base absorve e activa o dióxido de carbono. A cinética para o sistema em estudo é uma equação do tipo L-H. Onde existe uma reacção superficial entre o metano e o dióxido de carbono absorvido.

$R = k \{K\ P_{CH4CH4CH4} / (1 + \sum K\ P_{11})\} \{K\ P_{CO2CO2} / (1 + \sum K\ P_{JJ})\}$ (4-54 (

I é o componente adsorvido no metal e J é o componente adsorvido na superfície do óxido. Assumimos uma fraca absorção de todos os produtos e para o catalisador, o que nos leva a concluir que PCO_2 é constante e que a equação acima se reduz à seguinte equação.

$R = k\ \{K_{CH43CH4CH4} / P(1 + K\ P_{CH4CH4})\}$ (4-55 (

$R = k\ \{K_{CH44CO2CO2} / P(1 + K\ P_{CO2CO2})\}$ (4-56 (

O dióxido de carbono é convertido de acordo com as seguintes equações, pelo que a taxa de reacção é a soma destas taxas e os valores médios de m2=0,2, n2=1, que são aproximadamente 1 e 0.

$R_{co2} = k\ Pco2_5$ (4-57   (

Agora podemos comparar os resultados experimentais do presente trabalho com os valores dependentes do artigo. Energia de activação para o consumo de CH_4 no catalisador testado. É estimado a partir dos resultados obtidos pela equação quase-empírica ou pelo tipo L-H, que é 41,2 kj/mol e 41,8 kj/mol, respectivamente.

Em comparação com a maioria dos catalisadores Ni, os catalisadores Ni obtidos após redução para La2-xSrxNiO4 mostram propriedades mais estáveis.

A cinética da reacção foi investigada através da alteração da pressão parcial das matérias-primas. Os dados experimentais para a retina de metano foram ajustados usando a equação m1=0,41-0,89 com $RCH_4 = k1(pCH_4)m1(pCo_2)n1$ e n1 perto de zero. Simulação de resultados cinéticos utilizando o modelo cinético L-H, foi investigado que as matérias-primas são absorvidas em diferentes locais activos, pelo que não podemos estimar directamente o equilíbrio e as constantes cinéticas, da mesma forma que não podemos medir a energia de activação e o calor de absorção das matérias-primas .

Os dados experimentais da taxa de dióxido de carbono são obtidos utilizando a equação experimental $RCo = k_{22} (pCH_4)m2(pCO_2)n_2$ e m_2 está perto de zero e $n2$ é quase unidade. A taxa de reacção de CO_2 é mais elevada em comparação com CH_4 devido à menor energia de activação Tem CO_2 . A energia de activação para a produção de coque foi encontrada a 20,8 kj/mol pela relação Arrhenius das taxas de reacção ao metano na ausência de CO_2 .

4-30- Equilíbrio e transformação termodinâmica

É mostrada uma decomposição em equilíbrio termodinâmico para determinar a gama de conversão de CH4 a diferentes temperaturas. Os componentes de interesse para os cálculos de equilíbrio termodinâmico são H_2 e CO, CO_2 , CH_4 . A conversão de equilíbrio de CH_4 em condições experimentais na gama de temperaturas de 673-1173 K é calculada e mostrada como uma função da temperatura. Verificou-se que a conversão de equilíbrio de CH_4 aumenta com o aumento da temperatura e é de 78%, 63% e 45% para temperaturas de 873, 923 e 973, respectivamente. Com base nos cálculos de equilíbrio e minimizando o efeito da metanização na análise cinética dos fluxos de alimentação, estes foram alterados para manter a conversão do metano longe das condições de equilíbrio.

Figura 4-3- Instalação do processo de reforma de metano seco em reactor de leito cheio

4-31- Cinética de reacção:

Muitas equações para a reacção reformadora do metano foram apresentadas por diferentes investigadores.

4-31-1- Equações e modelação:

As reacções realizadas são as seguintes:

$$CO + 3 H_2 \leftrightarrow CH_4 + H_2 O \quad (4\text{-}58 \quad ($$

$$r_1 = -\frac{k_1}{den^2}\left(\frac{P_{CH_4}P_{H_2O}}{P_{H_2}^{2.5}} - \frac{P_{CO}P_{H_2}^{0.5}}{K_1}\right) \qquad (4\text{-}59 \quad ($$

$$k_1 = 9.490 * 10^{16}\exp\left(\frac{-28870}{T}\right) \qquad (4\text{-}60 \quad ($$

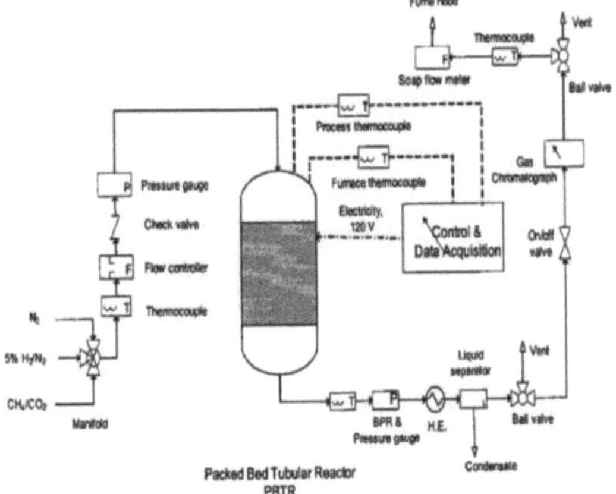

$$K_1 = 10266.76\exp\left(\frac{-26830}{T}\right) \qquad (4\text{-}61 \quad ($$

$k_1 kg = .h\ /Kmol.\ K\ Pa^{0.5}$

$K_1 = Pa^2$

Segunda reacção:

$$CO + H_2O \leftrightarrow CO_2 + H_2 \qquad (4\text{-}62)$$

$$r_2 = -\frac{k_2}{den^2}\left(\frac{P_{CO}P_{H_2O}}{P_{H_2}} - \frac{P_{CO}}{K_2}\right) \qquad (4\text{-}63 \quad ($$

$$k_2 = 4.390 * 10^4\exp\left(\frac{-8074.3}{T}\right) \qquad (4\text{-}64)$$

$$K_2 = \exp\left(\frac{-4400}{T} - 4.036\right) \qquad (4\text{-}65)$$

$k_2 kg = .h\ /Kmol.\ K\ Pa^{-1}$

Terceira reacção:

$$CO_2 + 4H_2 \leftrightarrow CH_4 + 2H_2O \qquad (4\text{-}66)$$

$$r_3 = - \frac{k_3}{den^2}\left(\frac{P_{CH_4} P_{H_2O}^2}{P_{H_2}^{3.5}} - \frac{P_{CO_2} P_{H_2}^{0.5}}{K_3}\right) \tag{4-67}$$

$$k_3 = 2.290 * 10^{16} \exp\left(\frac{-29336}{T}\right) \tag{4-68}$$

$K_3 = K_1 * K_2$ (4-69)

k_3 =kg.h */Kmol.* K Pa$^{0.5}$

$K_3 = $ Pa^2

$$den = 1 + K_{CO}P_{CO} + K_{H_2}P_{H_2} + K_{CH_4}P_{CH_4} + K_{H_2O} {P_{H_2O}}/{P_{H_2}} \tag{4-70}$$

$$K_{CH_4} = 6.65 * 10^{-6} \exp\left(\frac{4604.28}{T}\right) \tag{4-71}$$

$$K_{H_2O} = 1.77 * 10^3 \exp\left(\frac{-10666.356}{T}\right) \tag{4-72}$$

$$K_{CO} = 8.23 * 10^{-7} \exp\left(\frac{8497.71}{T}\right) \tag{4-73}$$

$$K_{H_2} = 6.12 * 10^{-11} \exp\left(\frac{9971.13}{T}\right) \tag{4-74}$$

Balanço de massa:

$$\frac{dX_{CH_4}}{dl} = \left(\frac{\pi\, d_i^2}{4}\right)\frac{\rho_b r_{CH_4}}{F} \qquad X_{CH_4} = 0 \; @ \; l = 0 \tag{4-75}$$

$$\frac{dX_{CO_2}}{dl} = \left(\frac{\pi\, d_i^2}{4}\right)\frac{\rho_b r_{CO_2}}{F} \qquad X_{CO_2} = 0 \; @ \; l = 0 \tag{4-76}$$

$$r_{CH_4} = r_1 + r_3 \tag{4-77}$$

$$r_{CO_2} = r_2 + r_3 \tag{4-78}$$

$$\frac{dX_{CO}}{dl} = \left(\frac{\pi\, d_i^2}{4}\right)\frac{\rho_b r_{CO}}{F} \qquad X_{CO} = 0 \; @ \; l = 0 \tag{4-79}$$

Balanço energético:

$$\frac{dT}{dl} = \frac{1}{G\,C_p}\left[\frac{4U(T_{w,i}-T)}{d_i} + \rho_b \sum(\Delta H_R * r)\right] \qquad T = T_{in} \;@\; l = 0 \quad (4\text{-}80\;\;($$

$$U = 0.4\,\frac{K_g}{D_p}\left[2.58\left(\frac{D_p G}{\mu}\right)^{\frac{1}{3}}\left(\frac{C_p \mu}{K_g}\right)^{\frac{1}{3}} + 0.094\left(\frac{D_p G}{\mu}\right)^{0.8}\left(\frac{C_p \mu}{K_g}\right)^{0.4}\right] \qquad (4\text{-}81\;\;($$

Para reactor de metanização:

$$\frac{dT}{dl} = \frac{\sum(\Delta H_R \times r)}{C_p} \times \left(\frac{\pi\,d_i^2}{4}\right)\frac{\rho_b}{F} \qquad T = T_{in} \;@\; l = \quad (4\text{-}82\;\;($$

Equação de Arrhenius:

$$k_i = A_i e^{-\frac{E}{RT}} \qquad \text{‹ } i = \ldots\text{‹}3\;\text{‹}2\;\text{‹}1 \qquad (4\text{-}83)$$

Equação de Van 't Hoff

$$k_j = A_j e^{-\frac{E}{RT}} \qquad \text{‹ } j = H_2\;\text{‹}CO\;\text{‹}CO_2\;\text{‹}CH_4\;(4\text{-}84\;\;($$

Queda de pressão no reactor:

Devido à reacção num leito catalítico, enfrentamos uma queda na pressão do gás no leito. A queda de pressão no interior do leito tem um efeito no seu desempenho e eficiência.

$$\frac{\delta P_t}{\delta z} = -10^{-5}\,f\,\frac{e_g v_s^2}{d_P} \qquad (4\text{-}85\;\;($$

f é obtido a partir da seguinte equação e também a pressão está em atmosferas.

$$f = \frac{1-\varepsilon_B}{\varepsilon_B}\left[a + \frac{b(1-\varepsilon_B)}{Re}\right] \qquad (4\text{-}86\;\;($$

$$a = 1.75 \;\cdot\; b = 150 \;\cdot\; \frac{Re}{1-\varepsilon_B} < 500 \qquad\qquad (4\text{-}87\ ($$

$$a = 1.24 \;\cdot\; b = 368 \;\cdot\; 1000 < \frac{Re}{1-\varepsilon_B} < 5000 \qquad\qquad (4\text{-}88\ ($$

$$a = 1.75 \;\cdot\; b = 4/2Re^{5/6} \;\cdot\; \frac{Re}{1-\varepsilon_B} \geq 5000 \qquad\qquad (4\text{-}89\ ($$

A maioria das reacções são realizadas em catalisadores Mg, Fe, Co, Pt, Pd, Ni, (principalmente Ni) com bases $Al\,O_{23}$ -α e ZrO_2 ou aluminato de cálcio. Na próxima investigação, tem sido utilizado catalisador de níquel à base de alumina.

Os catalisadores de metais nobres de base são menos sensíveis à desactivação causada pela formação de coque do que os catalisadores de níquel. Contudo, devido ao elevado custo e disponibilidade limitada dos metais nobres, os catalisadores de níquel são formados para melhorar e resistir à desactivação devido à formação de coque. Vários métodos têm sido utilizados para aumentar a actividade e estabilidade dos catalisadores de níquel, incluindo a utilização de promotores, diferentes bases catalíticas, alteração das condições de reacção, etc. Considerando que estes tipos de reacções são sensíveis à estrutura, as características estruturais do catalisador, especialmente a base catalítica, são muito importantes.

Factor de impacto η:

Para catalisadores industriais de grandes dimensões devido a limitações de permeação, a equação da taxa deve ser corrigida. A velocidade real das partículas é obtida através da multiplicação do factor de impacto. O factor de impacto é igual à razão entre a velocidade dentro do catalisador e a velocidade na superfície exterior do catalisador.

Os pressupostos utilizados na obtenção do factor de impacto são os seguintes:

- Assume-se que as partículas catalisadoras são esféricas.

- Toda sobre uma partícula catalisadora tem a mesma temperatura.

$$\eta_i = \frac{\int_0^v r_i(P_t)e_g \frac{dv}{v}}{r_i(P_t^s)e_g}$$
(4-90 (

Utilizando as seguintes relações algébricas, é obtido o perfil dos componentes dependentes:

$P_{s \cdot CO} - P_{CO} = (D_{e \cdot CO2} / D_{s \cdot CO})(P_{CO2} - P_{s \cdot CO2}) - (D_{e \cdot CH4} / D_{e \cdot CO}) (P_{s \cdot CH4} - P_{CH4})$ (4-91 (

$P_{s \cdot H2O} - P_{H2O} = (D_{e \cdot CO2} / D_{e \cdot H2O})(P_{CO2} - P_{s \cdot CO2}) - (D_{e \cdot CH4} / D_{e \cdot H2O}) (P_{s \cdot CH4} - P_{CH4})$ (4-92 (

$P_{s \cdot H2} - P_{H2} = (D_{e \cdot CO2} / D_{e \cdot H2})(P_{CO2} - P_{s \cdot CO2}) - (3D_{e \cdot CH4} / D_{e \cdot H2}) (P_{s \cdot CH4} - P_{CH4})$ (4-93)

4-32- Equações relacionadas com o cálculo das propriedades físicas do fluido:

Assumindo um gás ideal para a densidade da mistura, teremos:

$$PV = nRT \qquad \text{,} \qquad n = \frac{m}{M}$$
(4-94)

$$P = c_R \frac{R}{M} T$$
(4-95)

$$M = \sum_{i=1}^{N} y_i M_i$$
(4-96)

Para uma mistura de gás ideal, o calor específico da mistura é calculado de acordo com a seguinte equação:

$$C_{pR}^{ig} = \sum_{i=1}^{n} y_i C_{pi}^{ig}$$
(4-97 (

$$\frac{C_{p \cdot}^{ig}}{RT} = A + BT + CT^2 + DT^{-2}$$
(4-98 (

4-32-1- Condutividade térmica da mistura:

$$\lambda_B = \sum_{1}^{N} y_i \lambda_i$$
(4-99 (

$_B \lambda$= condutividade térmica da mistura de gás ideal

$_i = \lambda$condutividade térmica do componente i

$_i \lambda$é uma função da temperatura e da pressão e aumenta aproximadamente 1% para cada aumento de pressão.

Quadro 4-3- coeficientes de calor específicos				
i	A	$B*10^3$	$C*10^6$	$D*10^6$
CH_2	1.702	9.081	-2.164	-
H_2	3.24	0.422	-	0.083
CO	3.376	0.557	-	-0.031
CO_2	3.475	1.045	-	-1.157
N_2	3.28	0.593	-	0.04
H O_2	3.47	1.45	-	0.121

$$\lambda_B = (1 + 0.01P) \sum_i^N y_i \lambda_i \tag{4-100}$$

$$\lambda_i = A + BT + CT^2 + DT^3 \tag{4-101}$$

4-32-2- Viscosidade da mistura de gás ideal:

A viscosidade da mistura pode ser obtida a partir da seguinte equação:

$$\mu_B = \sum_1^N y_i \mu_i \tag{4-102}$$

A viscosidade é uma função da temperatura e da pressão, mas a sua dependência da temperatura é muito mais do que a pressão, e só se altera significativamente a pressões muito elevadas. A dependência da viscosidade da temperatura pode ser encontrada a partir da seguinte relação:

$$\mu_i \times AJ = [0.807\, T_{ri}^{0.618} - 0.357 \exp(-0.449T_{ri}) + 0.34 \exp(-4.035T_{ri}) + 0.18]F_Q^* F_P^* \tag{4-103}$$

$$AJ = 0.176 \left\{ \frac{T_{ci}}{M_i^3 P_{ci}^4} \right\}^{0.166} \tag{4-104}$$

$$F_P^* = 1 \qquad 0 < dr < 0.022 \tag{4-105}$$

$$dr_i = 52.46 \; \frac{d_i^2 P_{ci}}{T_{ci}^2} \qquad \text{(4-106)}$$

D é a dinâmica dipolo e F_Q^* para gases quânticos é definido da seguinte forma:

$$F_Q^* = 1.22 \; Q^{0.22}[\, 1 + 0.00385 \; (T_r - 12)^2] \qquad \text{(4-107 (}$$

Q (He) = 1,38 ، Q (H₂) = 0,76 ، Q (D₂) = 0,52 (4-108)

4-32-3- Coeficiente de penetração efectiva dos componentes:

O coeficiente de difusão eficaz dentro do grão catalisador pode ser obtido a partir da seguinte equação:

$$D_{\varepsilon_i} = \frac{\varepsilon_i}{\tau} \; D_i \qquad \text{(4-109 (}$$

Na relação acima, τ é a torção e curvatura relacionadas com o catalisador e ε é a porosidade dos grãos do catalisador. O valor de D_i é calculado de acordo com a seguinte relação:

$$\frac{1}{D_i} = \frac{1}{D_{im}} + \frac{1}{D_{ik}} \qquad \text{(4-110)}$$

O termo de penetração relacionado com a penetração de Knudsen é calculado através da seguinte relação:

$$D_{ik} = a_p \; \frac{\varepsilon_s}{\tau} \; \frac{2}{3} \left[\frac{8RT}{\pi M_i}\right]^{0.5} \qquad \text{(4-111)}$$

4-33-4- Termo de penetração molecular:

$$\frac{1}{D_{im}} = \frac{1}{1-y_i}\sum_{j=2}^{N}\frac{y_j}{D_{ij}} \qquad \text{(4-112)}$$

O coeficiente de penetração de dois componentes é obtido a partir da seguinte equação:

$$D_{ij} = \frac{10^{-4}\left(1.084-0.249\sqrt{\frac{1}{M_i}+\frac{1}{M_j}}\right) T^{1.5} \sqrt{\frac{1}{M_i}+\frac{1}{M_j}}}{P_t \, r_{ij} \, f\!\left(\frac{kT}{\varepsilon_{ij}'}\right)} \qquad \text{(4-113 (}$$

$$r_{ij} = \frac{r_i + r_j}{2} \tag{4-114}$$

$$\varepsilon'_{ij} = \sqrt{\varepsilon'_i \varepsilon'_j} \tag{4-115}$$

4-33- Reforma a seco do metano

Nos últimos anos, o processo de reforma a seco do metano tem sido utilizado como método para converter os gases com efeito de estufa. Uma das vantagens deste método é a utilização de gás com efeito de estufa para a produção de hidrocarbonetos líquidos e produtos petroquímicos.

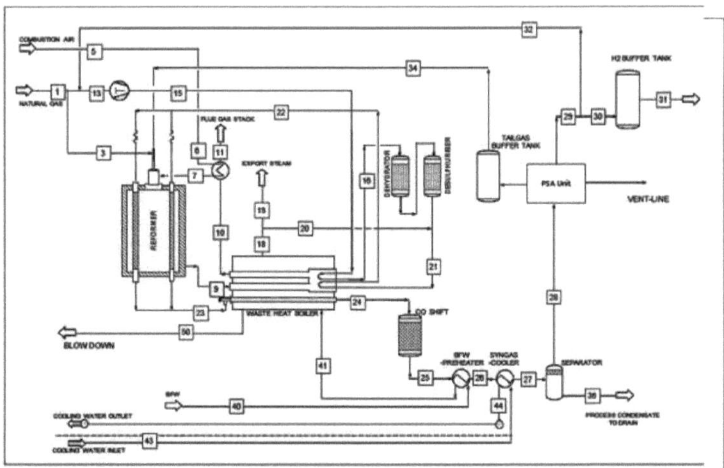

Figura 4-4- Diagrama esquemático da produção de hidrogénio

A investigação actual é a modelação dinâmica e optimização do processo de reforma a seco do metano em Ni/CeO$_2$-ZrO$_2$ catalisador num reactor catalítico de leito fixo, que foi reportado em 2007 por E. Akpon et al. Foram investigadas diferentes cinéticas para o processo mencionado, e um resumo das mesmas pode ser visto na tabela abaixo.

Quadro 4-4- Estudo da cinética do processo de reforma a seco do metano
A do do do de

A maior conversão	Energia da activação	cKineti	Catalisador	Ano	Investigado res
~85%	-	$LnK=29.71-(2.62e4/T)$	$Ni\text{-}eO/MgAl O_{224}$	2011	Hye Jin Jun Et al
~90%	~41Kg/mol	$R=K_{CH41}(P)_{CH4}^{m}{}_{1}(P)_{CO2}^{n}{}_{1}$	$LA2\text{-}xSrxNiO_4$	2010	Ch.Pichas Et al
-	Kg/mol 123	$R=K_{CH41}(P)_{CH4}^{m}{}_{1}(P)_{CO2}^{n}{}_{1}$	$5\%Pt/SrTiO_3$	2007	A.Tcppalidis Et al
~50%	Kg/mol 45,5	$Taxa=2,21\times10\ e\ P\ P^{845500/(1.98T)}{}_{CH4}^{0.95}{}_{CO2}^{.18}$	$Mo\ C/Al\ O_{223}$	2006	Anna.Darujat a Et al
40%	Kg/mol 176	$Taxa=6\times10\ e\ P\ P^{7\text{-}176000/(8.314T)}{}_{CH4}^{1.2}{}_{CO2}^{.7}$	$Bulk\ Mo\ C_2$	2005	David.Lamon t Et al
-	154 Kg/mol	$r_{CH4}=K(T)(P)_{CH4}^{n}/(1+K\ P/P+K\ P_{1COCO22H2}^{m})$	$CeO_2\ (HAS)$	2005	N.Laosiripoja na Et al
-	Kg/mol 90	$R=KP\ P_{refCH4CO2}/(1+K\ P+K\ P)_{1CH42CO}$	$Ni/La/Al\ O_{23}$	1997	Unmiolsbye Et al

Com base na informação disponível em artigos relacionados, bem como em dados experimentais, são propostos mecanismos para que todas as etapas de reacção durante o CDRM sejam facilmente consideradas.

$CH_3\ (s) + H(s) \leftrightarrow CH_4 + 2S$ (4-116   (

$CH_3\ (s) + S \leftrightarrow CH_2\ (s) + H(s)$ (4-117   (

$CH_2\ (s) + S \leftrightarrow CH(s) + H(s)$ (4-118   (

$CH(s) + S \leftrightarrow C(s) + H(s)$ (4-119   (

$CH_4 + 5S \leftrightarrow C(s) + 4H(s)$ (4-120   (

$C(s) + Ox \leftrightarrow CO + Ox\text{-}1 + S$ (4-121   (

$CO_2 + Ox\text{-}1 \leftrightarrow Ox + CO$ (4-122   (

$4H(s) \leftrightarrow 2H_2 + 4S$ (4-123   (

$H_2 + Ox \leftrightarrow Ox-1 + H_2 O$ (4-124   (

(S) e Ox representam os sítios activos desocupados e a rede de oxigénio na superfície CeO/6Zr.4O$_2$, respectivamente, porque o CO_2 reage sempre com os sítios reduzidos do catalisador.

A reacção do carbono sólido é mostrada no passo 119, e o C(s) formado através da separação do CH$_4$ reage com a rede de oxigénio da base Ce/6Zr/4O$_2$. A reacção do passo 120 mostra que a oxidação dos sítios CeO -ZrO$_{22}$ reduzidos (5X-1) é realizada pela reacção com as moléculas de CO_2 anteriormente mencionadas. A elevada propriedade redutora e a capacidade de armazenar oxigénio na base CeO -ZrO$_{22}$ permitem o movimento dos componentes de oxigénio através do ciclo redox, o que faz com que os passos 120 e 121 da reacção avancem rapidamente.

Da mesma forma, a produção de água no passo 122 é feita através da reacção inversa gás-água que está geralmente presente no sistema. Foi realizado um estudo para o mecanismo de reacção do CDRM no CeO$_2$ na gama de temperaturas de 1273-1173 K. A reacção do CH4 com a superfície do CeO$_2$ é o passo decisivo e a reacção superficial do CeO$_2$ reduzida com CO_2 é muito mais rápida. A produção de coque na superfície do catalisador ocorre geralmente com as reacções (4-120) e (4-121) que estão rodeadas pelo catalisador UFR-M, o que se deve à propriedade redox utilizada na base e à capacidade de fornecer oxigénio móvel da base para os componentes de níquel. o que ajuda na transferência de oxigénio para o metal coqueado. A elevada área de superfície específica melhora a base de dispersão de níquel, assim as partículas mais pequenas de Ni impedem a deposição de coque. O mecanismo de reacção proposto mostra claramente a estabilidade e alta actividade da UFR-M durante mais de 200 h no processo CDRM.

A reacção de conversão de metano com dióxido de carbono produz gás de síntese com uma selectividade próxima da unidade, que tem um elevado potencial para ser utilizado em alguns casos. O gás de síntese produzido pela reacção acima referida tem um elevado teor de monóxido de carbono, que é utilizado na síntese de químicos oxigenados dispendiosos.

A referida reacção é uma reacção endotérmica, como se segue:

$$CH_4 + CO_2 \leftrightarrow 2H_2 + 2CO \quad \Delta H=247 \text{ KJ/mol} \quad (4\text{-}123)$$

A grande atenção da indústria à reacção de conversão do metano com dióxido de carbono levou à apresentação de muitos destes desenhos. Em 2007, Akpan e os seus colegas modelaram o reactor de leito fixo para a produção de gás de síntese utilizando a conversão a seco com cinética diferente e compararam os resultados da modelação com os resultados experimentais obtidos a partir do seu trabalho. A figura seguinte mostra um esquema do reformador utilizado:

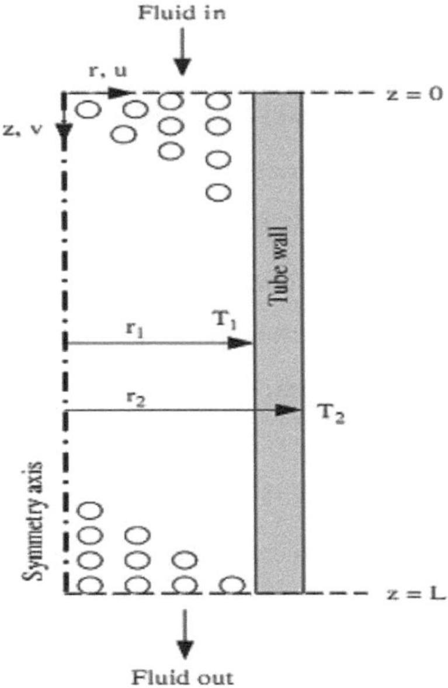

Figura 4-5- Esquema do reformador utilizado na investigação Akpan

O quadro seguinte resume as características do processo mencionado utilizando o catalisador $Ni/CeO\text{-}ZrO_{22}$:

Quadro 4-5- Especificações do processo de reforma a seco do metano	
Parâmetro & unidade	Quantidade
Velocidade(km/h)	1.3
Diâmetro da semente do catalisador (mm)	0.3
Raio do reactor (mm)	3.15
Pressão total (kPa)	101.3
Caudal de entrada de metano(mol/h)	0.21
Caudal de entrada de CO_2 (mol/h)	0.2
Comprimento do leito do catalisador (cm)	3
Diâmetro interno do reactor (mm)	6.3

Azarhoosh e Bani Hashemi Kohnaki modelaram e previram os resultados da investigação de Akpan et al. usando uma rede neural. A comparação dos resultados do modelo com os resultados experimentais mostrou que os dados e o modelo são muito precisos e predizem bem o sistema. O processo de reforma a seco é um processo amplamente utilizado para produzir gás de síntese (gás de síntese) rico em hidrogénio com uma relação (H_2 /CO=1).

Este processo requer energia, que pode ser fornecida a partir de uma fonte externa que não emite qualquer CO_2 como a energia solar e nuclear. Mas normalmente, esta energia é fornecida através de combustíveis fósseis que emitem CO_2 . Para este fim, muitos fabricantes propuseram-se utilizar o CO_2 produzido por um grande número de instalações industriais tais como fábricas de cimento, altos-fornos, etc. e conduziram uma investigação sobre a reacção de reforma a seco, que é a seguinte

$$CH_4 + CO_2 \rightarrow 2CO + 2H \quad \Delta H_2{}^{\circ}{}_{1023} = 261 \text{ kJ mol}^{-1} \qquad (4\text{-}124 \text{ } ($$

Mecanismo de reacção:

1) $CH_4 + CO_2 \leftrightarrow 2CO + 2H_2$ (4-125)

2) $CH_4 \leftrightarrow C + 2H_2$ (4-126 (

3) $C + CO_2 \leftrightarrow 2CO$ (4-127)

(Dry reforming) produz gás de síntese com uma proporção de H_2 /CO igual a 1, que é muito inferior à do gás de síntese produzido no processo de steam reforming. É também claro que a quantidade de calor que deve ser fornecida é superior à que é necessária na reforma a vapor. As reacções relacionadas com a reforma do metano podem ser resumidas na tabela seguinte:

Quadro 4-6- Reacções e aplicações de síntese de produção de gás		
Relação H2/CO	Reacção	Aplicações
1	$CH +CO_{42} \leftrightarrow 2CO+2H_2$	Álcool de Egza, Policarbonatos, Formaldehid
2	$CH_4 +1/2CO_2 \leftrightarrow CO+2H_2$	Síntese de metanol, síntese de Fischer Tropsch
>3	$CH +H_{42} O \leftrightarrow CO+3H_2$ & $CO+H_2 O \leftrightarrow CO +H_{22}$	Produção de hidrogénio para síntese de amoníaco

A reforma a seco é uma tecnologia atractiva para a produção de hidrogénio e produção de combustível limpo, que está normalmente associada à produção de materiais indesejáveis e indesejáveis, o que leva à inactivação do catalisador do processo. De um ponto de vista termodinâmico, as possíveis reacções para formar carbono no reformador podem ser consideradas. definidas da seguinte forma (Snoeck et al., 2003):

CH_4 Cracking:

$CH_4 \leftrightarrow C + 2H$ $\Delta H_{2\,298}$ =122.3 kJ mol^{-1} (4-128)

Boudouard

$2CO \leftrightarrow C+ CO$ ΔH_{2298} = - 125,2 kJ mol^{-1} (4-129)

Redução de CO

$$CO + H_2 \leftrightarrow \leftrightarrow C + H\,O \quad \Delta H_{2298} = -84\ kJ\ mol^{-1} \qquad (4\text{-}130)$$

Estas reacções são reversíveis e podem simultaneamente causar formação de coque e fenómeno de gaseificação. Após esta formação de coque pode reduzir a taxa de transferência de calor e o gradiente de alta temperatura (Dekenet al., 1982).

4-35- Formação de coque em reforma a seco

Todos os hidrocarbonetos irão decompor-se espontaneamente à temperatura da reforma. Na ausência de vapor de água, irão produzir carbono e hidrogénio. Durante as operações normais, há fissuração por metano e formação de carbono, mas felizmente, a taxa de formação de carbono é baixa, e as reacções de fissuração e regeneração de CO também removem o carbono.

O carbono formado como resultado da decomposição do metano deve ser sempre removido por reacção com CO_2 e vapor de água, e a sua taxa de formação deve ser inferior à sua taxa de remoção. Trabalhar a uma temperatura inferior a 650 graus Celsius requer um catalisador activo, e acima de 650 graus Celsius, a quantidade de hidrogénio formada é suficiente para a reacção de fissuração do metano e evita a formação de carbono. Se o catalisador for fresco e ainda não tiver sido reactivado, ou se for velho e a sua actividade tiver sido danificada por toxinas, o carbono pode ser formado, o que resultará em bandas quentes a uma distância de aproximadamente 1/3 do fundo do tubo.

Este problema afecta a transferência de calor e a temperatura da parede do tubo aumenta. A formação de carbono com alimentações de gás contendo hidrocarbonetos mais pesados do que o metano é também um problema. Estes hidrocarbonetos têm uma maior tendência a formar carbono durante as operações de PEFORMING.

O principal objectivo desta investigação é a modelação dinâmica e a optimização do processo de reforma a seco do metano, que foi realizado num reactor catalítico de leito fixo, e foram também derivados modelos cinéticos e equilíbrios relacionados. Finalmente, foram definidas as funções-alvo para os parâmetros importantes, de modo a termos a maior percentagem de conversão de metano na produção e também o catalisador utilizado no processo tem a menor desactivação.

4-34- Deposição de carbono e desactivação do catalisador

Foi considerado um modelo estocástico para a deposição de carbono e desactivação do catalisador a fim de modelar o processo de formação do coque de acordo com (Chenet al., 2004). De acordo com este modelo, os hidrocarbonetos podem ser absorvidos na superfície do catalisador e reagir para formar a fase gasosa e formar diferentes formas de carbono. O processo de formação do coque pode ser mostrado como se segue:

$$C_n H_n \overset{r}{\to} CH_{x(protocoke)} \overset{r_d}{\to} Coke \qquad (4-128)$$

O mecanismo proposto afirma que a deposição de coque no catalisador depende da densidade dos locais S0 e S activos. Se a cobertura dos locais activos for a principal razão para a desactivação do catalisador no reformador, a função da actividade do catalisador pode ser considerada como se segue:

$=\Phi S/S_0$ (4-129)

Finalmente, a desactivação do catalisador devido à deposição de carbono pode ser definida da seguinte forma:

$$\varphi = \exp(-\alpha_c C) \qquad (4\text{-}130)$$

4-35- Modelos de taxa cinética em processo de reforma a seco

O modelo da lei do poder é uma referência para a precisão dos dados cinéticos experimentais e é utilizado para se ajustar aos dados experimentais e a concentração de CH_4 e CO_2 é igual. A reacção química é a seguinte:

$$CH_4 + CO_2 \to 2CO + 2H_2 \qquad (4\text{-}131)$$

Assim, a lei do poder apenas presta atenção à concentração de CH$_4$ e é expressa da seguinte forma:

$$r_A = k_0 * \exp\left(\frac{-E}{RT}\right) * N_A^n \qquad (4\text{-}132\ ($$

Os parâmetros da equação acima podem ser definidos da seguinte forma:

E= energia de activação (j/mol)

R = constante de gás 8,314 (J/mol K)

T = temperatura absoluta (K)

NA = caudal de metano

n = grau de reacção

4 expressões de taxa mostram 4 possíveis etapas determinantes. A água é um subproduto no processo, pelo que a etapa de produção de água é deixada de fora como RDS. Neste mecanismo de reacção, a primeira etapa é a dissociação e absorção de CH$_4$ excepto para CH$_x$. A reacção da segunda etapa é a interacção do carbono sólido com a rede de oxigénio (Ox) na base CeO -ZrO$_{22}$. A terceira etapa da reacção é a oxidação do sítio reduzido por CO$_2$, enquanto a quarta etapa é a reacção de superfície, em que dois átomos de hidrogénio absorvidos reagem para produzir H$_2$.

$$r_A = k_0 * \exp\left(\frac{-E}{RT}\right) * \left(N_A\left(\frac{N_C^2 N_D^2}{K_P N_B}\right)\right)/1 + N_C^2 K_A/N_B +$$

$$K_B N_D^5\Big)^5 \qquad (4\text{-}133\ ($$

$$r_A = k_0 * \exp\left(\frac{-E}{RT}\right) * \left(N_A\left(\frac{N_D^2}{K_P N_B}\right)\right)/1 + N_C^2 K_A/N_B +$$

$$K_B N_D^5\Big)^1 \qquad (4\text{-}134\ ($$

$$r_A = k_0 * \exp\left(\frac{-E}{RT}\right) * \left(\frac{N_A N_B}{N_C N_D^2} -\right.$$

$$\frac{N_C}{K_P} \qquad (4\text{-}135\ ($$

$$r_A = k_0 * \exp\left(\frac{-E}{RT}\right) * \left(\frac{N_A N_B}{N_C^2 N_D^2} / K_P N_B\right)/1 + N_C^2 K_A/N_B +$$

$$K_B N_D^5\Bigg)^1 \qquad (4\text{-}136\ ($$

Os 4 modelos cinéticos derivados são mostrados nas equações, que são assumidos como sendo CH_4 absorção ou dissociação como o passo determinante (modelo 1). Reacção superficial do carbono sólido com rede de oxigénio (modelo 2) Reacção superficial do sítio reduzido com CO_2 (modelo 3) Reacção superficial de 2 átomos de hidrogénio absorvidos (modelo 4).

Os pressupostos utilizados no modelo podem ser expressos nos seguintes casos:

1. A redução da actividade do catalisador durante a reacção é omitida.

2. No eixo radial, as alterações de parâmetros são ignoradas e os seus valores correspondentes são assumidos como insignificantes.

3. As propriedades relacionadas com a mistura, incluindo o coeficiente de difusão, viscosidade e peso molecular, são consideradas como uma função da temperatura e dos componentes.

4. A reacção é verificada em estado estacionário.

- Modelação numérica

O modelo numérico teórico é utilizado para a modelação e simulação de PBTR. Este modelo inclui equações de balanço de massa e energia, que são consideradas pelo balanço de massa e entalpia em estado estacionário em torno do reactor, na presença de reacção química quase-homogénica. As equações do modelo são expressas para cada componente i nas direcções axial e radial no sistema cilíndrico, e as equações seguintes são as equações de massa e energia do sistema, respectivamente:

$$D_{eff}\left[\frac{\partial^2 c_i}{\partial^2 r^2} + \frac{\partial c_i}{r.\partial r}\right] + D_{eff}\frac{\partial^2 c_i}{\partial^2 z^2} + \rho_B V_i r_j = u_z \frac{\partial c_i}{\partial z} \qquad (4\text{-}137)$$

$$(\Delta H_j)\rho_B V_i r_j(r,z) + \lambda_{eff}\left[\frac{\partial^2 T(r,z)}{\partial^2 r^2} + \frac{\partial T(r,z)}{r.\partial r}\right] + \lambda_{eff}\frac{\partial^2 T(r,z)}{\partial^2 z^2} =$$

$$\frac{\rho_g u_z C_P \,\partial T(r,z)}{\partial z} \qquad (4\text{-}138)$$

As condições limite para as equações de balanço de massa e energia são mostradas abaixo:

C_i (r,z)=C_{i0} · T($_1$)=T_0 em z=0 e 0<r<r r,0 (4-139)

$_i$ $\partial C(0,z/)/\partial r$=0 ·$\partial T(0,z)/\partial r$=0 a r=0 e 0<z<L (4-140)

$_{1i}$ (r_1 ,z) ,r=0∂/λ_{eff} $\partial T(r$ C∂,z)/∂r=-Utw(T-T_0) em r=r_1 e 0<z<L (4-141)

Na saída do reactor, pode-se assumir que parte da transferência de massa e energia é equivalente ao balanço de massa, que muda na forma do caudal molar dado na equação seguinte:

$$\frac{u\,\partial F_i}{\partial z} = \frac{D_{eff}\,\partial^2 F_i}{\partial r^2} + \frac{D_{eff}\,\partial F_i}{r\,\partial r} + \frac{D_{eff}\,\partial^2 F_i}{\partial z^2} + \rho_B u_z A r_j \qquad (4\text{-}142)$$

4-36- Modelação em estado estacionário e na presença de reacção química

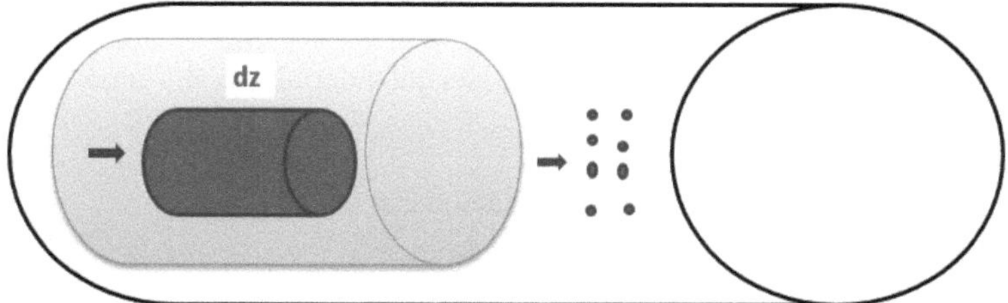

Figura 4-6- Elementos considerados para a modelação

4-37- Modelação de fluidos a granel

In -out + gen = acc = 0

$$N_{AZ}A_Z \big|_Z - N_{AZ}A_Z \big|_{Z+dZ} + N_{Ar}A_r \big|_r - N_{Ar}A_r \big|_{r+dr} = 0 \qquad (4\text{-}143)$$

Direcção Z:

$$N_{AZ} = -D_e \frac{\partial c_A}{\partial z} + C_{Au} \qquad (4\text{-}144)$$

Na direcção r, só temos penetração:

$$N_{Ar} = -D_e \frac{\partial C_A}{\partial r} \qquad (4\text{-}145)$$

$$A_r = 2\pi r dz \qquad (4\text{-}146)$$

$$A_z = 2\pi r dr \qquad (4\text{-}147)$$

$$\rho \left.\right|_z - \rho \left.\right|_{z+dz} = -\frac{\partial \rho}{\partial z} \qquad (4\text{-}148)$$

$$-\frac{\partial}{\partial z}\left(-D_e \frac{\partial C_A}{\partial z} * 2\pi r dr\right) dz - \frac{\partial}{\partial r}\left(-D_e \frac{\partial C_A}{\partial r} * 2\pi r dz\right) dz - \frac{\partial}{\partial z}(C_{Au} * 2\pi * r * dr)dz = 0 \qquad (4\text{-}149)$$

$$D_e \frac{\partial^2 C_A}{\partial z^2} + D_e \frac{1}{r}\frac{\partial}{\partial r}\left(r \frac{\partial C_A}{\partial r}\right) - u \frac{\partial C_A}{\partial z} = 0 \qquad (4\text{-}150)$$

D_e pode ser definido da seguinte forma:

$$D_e = \sum_{i=1}^{n} D_{i \cdot r} \qquad (4\text{-}151)$$

As condições limite das equações podem ser consideradas como se segue:

$$@\ r = 0 \qquad \rightarrow \qquad \frac{\partial C_A}{\partial r} = 0 \qquad (4\text{-}152\ ($$

$$@\ z = 0 \qquad \rightarrow \qquad C_A = C_{A0} \qquad (4\text{-}153)$$

$$@\ z = l \qquad \rightarrow \qquad \frac{\partial C_A}{\partial z} = 0 \qquad (4\text{-}154\ ($$

$$@\ z = R \qquad \rightarrow \qquad \frac{\partial C_A}{\partial r} = 0 \qquad (4\text{-}155\ ($$

4-38- Modelação de sementes em processo de reforma a seco

Para modelar o grão em estado estacionário, podem ser consideradas as seguintes equações:

In -out + gen = acc = 0

$$N_{Ar} * A_r \left.\right|_r - N_{Ar} * A_r \left.\right|_{r+dr} * r_A' * \rho_p = 0 \qquad (4\text{-}157\ ($$

$$A_r = 4\pi r^2 \qquad (4\text{-}158) \quad \text{‹} \qquad [r_A'] = \frac{mol}{kg_{cat}\cdot s}$$

$$N_{Ar} = -D_{ep}\frac{\partial C_A}{\partial r} \qquad\qquad (4\text{-}159)$$

$$-\frac{\partial}{\partial r}\left(-D_{ep}\frac{\partial C_{Ap}}{\partial r}*4\pi r^2\right)dr - k*C_{Ap}^n*\rho_p = 0 \qquad (4\text{-}160\ ($$

$$-D_{ep}\frac{1}{r}\frac{\partial}{\partial r}\left(\frac{\partial C_{Ap}}{\partial r}*r^2\right) - k*C_{Ap}^n*\rho_p = 0 \qquad (4\text{-}161\quad ($$

$$D_{ep} = \sum_{i=1}^n D_{i\cdot p} \qquad\qquad (4\text{-}162\ ($$

Assumindo um coeficiente de transferência de massa elevado, a concentração no fluido e os grãos na interface são assumidos como sendo iguais entre si. Em qualquer ponto que tenhamos:

$$C_{Ap} = C_{Ar} \qquad\qquad (4\text{-}163\quad ($$

$D_{i,p}$ é o coeficiente de penetração dos componentes no interior dos grãos, que se assume ser igual a $D_{i,r}$ (o coeficiente de penetração dos componentes no interior do reactor) ($D_{i,p} = D_{i,r}$). As condições-limite que regem as equações relacionadas com o grão podem ser consideradas como se segue:

$$@\ r = 0 \qquad \rightarrow \qquad \frac{\partial C_{Ap}}{\partial r} = 0 \qquad\qquad (4\text{-}164\ ($$

$$@\ r = r \qquad \rightarrow \qquad C_{Ap} = C_{Ar} \qquad\qquad (4\text{-}165)$$

4-39- Balanços de temperatura em processo de reforma a seco

Para o fluido a granel, o equilíbrio da temperatura pode ser definido da seguinte forma:

Dentro - fora = 0

$$q_z A_z \big|_z - q_z A_z \big|_{z+dz} + q_r A_r \big|_r - q_r A_r \big|_{r+dr} = 0 \qquad (4\text{-}165\ ($$

$$q_z = -k_e \frac{dT}{dz} + \rho * u * C_p * T \tag{4-166}$$

$$q_r = -k_e \frac{\partial T}{\partial r} \tag{4-167 (}$$

$$k_e \frac{\partial^2 T}{\partial z^2} + k_e \frac{1}{r}\frac{\partial}{\partial r}\left(r\frac{\partial T}{\partial r}\right) - \frac{\partial T}{\partial z} * \rho * u * C_p = 0 \tag{4-168 (}$$

Condições de fronteira:

$$@\ r = 0 \qquad \rightarrow \qquad \frac{\partial T}{\partial r} = 0 \tag{4-169}$$

$$@\ r = 0 \qquad \rightarrow \qquad -k_e \frac{\partial T}{\partial r} = h_w(T - T_0) \quad ` \ T_{in} = T_0 = 973\ K \tag{4-170 (}$$

$$@\ z = 0 \qquad \rightarrow \qquad T = T_{in} \tag{4-171 (}$$

$$@\ z = L \qquad \rightarrow \qquad \frac{\partial T}{\partial z} = 0 \tag{4-172 (}$$

4-40- Balanço de temperatura para as sementes:

$$q_r A_r \big|_r - q_r A_r \big|_{r+dr} + r_A' * \rho_p * \Delta H_r = 0 \tag{4-173 (}$$

$$q_r = -k_{ep}\frac{\partial T}{\partial r} \tag{4-174 (}$$

$$A_r = 4\pi r^2 \tag{4-175 (}$$

$$-\frac{\partial}{\partial r}\left(-k_{ep}\frac{\partial T_p}{\partial r} * 4\pi r^2\right) dr + r_A' * \rho_p * \Delta H_r = 0 \tag{4-176 (}$$

$$k_{ep}\frac{1}{r}\frac{\partial}{\partial r}\left(\frac{\partial T_p}{\partial r} r^2\right) - k * C_{Ap}^n * \rho_p * \Delta H_r = 0 \tag{4-177 (}$$

Se assumirmos que o coeficiente de transferência de calor é um grande número, pode considerar-se que a temperatura na interface entre o grão e o fluido é igual. De acordo com a suposição considerada, as seguintes condições-limite podem ser consideradas para o equilíbrio do grão:

$$@ \; r = 0 \qquad \rightarrow \qquad \frac{\partial T_p}{\partial r} = 0 \tag{4-178}$$

$$@ \; r = R \qquad \rightarrow \qquad T_p = T_r \tag{4-179}$$

Para calcular o coeficiente de difusão binário, pode utilizar a relação apresentada no livro de transferência de massa de Triball. Devido à alteração da fracção molar no interior do reactor, o coeficiente de difusão será variável.

$$D_{i.j} = \frac{10^{-4}\left(1.084 - 0.249\sqrt{\frac{1}{M_{wi}} + \frac{1}{M_{wj}}}\right)\sqrt{\frac{1}{M_{wi}} + \frac{1}{M_{wj}}}\,T^{1.5}}{P\left(r_{ij}^2\right)f\left(\frac{Tk}{\varepsilon_{ij}}\right)} \left[\frac{m^2}{s}\right] \tag{4-180}$$

$$D_{i.mix} = \frac{1 - y_i}{\sum \frac{y_j}{D_{i.j}}} \tag{4-181}$$

A capacidade térmica, viscosidade, coeficiente de condutividade térmica e massa molecular da mistura no interior do reactor variam, isto deve-se à mudança da fracção molar dos componentes no interior do reactor:

$$M_{mix} = \sum M_i * y_i \tag{4-182}$$

M_i significa as mesmas propriedades mencionadas para os componentes individuais, y_i é a fracção molar dos componentes, e M_{mix} é as propriedades da mistura.

Para calcular as propriedades dos materiais em termos de temperatura, foi utilizada uma relação linear, que tem uma boa precisão com um erro de menos de 5% a diferentes temperaturas e calcula as propriedades no interior do reactor a diferentes temperaturas.

$$M_i = a + b * T \tag{4-183}$$

Quadro 4-7- Valores relacionados com volume molecular e volume atómico

Atómico volume‹m /1000atoms*10^{33}		Molecular volume‹m /kmol*10^{33}		Atómico volume‹m /1000atoms*10^{33}		Molecular volume‹m /kmol*10^{33}	
Carbono	14.8	H_2	14.3	Oxigénio	7.4	NH_3	25.8
Hidrogénio	3.7	O_2	25.6	Em ésteres metílicos	9.1	$H\,O_2$	18.9
Chloride	24.6	N_2	31.2	Em ésteres superiores	11	$H\,S_2$	32.9
Brómio	27	Ar	29.9	Em ácidos	12	COS	51.5
Iodo	37	CO	30.7	Em éteres metílicos	9.9	Cl_2	48.1
Enxofre	25.6	CO_2	34	Em éteres superiores	11	Br_2	53.2
Nitrogénio	15.6	SO_2	44.8	Anel de benzeno	15	I_2	71.5
Em aminas primárias	10.5	NÃO	23.6	Naftaleno	30	-	-
Em aminas secundárias	12	$N\,O_2$	36.4	-	-	-	-

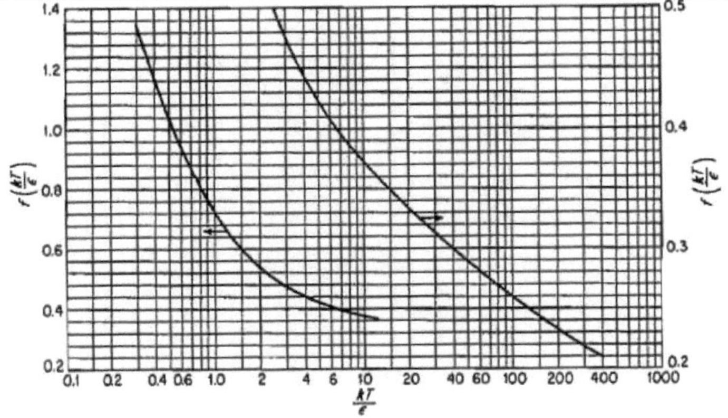

Figura 4-7- Coeficiente de colisão molecular

Nas figuras seguintes, pode ver como introduzir os valores dos componentes nas equações no software:

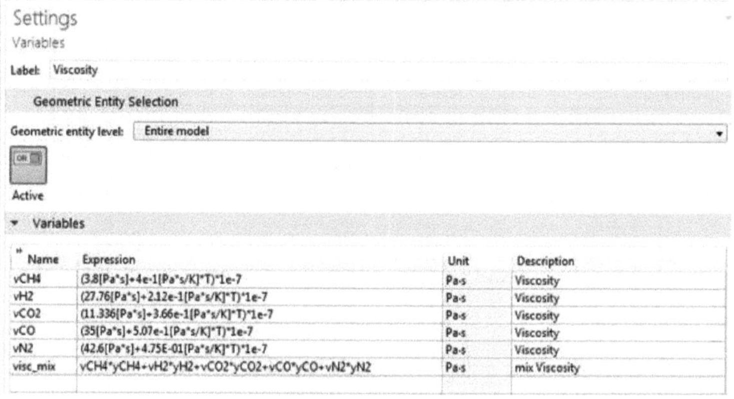

Settings

Variables

Name	Expression	Unit	Description
Dch4_co	0.005424551[cm^2/s]	m²/s	Diffusion coefficient
Dch4_h2	0.017301028[cm^2/s]	m²/s	Diffusion coefficient
Dch4_co2	0.004499331[cm^2/s]	m²/s	Diffusion coefficient
Dch4_n2	0.00551902[cm^2/s]	m²/s	Diffusion coefficient
Dco2_ch4	0.004499331[cm^2/s]	m²/s	Diffusion coefficient
Dco2_co	0.00404506[cm^2/s]	m²/s	Diffusion coefficient
Dco2_h2	0.016039316[cm^2/s]	m²/s	Diffusion coefficient
Dco2_n2	0.004114306[cm^2/s]	m²/s	Diffusion coefficient
Dco_ch4	0.005424551[cm^2/s]	m²/s	Diffusion coefficient
Dco_co2	0.00404506[cm^2/s]	m²/s	Diffusion coefficient
Dco_h2	0.018679475[cm^2/s]	m²/s	Diffusion coefficient
Dco_n2	0.005139642[cm^2/s]	m²/s	Diffusion coefficient
Dh2_ch4	0.017301028[cm^2/s]	m²/s	Diffusion coefficient
Dh2_co2	0.016039316[cm^2/s]	m²/s	Diffusion coefficient
Dh2_co	0.018679475[cm^2/s]	m²/s	Diffusion coefficient
Dh2_n2	0.019075581[cm^2/s]	m²/s	Diffusion coefficient
Dn2_ch4	0.00551902[cm^2/s]	m²/s	Diffusion coefficient
Dn2_co2	0.004114306[cm^2/s]	m²/s	Diffusion coefficient
Dn2_co	0.005139642[cm^2/s]	m²/s	Diffusion coefficient
Dn2_h2	0.019075581[cm^2/s]	m²/s	Diffusion coefficient
Dch4_mix	(1-yCH4)/(yCO2/Dch4_co2+yCO/Dch4_co+yH2/Dch4_h2+yN2/Dch4_n2)	m²/s	mix Diffusion coefficient
Dco2_mix	(1-yCO2)/(yCH4/Dco2_ch4+yCO/Dco2_co+yH2/Dco2_h2+yN2/Dco2_n2)	m²/s	mix Diffusion coefficient
Dco_mix	(1-yCO)/(yCO2/Dco_co2+yCH4/Dco_ch4+yH2/Dco_h2+yN2/Dco_n2)	m²/s	mix Diffusion coefficient
Dh2_mix	(1-yH2)/(yCO2/Dh2_co2+yCO/Dh2_co+yCH4/Dh2_ch4+yN2/Dh2_n2)	m²/s	mix Diffusion coefficient
Dn2_mix	(1-yN2)/(yCO2/Dn2_co2+yCO/Dn2_co+yH2/Dn2_h2+yCH4/Dch4_n2)	m²/s	mix Diffusion coefficient
D	1.2e-3[m^2/h]	m²/s	Article Diffusion coefficie...

Quadro 4-8- Coeficiente de penetração dos componentes em relação uns aos outros em termos de m /s²

Settings

Variables

Label: Viscosity

Geometric Entity Selection

Geometric entity level: Entire model

Active

▼ Variables

Name	Expression	Unit	Description
vCH4	(3.8[Pa*s]+4e-1[Pa*s/K]*T)*1e-7	Pa·s	Viscosity
vH2	(27.76[Pa*s]+2.12e-1[Pa*s/K]*T)*1e-7	Pa·s	Viscosity
vCO2	(11.336[Pa*s]+3.66e-1[Pa*s/K]*T)*1e-7	Pa·s	Viscosity
vCO	(35[Pa*s]+5.07e-1[Pa*s/K]*T)*1e-7	Pa·s	Viscosity
vN2	(42.6[Pa*s]+4.75E-01[Pa*s/K]*T)*1e-7	Pa·s	Viscosity
visc_mix	vCH4*yCH4+vH2*yH2+vCO2*yCO2+vCO*yCO+vN2*yN2	Pa·s	mix Viscosity

124

Quadro 4-9- Viscosidade dos componentes participantes em termos de Pa.s

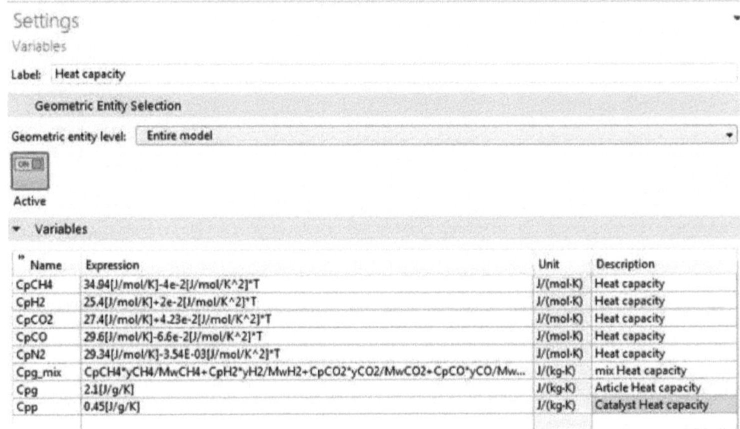

Settings
Variables

Label: Heat capacity

Geometric Entity Selection

Geometric entity level: Entire model

Active

▼ Variables

Name	Expression	Unit	Description
CpCH4	34.94[J/mol/K]-4e-2[J/mol/K^2]*T	J/(mol·K)	Heat capacity
CpH2	25.4[J/mol/K]+2e-2[J/mol/K^2]*T	J/(mol·K)	Heat capacity
CpCO2	27.4[J/mol/K]+4.23e-2[J/mol/K^2]*T	J/(mol·K)	Heat capacity
CpCO	29.6[J/mol/K]-6.6e-2[J/mol/K^2]*T	J/(mol·K)	Heat capacity
CpN2	29.34[J/mol/K]-3.54E-03[J/mol/K^2]*T	J/(mol·K)	Heat capacity
Cpg_mix	CpCH4*yCH4/MwCH4+CpH2*yH2/MwH2+CpCO2*yCO2/MwCO2+CpCO*yCO/Mw...	J/(kg·K)	mix Heat capacity
Cpg	2.1[J/g/K]	J/(kg·K)	Article Heat capacity
Cpp	0.45[J/g/K]	J/(kg·K)	Catalyst Heat capacity

Quadro 4-10- Equações relacionadas com a capacidade calorífica em termos de J/mol.K

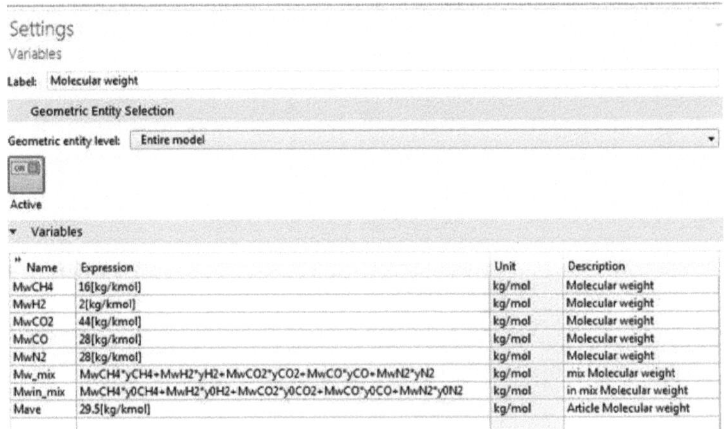

Settings
Variables

Label: Molecular weight

Geometric Entity Selection

Geometric entity level: Entire model

Active

▼ Variables

Name	Expression	Unit	Description
MwCH4	16[kg/kmol]	kg/mol	Molecular weight
MwH2	2[kg/kmol]	kg/mol	Molecular weight
MwCO2	44[kg/kmol]	kg/mol	Molecular weight
MwCO	28[kg/kmol]	kg/mol	Molecular weight
MwN2	28[kg/kmol]	kg/mol	Molecular weight
Mw_mix	MwCH4*yCH4+MwH2*yH2+MwCO2*yCO2+MwCO*yCO+MwN2*yN2	kg/mol	mix Molecular weight
Mwin_mix	MwCH4*y0CH4+MwH2*y0H2+MwCO2*y0CO2+MwCO*y0CO+MwN2*y0N2	kg/mol	in mix Molecular weight
Mave	29.5[kg/kmol]	kg/mol	Article Molecular weight

Quadro 4-11- Peso molecular dos componentes que participam na reacção em kg/mol

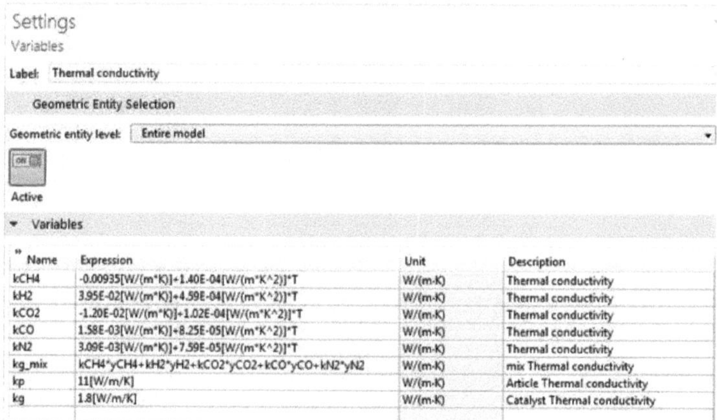

Quadro 4-12- Equações relacionadas com a condutividade térmica dos componentes em termos de

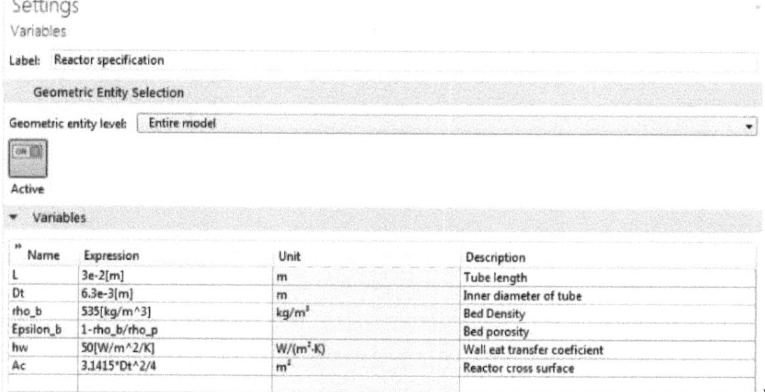

W/m.K

Quadro 4-13- especificações do reactor

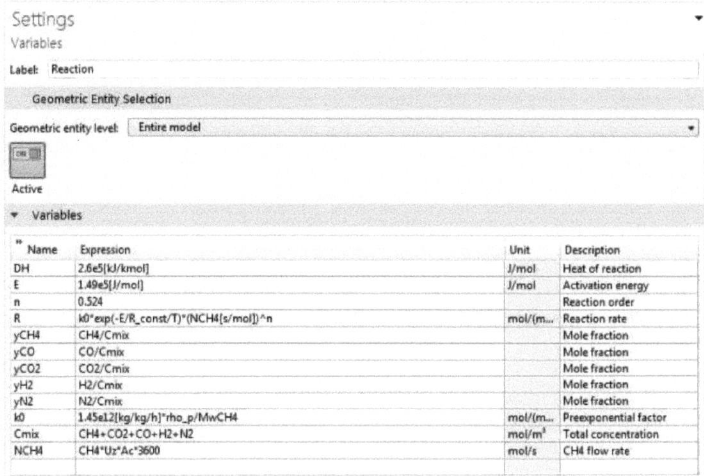

Name	Expression	Unit	Description
DH	2.6e5[kJ/kmol]	J/mol	Heat of reaction
E	1.49e5[J/mol]	J/mol	Activation energy
n	0.524		Reaction order
R	k0*exp(-E/R_const/T)*(NCH4[s/mol])^n	mol/(m...	Reaction rate
yCH4	CH4/Cmix		Mole fraction
yCO	CO/Cmix		Mole fraction
yCO2	CO2/Cmix		Mole fraction
yH2	H2/Cmix		Mole fraction
yN2	N2/Cmix		Mole fraction
k0	1.45e12[kg/kg/h]*rho_p/MwCH4	mol/(m...	Preexponential factor
Cmix	CH4+CO2+CO+H2+N2	mol/m³	Total concentration
NCH4	CH4*Uz*Ac*3600	mol/s	CH4 flow rate

Quadro 4-14- Parâmetros utilizados na reacção

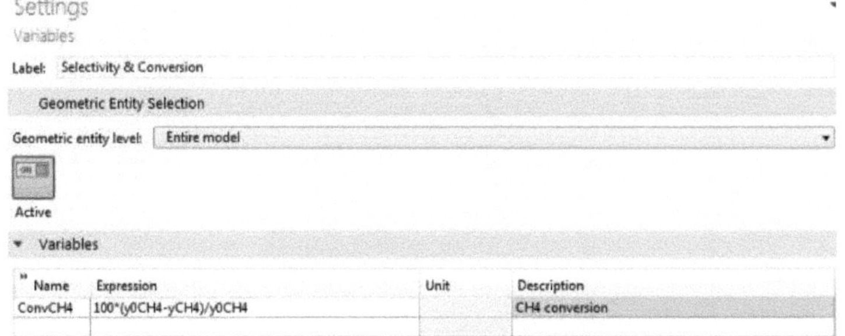

Name	Expression	Unit	Description
ConvCH4	100*(y0CH4-yCH4)/y0CH4		CH4 conversion

Quadro 4-15- Selectividade e percentagem de conversão relacionada com o metano

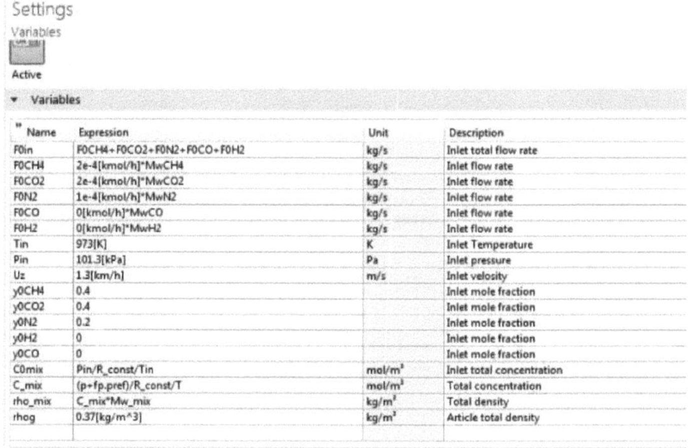

Quadro 4-16- Variáveis na reacção

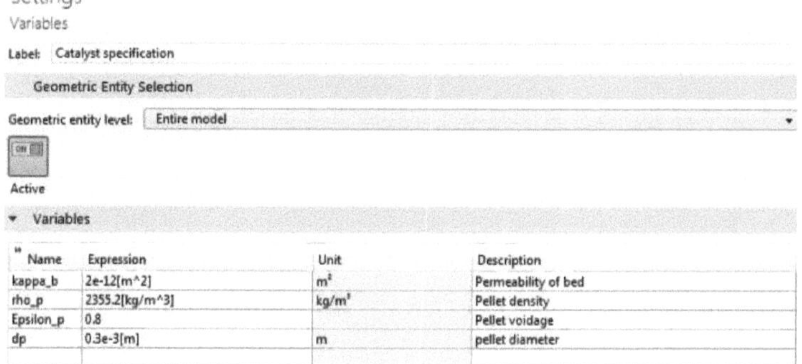

Quadro 4-17-Catalyst especificações

Referências :

1. مدل سازي رياضي فرايند حاجي ريفرمينگ خشك متان در بستر بستر ثابت- فاطمه- زاده حاجي زاده

2. بررسی فرآیندهای کاتالیستی کاتالیستی گاز سنتز و روش های های ساخت کاتالیست های آن- محمد جعفربگلو

128

3. تحلیل سریع عملکرد کوره های های ریفرمر جهت تولید هیدروژن بختیاریان وگاز سنتز - حمیدرضا خاکدامن، اکبرزمانیان، حمید بختیاریان

4. کاتالیست پایدار فرآیند ریفرمینگ - مهران رضایی سیدمهدی سیدمهدی علوی

5. مقایسه روش های های ترکیبی تولید گاز سیدمهدی سنتز - مهران رضایی سیدمهدی علوی

]6] EnefiokAkpan,Yanping Sun, Prashant Kumar, Hussam Ibrahim, Ahmed Aboudheir, Raphael Idem. Ciência da Engenharia Química 62 (2007)4012-4024

[7] ZouhairBoukha, Mohamed Kacimi, Manuel Fernando R. Pereira, JoaquimL .Faria, Jose Luis Figueriredo, Mahfoud Ziyad. Catálise Aplicada: Geral 317 (2007) 299-309

[8]. N. Laosiripojana, W. Sutthisiripok, S. Assabumrungrat. Chemical Engineering Journal 112(2005)13-22

[9].R.Bouarab,O. Akdim, A.Auroux, O. Cherifi, C. Mirodatos. Catálise Aplicada A:General 264(2004) 161-168

[10] Luca Paturzo, FaustoGallucci, Angelo Basile, Giovanni Vitulli, Paolo Pertici .Catalysis Today 82(2003) 57-65

[11].UnniOlsbye, Thomas Wurzel, LeslawMleczko. Ind. Eng. Chem. Res. 1997, 36, 5180-5188

[12].S. Assabumrungrat, N. Laosiripojana,P. Piroonlerkgul. Journal of Power Sources 159(2006) 1274-1282

[13]. N. Laosiripojana, S. Assabumrungrat. Catálise Aplicada B:60 (2005) 107-116

[14].D. San-Jose-Alonso, J. Juan-Juan, M.J. lllan-Gomez, M.C. Roman-Martinez.

Catálise Aplicada A: Geral 371(2009) 54-59

[15].Monica Garcia-Dieguez, ElisabettaFinocchio, Maria Angeles Larrubia, Luis J. Alemany, Guido Busca. Journal of Catalysis 274(2010) 11-20

[16].K. Omata, N. Nukui, T. Showa, M. Yamada. Catalysis Communications 5 (2004) 755-758

[17]. K. Omata, N. Nukui, T. Hottai, M. Yamada. Catalysis Communications 5 (2004) 771-775

[18] StephaneHagg, Michel Burgard, Barbara Ernst. Journal of Catalysis 252 (2007) 190-204

[19].Qi Wang, Yi Cheng, Yong Jin. Catalysis Today 148 (2009) 272-282

]20] Hye Jin Jun, Myung-June Park, Seung-Chan Beak, Jong WookBae, Kyoung-Su Ha, Ki-Won Jun. Journal of Gas Chemistry 20(2011) 9-17

[21].Ch.Pichas, P.Pomonis, D. Petrakis, A. Ladavos, Catálise Aplicada A: General 386 (2010) 116-123

[22].Anna R.S.Darujati, William J. Thomson, Chemical Engineering Science 61 (2006) 4309-4315

[18].A. Topalidis, D.E. Petrakis, A. Ladavos, L. Loukatzikou, P.J. Pomonois. Catalysis Today 127 (2007) 238-245

[23] .David C. LaMont, William J. Thomson, Chemical Engineering Science 60 (2005) 3553-3559

[24]. Estudos cinéticos, experimentais e de modelização de reactores da reforma do dióxido de carbono do metano (CDRM) sobre um novo catalisador Ni/CeO_2 -ZrO_2 num reactor tubular de leito cheio

Capítulo cinco

Processo de produção de estireno

5-1- Introdução

O poliestireno é um termoplástico comercial que é utilizado na indústria da construção como isolamento, indústrias eléctricas e electrónicas (corpo de aspirador, espremedor, computador e frigorífico) e na indústria da embalagem (como espumas de protecção e congeladores de alimentos, recipientes de bens de consumo e brinquedos) são produzidos e consumidos. O poliestireno é produzido e fornecido em três tipos de expansão (EPS), resistente (HIPS) e normal (GPPS), o primeiro tipo é dividido em dois tipos gerais, standard e durável. O método habitual na produção do tipo de expansão é o método de suspensão. O poliestireno granular é de cor clara e branca. Este material foi produzido pela primeira vez em 1950. A expansão deste produto deve-se à presença de algum gás pentano, que fica preso no seu interior de forma não dissolvida durante a produção. Este gás é libertado do interior dos grãos de poliestireno devido ao calor causado pelo vapor de água e provoca a sua expansão. Como resultado da libertação deste gás, o volume de grãos de poliestireno aumenta até 40 vezes o seu tamanho inicial. Após o processo de expansão, os grãos expandidos são moldados de acordo com o tipo de aplicação.

O poliestireno é instável contra oxidantes fortes e dissolve-se na maioria dos solventes orgânicos excepto hidrocarbonetos alifáticos e álcoois. O material resultante da ignição do poliestireno é prejudicial para os olhos e o seu contacto directo com a pele deve ser evitado. Este material é frequentemente vendido em sacos de polietileno e as questões gerais de segurança devem ser consideradas no seu transporte e armazenamento. O quadro abaixo mostra as propriedades físicas deste material. Após a produção, os grãos de poliestireno são divididos em vários graus diferentes, de acordo com o tamanho dos grãos. As qualidades com grãos mais finos são principalmente utilizadas para embalagem, e as qualidades mais grosseiras são utilizadas para construção.

Tabela 5-1-Propriedades físicas do poliestireno	
240	Ponto de congelação (Celsius)
1.05	Densidade (gr/cm)^3
3200	Módulo de tensão (MPa)
490	Ponto de inflamação (Celsius)
Estável	Estabilidade em condições climatéricas
95	Temperatura do vidro (Celsius)
0.01-0.03	Adsorção de água

O estireno, cujos outros nomes são feniletileno, vinilbenzeno, estireno e canela, é um dos aromáticos insaturados mais importantes da indústria. Esta substância está presente em pequenas quantidades em algumas plantas e alimentos, tais como canela, grãos de café e amendoins, e outra fonte natural do mesmo é o alcatrão de carvão. O método industrial de produção deste material é a hidrogenação do etilbenzeno. O estireno é líquido e facilmente portátil. A actividade do grupo do vinil no mesmo tornou-o facilmente sujeito a processos de polimerização e copolimerização. Na tabela abaixo, as propriedades físicas e químicas deste material são investigadas.

Quadro 5-2 Características físicas do estireno	
104.53	Peso molecular
145	Ponto de ebulição (°C)
-30.5	Ponto de fusão (°C)
0.297	Densidade crítica (g/ml)
3.83	P_C (MPa)
326.1	T_C (°C)

As condições em que a polimerização radical é realizada são homogéneas e heterogéneas, que são polimerização em massa e em solução, processos homogéneos, e polimerização em suspensão e emulsão, processos heterogéneos. Todos os monómeros podem ser produzidos através de qualquer um dos diferentes processos. No entanto, é óbvio que a polimerização comercial de um monómero é melhor feita através de um ou dois processos. A polimerização do estireno é feita através de um processo de suspensão, uma solução e, em menor grau, através de uma emulsão em reactores descontínuos e contínuos. Devido à falta de justificação económica na indústria, os reactores contínuos são menos utilizados.

5-2- Estireno e poliestireno

O estireno pode ser sintetizado tanto em laboratório como de forma comercial. Num laboratório, o ácido cinâmico é sujeito a condições de destilação seca, que se transforma em estireno com a emissão de gás "dióxido de carbono". O ácido cinâmico também pode ser obtido através do aquecimento do "benzaldeído" com anidrido acético nas proximidades do acetato de sódio.

O etilbenzeno pode ser obtido como subproduto de processos de reforma catalítica durante a refinação de petróleo. Neste tipo de processos, os hidrocarbonetos alifáticos são convertidos numa mistura de hidrocarbonetos aromáticos, o etilbenzeno obtido deste tipo de processo é hidrogenado por um catalisador (óxido de magnésio e ferro), mas o rendimento é de cerca de 37% de estireno, 61% de etilbenzeno e 2% de benzeno e tolueno.

Uma vez que existe uma mistura de estireno e etilbenzeno no reactor de reacção e os pontos de ebulição destes dois estão próximos um do outro, e também o estireno está pronto a polimerizar à temperatura normal, pelo que é necessário separar o material antes da operação. Um agente que é normalmente enxofre é adicionado à mistura para evitar a polimerização do monómero de estireno. Após este processo, se a mistura de reacção for separada sob vácuo relativo (35 mm Hg) por colunas de destilação especiais, o estireno obtido a partir dele é acompanhado de algum enxofre, que pode ser completamente purificado por re-destilação.

A fim de evitar a polimerização do estireno puro durante o armazenamento, é necessário adicionar-lhe um retardador permanente. Normalmente é utilizado "tertyl butyl catechol" para este fim. O monómero de estireno é um líquido incolor e oleoso insolúvel em água, álcool e éter e dá o cheiro de compostos aromáticos cíclicos.

Se o referido monómero for continuamente exposto ao ar, devido à oxidação, formam-se aldeídos e compostos de cetona, o que é acompanhado por um mau cheiro. Este monómero é utilizado como solvente para poliestireno e borracha SBR. O seu ponto de ebulição é de cerca de 145 graus Celsius e o seu ponto de ignição é de 31 graus Celsius. Uma vez que o seu veneno de respiração humana e é também inflamável, portanto, de acordo com as leis internacionais de transporte, deve ser transportado por navio ou comboio.

5-3- Tipos de métodos de polimerização

5-3-1- Polimerização em massa

A polimerização em massa de um monómero puro é o processo mais simples em que a quantidade de contaminação do produto é a mais baixa. Apesar disto, o controlo da polimerização em massa é difícil; a elevada natureza exotérmica, a elevada energia de activação e a tendência para gelar em conjunto tornam difícil a remoção de calor. A polimerização a granel requer um controlo preciso da temperatura e, além disso, porque a viscosidade do sistema de reacção aumenta rapidamente a uma conversão relativamente baixa, é necessário equipamento preciso e um agitador forte. Neste processo, são criados pontos quentes locais, o que provoca a degradação do produto polimérico. Os problemas de remoção de calor e viscosidade podem ser resolvidos realizando a polimerização em conversões baixas e separando e restaurando os restantes monómeros.

Neste processo, o estireno é polimerizado em tanques pré-polimerizadores a uma temperatura de cerca de 100 graus Celsius com uma conversão de cerca de 30 a 60 por cento. A fase de iniciação é frequentemente iniciada por aquecimento e auto-iniciação ou pela adição de um iniciador. O produto viscoso resultante desce de uma torre cilíndrica (comprimento 12 m e 4,2 m). A torre tem um gradiente de temperatura (100-200 graus Celsius) com o aumento da temperatura no fundo. A polimerização é realizada enquanto o produto viscoso flui para baixo. que o fluxo de saída é obtido com 98 a 100% de conversão. O monómero restante é separado por evaporação (sob vácuo parcial ou aquecimento a uma temperatura mais elevada). É extraído, arrefecido, cortado e classificado. A polimerização em massa contínua do estireno é mostrada na figura abaixo.

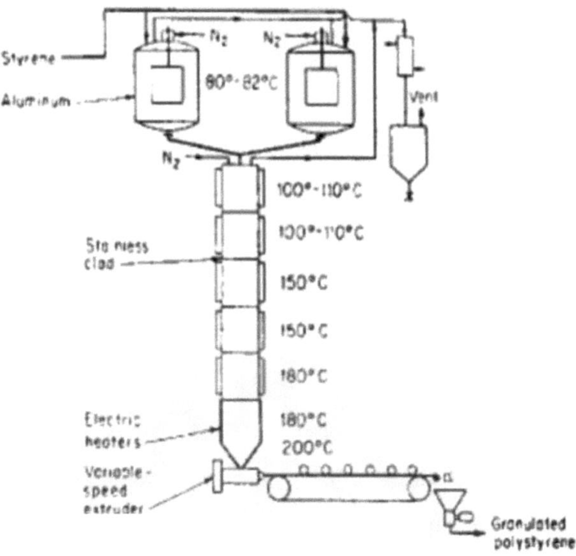

Figura 5-1- polimerização em massa de poliestireno

5-3-2- Polimerização de emulsão

A polimerização por emulsão é um tipo de polimerização radical que utiliza uma emulsão constituída por um economizador de água e um tensioactivo. O tipo mais comum de polimerização de emulsão é o tipo de emulsões óleo na água, nas quais pequenas gotas de monómero (a fase óleo está numa fase contínua na mesma água) são dispersas. Os surfactantes solúveis em água podem ser utilizados como estabilizadores neste processo. De facto, a polimerização ocorre principalmente no interior das partículas micelulares; o que é feito rapidamente nos primeiros minutos. O método de polimerização por emulsão é utilizado para produzir muitos polímeros comerciais importantes. Muitos destes polímeros são utilizados como materiais portadores; e devem ser separados da suspensão em fase aquosa após a polimerização. Em alguns outros casos, o próprio corpo suspenso é a sua fonte. A suspensão obtida da polimerização por emulsão é por vezes chamada latex.

A polimerização por emulsão é um dos processos industriais importantes que tem um lugar especial na indústria devido às suas características especiais. Devido à natureza multifásica e à reacção de polimerização na fase dispersa, é possível produzir produtos especiais tais como tintas, adesivos, materiais de revestimento, produtos têxteis e borrachas sintéticas através deste processo. Uma vez que as propriedades finais do produto obtido através deste processo, tais como propriedades físicas, térmicas, mecânicas, reológicas, ópticas e químicas, dependem de propriedades moleculares e morfológicas, tais como distribuição de massa molecular e distribuição granulométrica, pelo que a importância de simular e controlar os itens mencionados é bastante clara. Tal como qualquer outro problema de controlo, é muito importante encontrar o par certo entre a variável de controlo e a variável controlada, para que a variável de controlo tenha o maior efeito sobre a variável controlada correspondente e o menor efeito de interacção sobre outras variáveis controladas.

5-3-3- Polimerização de soluções

A polimerização do monómero em solvente resolve muitos defeitos do processo a granel. O solvente actua como diluente e ajuda a transferir o calor da polimerização. Além disso, o solvente facilita a agitação devido à redução da viscosidade da mistura de reacção e torna o controlo térmico da polimerização em solução muito mais fácil em comparação com a polimerização a granel, e por outro lado, a presença de solvente cria novos problemas. Se houver problemas na separação do solvente, a pureza do polímero será afectada. A figura abaixo mostra o processo contínuo de polimerização em solução de estireno.

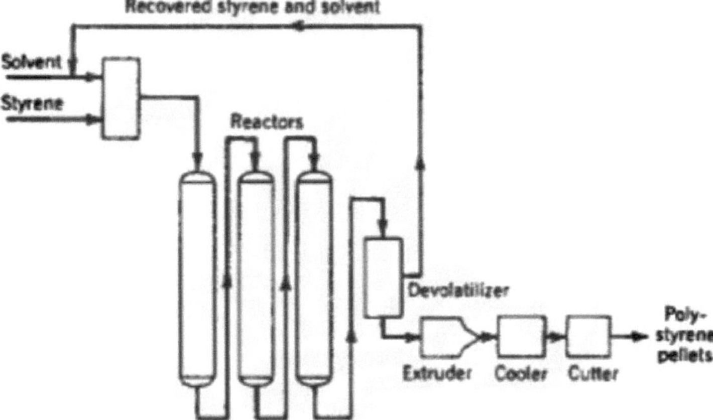

Figura 5-2- Polimerização em solução contínua do estireno

Processos reais podem ser utilizados de um reactor para mais de cinquenta reactores em série. A alimentação inicial do reactor é solvente (geralmente

2-30% de gasolina etílica), monómero e iniciador, que é o solvente utilizado para controlar a viscosidade do sistema.

Quando o iniciador é adicionado ao primeiro reactor, a temperatura do reactor é de 90°C. Nos reactores subsequentes, a temperatura aumenta e atinge 180°C no reactor final, e a percentagem de conversão no reactor final atingirá 60 a 90%. A mistura de reacção de It passa por um evaporador de vácuo onde o solvente e os monómeros não reagidos são recolhidos e devolvidos ao primeiro reactor. O polímero que sai do evaporador de vácuo entra na extrusora e, após arrefecimento, é cortado e moldado em grãos.

5-3-4- Polimerização da suspensão

Num verdadeiro sistema de polimerização em suspensão, são utilizados um ou mais monómeros insolúveis em água e um iniciador solúvel em óleo (monómero) e uma pequena quantidade de estabilizador, que são dispersos numa fase aquosa contínua por um agitador forte.

Com o funcionamento adequado do agitador mecânico, as gotículas de monómero são facilmente convertidas de um líquido fluido para um líquido viscoso (nas conversões de cerca de 30%, a viscosidade das gotículas dispersas atinge um ponto crítico ou uma viscosidade de cerca de 100 centipoise) e depois partículas sólidas com propriedades elásticas nas conversões de mais de 70%, ocorre a viscosidade das gotículas dispersas numa camada crítica secundária com uma viscosidade de cerca de 106 centi poisy.

No início do processo de polimerização, os estabilizadores impedem as gotículas de monómero de se unirem, e durante o progresso do processo, onde as partículas de polímero se colam, impedem-nas de se juntarem e colarem, que é o ponto mais importante na operação experimental de polimerização em suspensão para controlar o tamanho final das gotículas dispersas. As gotículas de partículas dispersas situam-se geralmente entre 50 e 2000 micrómetros. No processo de polimerização em suspensão, existem três tipos de polimerização, como se segue.

Ao misturar dois líquidos imiscíveis, cria-se a dispersão de gotas de um líquido em outro líquido. Estas gotas mudam de forma sob o efeito de tensões de cisalhamento em torno da turbina e a pressão muda na superfície das gotas. Quando esta alteração de forma excede o seu valor crítico, a gota quebra-se em gotículas mais pequenas. Por outro lado, as gotas colidem constantemente uma com a outra e, como resultado destas colisões, a espessura da película líquida entre as duas gotas é gradualmente reduzida e, eventualmente, as duas gotas colidem uma com a outra. Por conseguinte, os fenómenos de aderência e quebra estão constantemente a ocorrer entre as gotas. A polimerização da suspensão pode ser descrita como uma mistura em que a natureza das gotas está continuamente a mudar com o tempo. Neste tipo de polimerização, a avaliação do tamanho das gotas é muito complicada devido ao aumento contínuo da sua viscosidade. Como a viscosidade das gotas aumenta durante a reacção, a sua tendência para quebrar e colar também se altera.

Este fenómeno afecta o equilíbrio das velocidades de quebra e de colagem e leva a uma alteração no tamanho das gotas. O diâmetro de todas as gotas deve situar-se entre um diâmetro máximo e um diâmetro mínimo. Mas o que acontece na realidade é que a qualquer momento um grande número de gotas aderem umas às outras como resultado de uma colisão e o seu diâmetro aumenta a partir do diâmetro máximo. Imediatamente, estas grandes gotas são quebradas pela força de corte do agitador, e as gotas com um diâmetro no intervalo são novamente formadas. Na polimerização em suspensão, parâmetros tais como condições de mistura, tamanho das gotas, e o tipo e concentração dos estabilizadores terão um pequeno efeito sobre a cinética da taxa de reacção global. Portanto, o principal objectivo na concepção de uma reacção de polimerização em suspensão é a formação de uma emulsão estável com uma distribuição estreita do tamanho das partículas.

5-3-4-1- Polimerização em suspensão granular

Neste caso, o monómero dissolve o seu polímero. As gotas de monómero passam através do sumo e estado viscoso e finalmente tornam-se um sólido transparente e esférico. A preparação de suspensão de polimetilmetocarboneto, poliestireno expandido, conversão iónica baseada em copolímero de estireno e divinilbenzeno são exemplos deste processo.

5-3-4-2- Polimerização em suspensão a pó

Neste caso, o polímero não é dissolvido pelo seu monómero. Uma polimerização de deposição ocorre em cada gota e formam-se grãos irregulares e escuros ou em pó no final, o cloreto de polivinil é um exemplo deste tipo de processo.

5-3-4-3- Polimerização em suspensão em massa

A polimerização em suspensão maciça é um processo em duas etapas. Na primeira etapa, uma borracha (por exemplo, polibutadieno) é dissolvida numa mistura de monómero líquido que já foi polimerizada num processo a granel. Quando a conversão atinge 25-30%, os produtos de reacção, que são muito viscosos, são transferidos para um reactor em suspensão cheio de água e algum estabilizador. A reacção prossegue até ser atingida a percentagem de conversão desejada. O poliestireno muito duro e a resina de acrilonitrilo butadieno são exemplos deste tipo.

5-3-4-4- Vantagens da polimerização em suspensão

- Controlo simples da temperatura e fácil absorção de calor.

- Baixa viscosidade do sistema devido à dispersão.

- Baixa quantidade de impurezas no produto polimérico (em comparação com a emulsão).

- Baixo custo da operação de separação (em comparação com a emulsão).

- O produto final é sob a forma de sementes.

5-3-4-5- Desvantagens da polimerização em suspensão

- Menor poder de produção em comparação com o processo de polimerização em massa.

- Problemas com os esgotos.

- A formação de polímeros na parede do reactor, deflectores, agitadores e outras superfícies e a redução da transferência de calor do processo contínuo de polimerização em suspensão descontínua.

Os estabilizadores de suspensão são factores importantes nas reacções de polimerização da suspensão. Os três principais tipos de estabilizantes utilizados na polimerização em suspensão são:

A- Polímeros orgânicos solúveis em água:

O álcool polivinílico, a hidroxipropilcelulose, o poliestireno sulfonato de sódio e o sal de sódio do copolímero do ácido acrílico ou do éster acrilato são deste tipo.

B- Pós minerais insolúveis na água:

Nalac, hidroxiapatite, sulfato de bário, caulino e silicatos de magnésio são deste tipo.

C- Estabilizadores mistos:

Incluem polímeros orgânicos com pós minerais e pós minerais com sabões.

Quando o estabilizador de polímero é dissolvido na fase aquosa, este estabilizador é activado de duas maneiras. Em primeiro lugar, reduz a tensão superficial entre a gota de monómero e a água para ajudar a dispersar mais as gotículas de monómero, e em segundo lugar, a fim de evitar que as gotículas de monómero se misturem, absorve a superfície da gota de monómero e forma uma fina camada à sua volta.

5-4- Poliestireno expansível

A produção deste tipo de polímero consiste em duas fases. A primeira etapa é o processo descontínuo de polimerização em suspensão do estireno e a segunda etapa é a adição de agentes espumantes ao sistema em conversões de cerca de 70%, que é normalmente utilizado a partir do pentano normal. A alta temperatura e pressão, o pentano normal adicionado ao reactor é arrefecido à temperatura ambiente e o polímero é separado da água num processo centrífugo e seco a baixa temperatura.

A principal limitação de tais processos é o longo tempo necessário para completar a reacção, e a polimerização a temperaturas mais elevadas a fim de aumentar a produção não é satisfatória devido à menor massa molecular dos produtos do que a gama original e ao aumento da viscosidade das gotas. A adição de agentes espumantes antes do ponto de vidro, a fim de aumentar a produção, ainda não foi relatada nos processos comerciais de produção de poliestireno.

5-5- Reacções de polimerização

Na polimerização radical livre, uma molécula de polímero com um elevado peso molecular pode ser produzida a partir de um centro activo num período de tempo muito curto. O mecanismo de polimerização dos radicais livres é total e precisamente conhecido. Este tipo de polimerização tem quatro reacções principais, que são: iniciação, difusão, terminação e transferência.

Entre estas, as reacções de decomposição do iniciador e produção de radicais livres, transferência de centros radicais na cadeia de crescimento para moléculas do sistema, ramificação, etc., estão entre os mecanismos que podem influenciar a cinética da reacção. Entretanto, a fim de obter a cinética da reacção, a hipótese de reacções elementares é geralmente utilizada, e outros fenómenos que afectam a cinética induzem o seu efeito sobre as constantes da taxa.

A polimerização em cadeia radical é iniciada por uma espécie activa (radical) obtida a partir da decomposição do composto, chamada de iniciador. Esta espécie activa combina com o monómero existente e forma um novo centro radical, e este processo repete-se de tal forma que o número de monómeros é adicionado sucessivamente para o crescimento contínuo do centro activo. A certa altura, o centro activo em crescimento é destruído com base nas condições específicas da reacção e é formada uma cadeia de polímeros. Neste capítulo, será discutida a cinética da reacção de polimerização radical em cadeia e os factores radicais eficazes e os factores que a afectam.

5-6- O processo e as condições operacionais que regem a produção de poliestireno

Para produzir poliestireno expandido, o material mais importante necessário é o monómero de estireno. O processo de produção começa pela introdução no reactor de água com características especiais denominada DM water. Depois da água, o monómero de estireno entra no reactor. Normalmente, a quantidade de água e a entrada de estireno é quase igual. Por exemplo, num reactor de 50 metros cúbicos, 22 toneladas de água e a mesma quantidade de estireno são introduzidas no reactor. O estireno e o seu método de síntese foi discutido no primeiro capítulo. Relativamente à água, deve dizer-se que a água que entra no reactor tem características especiais, incluindo a condutividade eléctrica abaixo de 2 microsiemens e a quantidade de substâncias transferidas é inferior a 5 mg/litro. Esta água é obtida através da combinação de diferentes processos de purificação, incluindo unidades de troca iónica e osmose inversa. Os materiais utilizados no processo de produção, para além dos dois mencionados, incluem diferentes tipos de aditivos. O número destes aditivos pode variar entre 9 e 12, de acordo com a licença de produção. Alguns destes aditivos são adicionados ao reactor para iniciar as reacções de polimerização em cadeia, outros para controlar o comprimento da cadeia, e outros para terminar as reacções no reactor.

Recomenda-se vivamente que o produto final antes da distribuição seja testado em unidades piloto e as suas características devem ser determinadas com dispositivos de laboratório. É também fortemente recomendado que o produto seja produzido em pequenas escalas, como reactores piloto. Porque existem muitos parâmetros eficazes no processo de polimerização.

5-7- Tamanho dos grãos de polímero

O tamanho dos grãos de polímero é controlado pelo engenheiro do reactor. Quaisquer decisões relativas às condições de funcionamento e aos suplementos são da sua responsabilidade. Até agora, não existe tecnologia especial para monitorização e análise digital, e a análise visual será feita por um engenheiro em cima do reactor. Portanto, o único factor em que se confia é a experiência de cada um. Os seguintes factores devem ser considerados na distribuição e controlo de partículas.

- Demasiada gelatina e bentonite reduzirá o tamanho dos grãos.

- A quantidade de gelatina primária e bentonite primária introduzida no reactor é normalmente igual. Mas se os seus valores forem diferentes, deve ter-se em mente que o efeito da bentonite no tamanho é muito maior do que o efeito da gelatina.

- Uma estabilidade mais forte provocará uma menor produção de materiais de tamanho excessivo. A gelatina secundária é importada para uma maior estabilidade. A adição precoce de gelatina também aumenta o teor de humidade das sementes, o que é prejudicial. No entanto, se ocorrer uma estabilidade rápida, a gelatina também deve ser adicionada mais rapidamente.

- Razão de estireno para água: uma razão baixa fará com que o diagrama de distribuição de partículas seja menor. Isto significa que a quantidade de partículas com o diâmetro desejado pode ser produzida mais. É claro que se deve ter em mente que a redução da quantidade de estireno também reduzirá a quantidade de polímero produzido.

- Quando a velocidade da misturadora do reactor é reduzida. O tempo de estabilidade irá aumentar e vice-versa. A redução da velocidade do misturador do reactor irá reduzir o diagrama de distribuição de partículas, especialmente para partículas grosseiras. Além disso, a redução da velocidade do misturador reduzirá a velocidade da produção de partículas. A velocidade do reactor varia de 50 a 65 rpm.

5-8- Peso molecular e quantidade de monómero restante

Este factor está principalmente relacionado com a operação pós-polimerização. A temperatura e o tempo do processo de pós-polimerização determinam a quantidade do monómero restante. Existem limites legais para a quantidade de monómero residual. Para a Europa, esta quantidade é de 1000 ppm e para a China é de 3000 ppm. Por exemplo, quando a sua quantidade é 1000 ppm, então se forem adicionados mais vinte minutos ao processo de pós-polimerização, a sua quantidade irá diminuir para zero (teoricamente). A adição de carbonato de terc-butilo peroxietil hexílico é responsável pelo controlo da quantidade do monómero restante. Deve também notar-se que, de acordo com as condições operacionais de aquecimento e arrefecimento, bem como a qualidade do monómero de estireno, a quantidade do monómero restante será diferente.

5-9- Etapas de polimerização

A produção de poliestireno inclui diferentes passos de temperatura e pressão, como mostra a figura abaixo:

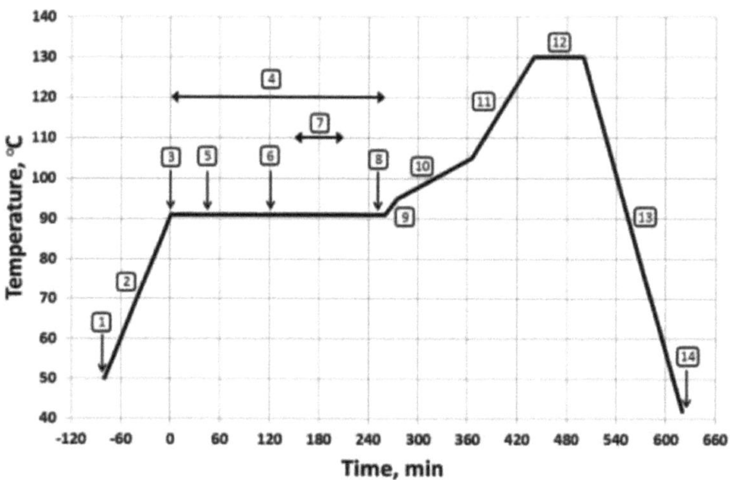

Figura 5-3-Digrama da temperatura do processo de polimerização do poliestireno

1. Entrada de matérias primas no reactor.

2. Aquecimento até à temperatura de referência T0 (a temperatura de referência é de 91 graus e normalmente o aquecimento demora uma hora).

3. Atingir a temperatura de referência T0.

4. Fase de polimerização (esta fase demora 260 minutos).

5. Entrada de gelatina primária como aditivo.

6. O passo da imersão.

7. Controlo visual da suspensão para controlar a granulometria (da segunda à quarta hora após a hora de referência).

8. Introduzir a segunda gelatina.

9. Aquecimento para absorver o pentano (demora 15 minutos).

10. Absorção de pentano.

11. Pescoço quente para o processo de pós-polimerização.

12. Processo de pós polimerização (demora 60 minutos).

13. Arrefecimento ou arrefecimento (dura 120 minutos).

14. Evacuação do reactor.

5-9-1- Adição de materiais ao reactor (alimentação e aditivos)

Deve-se notar que o estireno é injectado primeiro e depois a água entra no reactor. Em circunstância alguma deve o misturador do reactor ser ligado antes de se injectar água no mesmo. O acetato de sódio pode ser adicionado ao reactor juntamente com esta água.

5-9-2- Aquecimento até atingir a temperatura de referência T_0

Nesta fase, um comando da sala de controlo atinge a válvula de controlo de entrada de vapor na camisa aberta do reactor, e esta válvula é aberta para que o vapor entre na camisa e eleve a temperatura do reactor até à temperatura de referência. É melhor tornar esta parte do processo mais rápida. Se a pressão do vapor for maior, ajudará a tornar esta etapa mais rápida. Deve ser considerado que o tempo para atingir a temperatura de referência deve ser o mesmo para lotes diferentes. Porque uma mudança neste tempo provocará uma mudança no tempo inicial da injecção de platina.

5-9-3- Tempo de referência

É o tempo contra o qual qualquer operação subsequente é medida.

5-9-4- Polimerização

Esta parte é a parte mais importante do processo de polimerização. A segunda a quarta hora desta parte do processo é importante para controlar o tamanho dos grãos, a distribuição das partículas e também para levar a cabo as principais reacções em cadeia.

5-9-5- Gelatina primária

Nesta fase, a solução de gelatina é adicionada ao reactor sob a forma de 5% em peso com água. A injecção é possível por bomba ou manualmente.

5-9-6- Redução de pressão

Nesta fase, as possíveis pressões criadas no interior do reactor devem ser descarregadas através da abertura das válvulas superiores do reactor. Esta descarga não deve ser repentina e durar cerca de 10 minutos.

5-9-7- Monitorização visual da suspensão

A fase de crescimento das partículas é o nome dado a uma parte do processo de polimerização. De tal forma que a velocidade do misturador do reactor não pode dispersar as partículas mais do que isto, e a velocidade do misturador é tal que impede as partículas de se colarem umas às outras. Esta etapa é muito complicada, de modo que se a reacção adequada não for feita num curto espaço de tempo, toda a suspensão pode perder-se e tornar-se um gel dentro do reactor, que não pode ser drenado. O engenheiro do reactor deve recolher amostras do interior do reactor duas vezes por minuto e monitorizar visualmente o crescimento das partículas. Se houver problemas que se sigam, resolva-os. A segunda a quarta hora do processo a partir do tempo de referência estão relacionadas com esta parte, e esta parte termina quando, na quarta hora, as sementes são suspensas ou assentadas na água na qual a amostra é vertida.

5-9-8- Segunda injecção de gelatina

Nesta parte, a gelatina é injectada numa quantidade menor do que a quantidade inicial para evitar a confusão do lote no futuro. É de notar que a injecção precoce de gelatina irá remover a estabilidade das sementes estáveis e causar a contracção das sementes. Por conseguinte, deve notar-se que é melhor injectar a segunda gelatina o mais tarde possível. Mas não tão tarde a ponto de causar confusão.

5-9-9- Aquecimento para injecção de pentano

Ao aplicar um comando da sala de controlo à válvula de entrada, esta válvula abre-se para permitir a entrada de vapor no reactor. Este processo deve ser feito o mais cedo possível para que não se perca tempo. Como a temperatura do reactor é susceptível de aumentar para gerar o calor da reacção de polimerização, não é necessário que o processo de polimerização continue como antes. Em vez disso, aumentamos a temperatura do processo. Porque a absorção de pentano é melhor a altas temperaturas.

5-9-10- Absorção de pentano

O factor mais importante nesta etapa é assegurar que o pentano seja absorvido uniformemente em todo o reactor. A melhor garantia para esta matéria é obtida mantendo o processo de polimerização o mais curto possível para que, durante a injecção do pentano, as sementes tenham a suavidade necessária para absorver o pentano. Claro que se deve prestar atenção à alteração da quantidade de massa molecular e à quantidade do monómero restante devido a esta alteração.

5-9-11- Aquecimento para o processo de pós-polimerização

O comando da sala de controlo sobre a válvula de controlo de vapor abre novamente esta válvula e o vapor entra na camisa do reactor para aquecer a camisa. De acordo com os sistemas e instrumentos mecânicos disponíveis, é melhor fazer isto o mais depressa possível.

5-9-12- Processo de pós-polimerização

O objectivo desta etapa é reduzir a quantidade de monómero residual para o nível desejado. O tempo e a temperatura desta etapa são determinados de acordo com o valor do monómero restante.

5-9-13- Arrefecimento

Esta parte do processo é o parâmetro mais controlável para aumentar a produção. De tal forma que a redução do tempo irá aumentar a quantidade de produção. O arrefecimento não deve ser feito antes de o processo atingir 110 graus. Porque, neste caso, a quantidade de monómero restante será muito elevada.

5-9-14- Evacuação do reator

Recomenda-se que os reactores sejam descarregados a 42°C. Mas devido à alta temperatura de Asalouye, a descarga a esta temperatura é perigosa devido à evaporação do pentano existente, sendo recomendadas temperaturas mais baixas, tais como 38 graus.

5-9-15- A concentração de materiais que entram no reactor

O acetato de sódio é de preferência adicionado com água. Esta substância pode ser introduzida tanto sob a forma de solução como sob a forma de pó. A bentonite é adicionada à mistura de água e estireno dentro do reactor depois do acetato de sódio e antes de qualquer outro químico. Naturalmente, o estireno também pode ser injectado gradualmente durante a adição de bentonite. Depois introduzimos a gelatina no reactor de acordo com o tempo indicado na tabela abaixo. Este material pode entrar no reactor na forma seca ou dissolvida. O tempo entrado pode variar de acordo com o tempo de polimerização. Por exemplo, na tabela abaixo, quando a temperatura de polimerização é de 90 graus, após uma hora, a gelatina primária entrou, e após 225 minutos, a gelatina secundária entrou.

Quadro 5-1- Tempo, quantidade e temperatura de alimentação e aditivos que entram no reactor para produzir grau de resistência ao fogo

Inlet to Reactors	Amount	Dosing Temp.	Dosing Time
	kg	°C	-
Water	18200	50	Beginning
NaAc	34,0	50	Beginning
Styrene	20500	50	Beginning
Bentoniitti	8,0	>50	After MS
Polyethylene Wax, PolyWax1000	13,0	>50	After MS
Hexabromocyclododecane HBCD	140	>50	After MS
Dicumul Peroxide, DiCuP	58,0	>50	After MS
Dibentzyl Perokside, BPO	55,0	>50	After MS
Tert-Butylperoxy 2-ethylhexyl carbonate, TBEC	20,5	>50	After MS
Gelatine 1 SG 714N	8,0	91	T0 + 60 min
Auxiliary Water	800	91	T0 + 205 min
Gelatine 2 SG 714N	7,0	91	T0 + 250 min
Pentane	1640	95	T0 + 275 min
*Styrene Mixing Speed 1	35	rpm	
*Styrene Mixing Speed 2	55	rpm	
*Depressurization	T0 + 120	min	
*Pentane Absorption Rate	17,5	kg/m3	

Tabela 5-2- Perfil de temperatura no processo de produção de grau à prova de fogo

Parameter	Start		End	
	Time min	Temp. °C	Time min	Temp. °C
Heating into T0	-	50	T0	91
Polymerization	T0	91	T0 + 260	91
Heating into Pentane Absorption	T0 + 260	91	T0 + 275	95
Pentane Absorption	T0 + 275	95	T0 + 365	105
Heating into Post Polymerization	T0 + 365	105	T0 + 440	130
Post Polymerization	T0 + 440	130	T0 + 500	130
Cooling	T0 + 500	130	T0 + 620	42

5-10- Cinética de polimerização e uma revisão da investigação anterior

5-10-1- Reacção radical livre

Entre os métodos de polimerização em cadeia, o método de polimerização por radicais livres é um dos métodos convencionais mais comummente utilizados, que é do tipo de crescimento em cadeia. Neste método, devido à presença de reacções irreversíveis de terminação em cadeia, são produzidas macromoléculas com uma ampla distribuição de massa molecular, e o comportamento do polímero produzido é imprevisível devido à influência extrema das propriedades do polímero no grau de polimerização. A polimerização radical livre é de grande importância na indústria, por várias razões. Em primeiro lugar, muitos monómeros capazes de polimerização em cadeia de radicais livres podem ser obtidos em grande volume na indústria petroquímica. Além disso, o mecanismo livre é plena e precisamente conhecido e é geralmente fácil generalizar os seus conceitos a novos monómeros. A terceira vantagem do método de polimerização por radicais livres é que este método progride num processo relativamente suave e fácil em condições de funcionamento; por exemplo, a remoção drástica da humidade é desnecessária quando a polimerização é realizada a granel ou em fase de solução.

Uma lista de polímeros normalmente produzidos desta forma é dada no Quadro 5-3.

Quadro 5-3- Polímeros produzidos pelo método dos radicais livres

Monomer Name	Monomer Equation	Repeat Unit	Polymer
Ethylene	$H_2C=CH_2$	$-CH_2-CH_2-$	Polyethylene (PE)
Styrene	$CH_2=CH$ (phenyl)	$-CH_2-CH-$ (phenyl)	Polystyrene (PS)
Vinyl Chloride	$CH_2=CHCl$	$-CH_2-CH-$ $\vert$ Cl	Polyvinyl Chloride (PVC)
Vinyl Acetate	$CH_2=CH$ $\vert$ $OCCH_3$ $\Vert$ O	$-CH_2-CH-$ $\vert$ $OCCH_3$ $\Vert$ O	Polyvinyl Acetate (PVAc)
Acrylonitrile	$CH_2=CH$ $\vert$ CN	$-CH_2-CH-$ $\vert$ CN	Polyacrylonitrile (PAN)
Methyl Acrylate	$CH_2=CH$ $\vert$ $C=O$ $\vert$ OCH_3	$-CH_2-CH-$ $\vert$ $C=O$ $\vert$ OCH_3	Polymethyl Acrylate
Ethyl Acrylate	$CH_2=CH$ $\vert$ $C=O$ $\vert$ OC_2H_5	$-CH_2-CH-$ $\vert$ $C=O$ $\vert$ OC_2H_5	Polyethyl Acrylate
Methyl Methacrylate	CH_3 $\vert$ $CH=CH$ $\vert$ $C=O$ $\vert$ OCH_3	CH_3 $\vert$ $-CH-CH-$ $\vert$ $C=O$ $\vert$ OCH_3	Polymerhyl Methacrylate (PMMA)

A polimerização radical livre prossegue através de quatro processos distintos:

Iniciação: A primeira reacção é a produção do radical primário através da dissociação do iniciador. Nesta etapa, forma-se um centro activo que leva ao início da polimerização.

$$I \xrightarrow{K_d} 2R^0 \tag{5-1}$$

Propagação: A segunda parte da reacção inicial, a adição do radical primário à molécula monomérica, para produzir uma fase de propagação com crescimento em cadeia até que se atinjam muito rapidamente proporções elevadas do polímero. Após o iniciador iniciar a reacção de polimerização, as moléculas de monómero são adicionadas uma a uma ao fim da cadeia activa na fase de difusão. O centro activo é regenerado após o aumento de cada monómero, ou seja, é transferido para o fim da cadeia de crescimento.

Transferência: Estas reacções ocorrem quando um centro activo é transferido para uma molécula independente tal como monómero, iniciador, polímero, solvente, ou agente de transferência em cadeia. Este processo leva à produção de uma molécula fechada e de um novo centro activo, que é capaz de crescer.

Rescisão: A certa altura, a crescente cadeia radical muda de desenvolvimento aberto para polímero morto, cuja terminação ocorre com base na eliminação dos centros radicais. A etapa de terminação ocorre de duas maneiras quando duas cadeias radicais de comprimentos diferentes se combinam uma com a outra.

$$R_x + R_y$$
$$\xrightarrow{k_k} P_{x-y} \tag{5-2}$$

Nesta fase, a radicalização dos centros activos leva à produção de macromoléculas fechadas ou neutras, e o encerramento é feito através de reacções de acoplamento de dois centros activos (terminação de combinação) ou a transferência de um átomo entre cadeias activas (terminação de divisão desproporcionada).

Em geral, os tipos de reacções que podem ser definidos para o processo radical livre são os seguintes:

Análise de iniciadores

Nesta reacção, o iniciador é decomposto e produz radicais livres para iniciar a reacção de polimerização.

I N $R_k \rightarrow_{rk}^{\bullet} + aA + bB$ (5-3)

Reacção de iniciação em cadeia

Esta reacção expressa um ataque radical livre que consiste na decomposição do iniciador, ao monómero e à formação de uma cadeia com um comprimento de um.

$$R\cdot + M_j \rightarrow P_1^j \tag{5-4}$$

Reacção de propagação:

É a fase de difusão e expansão da cadeia

$$P_n^i + M_j \rightarrow P_{n+1}^j \tag{5-5}$$

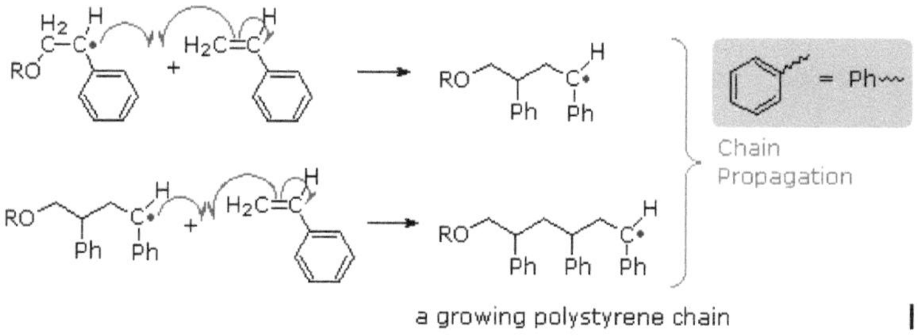

Reacção de fecho

É uma reacção de formação de polímeros, que, como mencionado nas partes anteriores, é feita de duas maneiras: terminando com o método de combinação e terminando com o método de distribuição desproporcional.

$$P_n^i + P_m^j \rightarrow D_m + D_n \qquad (5\text{-}6)$$

Método combinado

$$P_n^i + P_m^j \rightarrow D_{n+m} \qquad (5\text{-}7)$$

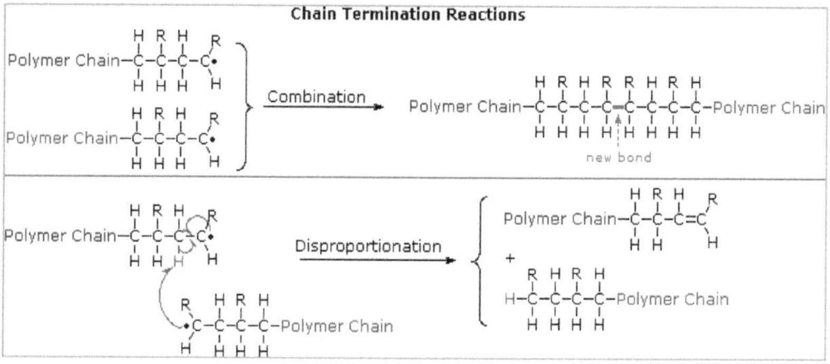

Reacções de transferência

Nestas reacções, o centro activo é transferido da cadeia em expansão para outros componentes que estão presentes na câmara de reacção. Os tipos destas reacções de transferência são os seguintes.

Transferência para monómero

Nesta reacção, o centro activo é transferido para o monómero.

$$P_n^j + M \; D_j \rightarrow_n + P_1 \; j \quad (5\text{-}8)$$

Transferência para agente de transferência

Nesta reacção, o centro activo é transferido para o agente de transferência que é introduzido na câmara de reacção.

$$P_n^i + A_k \rightarrow D_n + {}^{R-} \quad (5\text{-}9)$$

Transferência para solvente

Nesta reacção, o centro activo é transferido para o solvente na câmara de reacção.

$$P_n^i + {}_{Sk} \, (5\text{-}10) \; D \rightarrow_n + R^{\bullet}$$

$$(.{}^{\backprime}k=1{}^{\backprime} \; 2. \; {}^{\backprime}.N \,)_s$$

Transferência para polímero

Nesta reacção, o centro activo é transferido para as cadeias de polímeros formadas na câmara de reacção.

$$P_n^i + D_m \rightarrow D_n + P_m^j \quad (5\text{-}11)$$

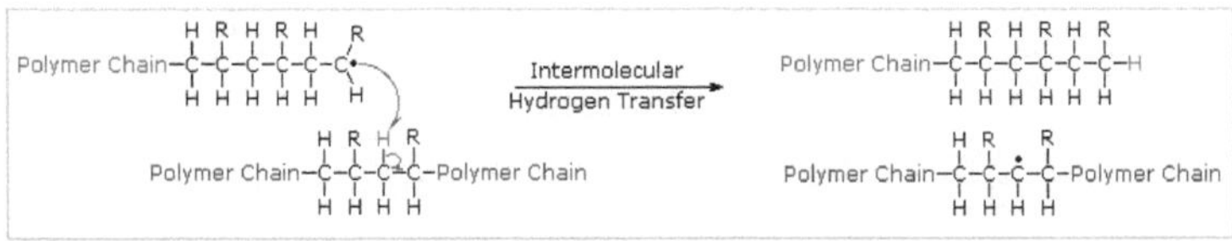

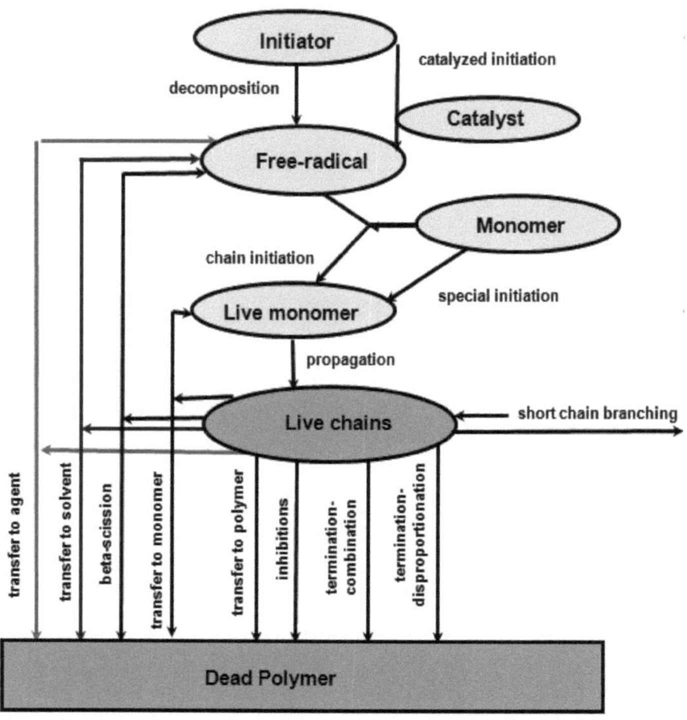

Figura 5-4- Expressão esquemática dos tipos de reacções de radicais livres

5-11- Cinética das reacções

Se considerarmos as reacções como reacções elementares, então a taxa de cada reacção é igual ao produto das concentrações dos reagentes na taxa de reacção constante. Para calcular a constante de cada reacção, é utilizada a equação de Arrhenius modificada que tem em conta a dependência da temperatura e da pressão. Esta relação tem a forma da seguinte equação:

$$k = k_0 \exp\left[\left(\frac{-Ea}{R} - \frac{\Delta VP}{R}\right)\left(\frac{1}{T} - \frac{1}{T_{ref}}\right)\right] f_g$$

(5-12)

Na equação acima, k_0 é a constante de reacção, cuja unidade é igual a 1/seg para reacções de primeira ordem e m^3/kmol-sec para reacções de segunda ordem. E_a é a energia de activação,$_{ref}$ é o volume de activação, P é a pressão de reacção e R é a constante global do gás, T ΔV é a temperatura de referência e f_g é o coeficiente de efeito gel.

5-11-1- Reacções Ziegler-Natta

Esta reacção é conhecida por este nome depois de Ziegler e Nata terem introduzido este tipo de reacção de polimerização. Este método está relacionado com a polimerização de monómeros vinílicos em condições suaves, utilizando um catalisador. Os catalisadores deste método são catalisadores baseados em titânio, vanádio e crómio. Polímeros como o HDPE, LLDPE, PP são produzidos por este método.

5-11-2- Reacções por etapas

Este tipo de polimerização inclui reacções entre grupos nucleófilos e electrofílicos. Este método está dividido em três grupos: Condensação, Pseudocondensação e Abertura de Anel. Polímeros como o PET, PBT, Poliuretano, nylon-6 e nylon-7 estão entre estes polímeros.

Referências:

[1] *Revestimento para contas de poliestireno expansível.* patente: Aditivos para Polímeros, 1996, vol 10. pp. 5.

[2] Ahn, D.G., S.H. Lee, e D.Y. Yang, "Investigation into thermal characteristics of linear hotwire cutting system for variable lamination manufacturing (VLM) process using expandable polystyrene foam", *International Journal of Machine Tools and Manufacture*, 2002. **42**(4): p. 427-439 .

.3   Ata, S., et al., "Free volume behavior in spincast thin film of polystyrene by energy variable positron annihilation lifetime spectroscopy", *Polymer*, 2009. **50**(14): p. 3343-3346.

.4   Bown, M.J., et al., *Anchoring Barbs and Balloon Expandable Stents: Qual é o risco de perfuração e implantação de endopróteses falhadas?* European Journal of Vascular and Endovascular Surgery, 2012. 44(:(3p. .327-331

.5   Chmelar, J., et al., *Estudo experimental e simulações PC-SAFT de equilíbrios de sorção em poliestireno.* Polímero, 2011. 52(14): p. .3082-3091

.6   Chumbhale, V.R., et al., *Catalytic degradation of expandable polystyrene waste (EPSW) over mordenite and modified mordenites.* Journal of Molecular Catalysis A: Chemical, 2004. 222(2–1): p. .133-141

.7   Crevecoeur, J.J., et al., *Poliestireno expansível por água (WEPS): Parte* 3. *Comportamento de expansão.* Polímero, 1999. 40(13): p. 3697-.3702

.8   Manual de produção para EPS na fábrica de Kokemaki, Styrochem Company, 2010.

.9   Crevecoeur, J.J., L. Nelissen, e P.J. Lemstra, *Poliestireno Expansível em Água (WEPS): Parte 2. Síntese in-situ de surfactantes copolímeros)em bloco).* Polímero, 1999. 40(13): p. .3691-3696

.10   Fen-Chong, T., E. Hervé, e A. Zaoui, *modelação micromecânica da retracção viscoelástica intracelular induzida por pressão de espumas: aplicação ao poliestireno expandido.* European Journal of Mechanics - A/Solids, 1999. 18(2): p. .201-218

.11   Fujino, M., et al., *Modelos matemáticos e simulações numéricas de um microbalão termicamente expansível para a formação de espuma plástica.* Chemical Engineering Science, 2013. 104(0): p. .220-227

.12   Hatui, G., et al., *efeito combinado de grafite expandida e nanotubos de carbono multiwall sobre a condutividade termomecânica, morfológica e eléctrica dos compósitos de poliestireno polimerizado a granel in situ.* Compósitos Parte A: Ciência Aplicada e Fabrico :(0)56 .2014 ,p. .181-191

.13   Jiao, L.-l. e J.-h. Sun, *A Thermal Degradation Study of Insulation Materials Extruded Polystyrene.* Procedia Engineering, 2014. 71(0): p. 622-.628

.14   Kannan, P., et al., *Kinetics of thermal decomposition of expandable polystyrene in different gaseous environments.* Journal of Analytical and Applied Pyrolysis, 2009. 84(2): p. .139-144

.15   Kim, J.-S., et al., *Degradação dos resíduos de poliestireno sobre a base promoveu catalisadores de Fe.* Catalysis Today, 2003. 87(4–1): p. 59-.68

.16   Liao, D. ,et al., *Estudo sobre a rugosidade superficial das conchas e fundições de cerâmica no processo de fundição de conchas cerâmicas com base num padrão expansível.* Journal of Materials Processing Technology, 2011. 211(9): p. .1465-1470

.17   Liu, H.-l., A. Deng, e J. Chu, *Efeito de diferentes proporções de mistura de miçangas de poliestireno e cimento sobre o comportamento mecânico do enchimento leve.* Geotêxteis e Geomembranas, 2006. 24(6): p. .331-338

.18   Liu, J., et al., *Thermal degradation behavior and fire performance of halogen-free flame-retardant high impact polystyrene containing magnesium hydroxide and microencapsulated red phosphorus.* Degradação e Estabilidade do Polímero, 2014. 103(0): p. .83-95

.19   Mngomezulu, M.E., et al., *Review on flammability of biofibres and biocomposites* .Carbohidratos Polímeros, 2014. 111(0): p. .149-182

.20   Nikfarjam, N., N. Taheri Qazvini, e Y. Deng, *Surfactant Free Pickering emulsion polimerização de estireno em sistema c/o/s utilizando nanofibrilas de celulose*. European Polymer Journal, 2015. 64(0): p. 179-.188

.21   Wypych, G., *PS polystyrene*, in *Handbook of Polymers*, G. Wypych, Editor. 2012, Elsevier: Oxford. p. .541-547

.22   Patole, A.S., et al., *Nanocomposto híbrido de grafeno/carbono/poliestireno auto-montado por polimerização in situ por microemulsão* .European Polymer Journal, 2012. 48(2): p. .252-259

.23   Rani, M., et al., *Hexabromocyclododecane em produtos de consumo à base de poliestireno: Uma prova de utilização não regulamentada*. Chemosphere, 2014. 110(0): p. .111-119

.24   Schöntag, J.M., et al., *Qualidade da água produzida por grânulos de poliestireno como filtro de meios em filtros rápidos*. Journal of Water Process Engineering, 2015. 5(0): p. .118-126

.25   Xiao, P., M. Xiao, e K. Gong, *Preparação de composto de grafite/poliestireno esfoliado pela técnica de preenchimento por polimerização* .Polímero, 2001. 42(11): p. .4813-4816

.26   Yan, J., et al., *Anchoring conductive polyaniline on the surface of expandable polystyrene beads by swelling-based and in situ polimerization of aniline method*. Chemical Engineering Journal, 2011. 172(1): p. .564-571

.27   Yang, J., et al., *Síntese e espumação de poliestireno expandível de carbono activado por água (WEPSAC)*. Polímero, 2009. 50(14): p. 3169-.3173

.28   Yapabandara, A.M.G.M. e C.F. Curtis, *comparações laboratoriais e de campo de piriproxifeno, contas de poliestireno e outros métodos larvicidas contra os vectores da malária no Sri Lanka.* Acta Tropica, 2002. 81(3): p. .211-223

.29   Yeong, H.Y. e S.W. Lye, *Processamento de poliestireno expansível utilizando energia de microondas.* Journal of Materials Processing Technology, 1992. 29(1–3 :(p. .341-350

.30   Yeong, H.Y. e S.W. Lye, *moldagem rotativa por microondas de poliestireno expansível.* Journal of Materials Processing Technology, 1993. 37(4–1): p. .463-474

.31   Shih, Y.-F., et al., *Sistemas expansíveis de grafite para poliésteres insaturados contendo fósforo. I. Propriedades térmicas melhoradas e retardamento de chama.* Degradação e estabilidade de polímeros, 2004. 86(2): p. .339-348

.32   Snegirev, A.Y., et al., *Cinética formal da pirólise do poliestireno em atmosfera não oxidante.* Thermochimica Acta, :(0)548 .2012p. .17-26

.33   Teo, M.Y., H.Y. Yeong, e S.W. Lye, *Microwave molding de espuma de poliestireno expansível com material reciclado.* Journal of Materials Processing Technology, 1997. 63(3–1): p. .514-518

.34   Tornøe, C.W. e M. Meldal, EXPO3000 - *um novo polímero expansível para síntese e ensaios enzimáticos.* Tetrahedron Letters, 2002. 43(36): p. .6409-6411

.35   Zheng, X., D.D. Jiang, e C.A. Wilkie, *nanocompósitos de poliestireno baseados numa argila oligomerically modificada contendo anidrido maleico.* Polymer Degradation and Stability (Degradação e Estabilidade do Polímero), 2006. 91(1): p. .108-113

.36   Zhu, B., et al., *espuma microcelular de poliestireno nanocomposto à base de silicato de poliestireno utilizando dióxido de carbono supercrítico como agente de expansão*. Polímero, 2010. 51(10): p. .2177-2184

Capítulo seis

Processo de craqueamento catalítico FCCU

6-1- Introdução

A reacção de fissuração por hidrocarbonetos tinha sido estudada desde meados do século XIX, mas o seu verdadeiro progresso começou no início do século XX. Em 1912, "Burton" utilizou o primeiro método industrial de craqueamento térmico na empresa "Standard Oil". Mais tarde, Clark utilizou continuamente o método de Burton. Em 1992, novos métodos de craqueamento foram iniciados com a aplicação do processo "Cross e Dobbs". No final da década de 1930, o craqueamento térmico foi empurrado para trás em competição com o novo método de craqueamento catalítico, mas um pouco mais tarde, foi novamente desenvolvido com o surgimento da nova indústria petroquímica. Em 1941, a primeira unidade de craqueamento a vapor foi estabelecida e desenvolvida rapidamente, pelo que hoje em dia é muito importante em termos de fornecimento de matéria-prima petroquímica.

O cracking é um processo que é utilizado na indústria petroquímica e é utilizado para reduzir o peso molecular dos hidrocarbonetos através da quebra das suas ligações. Este processo é um dos principais métodos de conversão do petróleo bruto em combustíveis úteis, tais como gasolina, gasóleo, jet fuel e querosene. O craqueamento térmico, o craqueamento catalítico, o hidrocraqueamento e o steam cracking estão entre os tipos mais comuns de métodos de craqueamento nas indústrias. Este processo é feito ou a alta temperatura e pressão sem catalisador ou a baixa temperatura e baixa pressão na presença de um catalisador. A principal fonte de grandes hidrocarbonetos são as fracções de querosene ou gasolina no processo de destilação, excepto no caso do petróleo bruto. Estes cortes de petróleo são obtidos na forma líquida a partir do processo de destilação, mas são reevaporados antes do processo de craqueamento. No processo de craqueamento, não existe apenas uma reacção única. A ligação de hidrocarbonetos quebra aleatoriamente e cria uma mistura de hidrocarbonetos mais pequenos, alguns dos quais são hidrocarbonetos com ligações duplas carbono-carbono.

O craqueamento é principalmente utilizado para a produção de combustível, não para a produção de produtos químicos, e para este fim, o craqueamento catalítico é o processo mais importante. Os cortes de óleo que têm uma temperatura de ebulição elevada (tipicamente diesel) são feitos adjacentes a (450-550 C) com partículas finas de sílica-alumina e sob uma pequena pressão. O craqueamento catalítico não só aumenta a produção de gasolina ao quebrar moléculas mais pequenas, mas também aumenta a qualidade da gasolina. Este processo requer a formação de carbocações e produz alcanos com estruturas altamente ramificadas que necessitamos na gasolina.

O processo de cracking catalítico de leito fluido, abreviado como FCC, é um dos processos importantes nas refinarias de petróleo, porque este método é considerado o principal processo de produção de gasolina. Este tipo de craqueamento foi utilizado pela primeira vez em 1942, na refinaria de Baton Rouge. Tal como com outros métodos de craqueamento, são utilizados como matéria-prima para o processo FCC hidrocarbonetos complexos e de grandes dimensões que sobram de outras unidades de refinaria. Os produtos deste processo são cortes mais leves tais como gasolina, gás líquido (GPL) e matérias-primas de unidades petroquímicas. O processo de craqueamento catalítico de leito fluido inclui duas partes principais:

- Reactor
- Redução

Também, no final, uma torre de separação separa as fatias partidas de acordo com o seu ponto de soldadura. No interior do reactor, a reacção de fissuração dos hidrocarbonetos, que é uma reacção endotérmica, é realizada, e os catalisadores desactivados são regenerados no regenerador. O catalisador utilizado neste método é principalmente zeólito e é utilizado sob a forma de pó no processo. Neste método, o catalisador circula constantemente entre o reactor e o regenerador, e o agente de transferência do catalisador é ar, vapores de hidrocarbonetos, ou vapor de água.

Na secção do reactor, a mistura de hidrocarbonetos é primeiro aquecida para vaporizar, depois é combinada com um fluxo de catalisadores reduzido que vem do regenerador e do fluxo de retorno e é transferida para o reactor através do riser. A temperatura no interior do reactor é (1000-900F). À medida que a mistura sobe o riser, os hidrocarbonetos são rachados à pressão (30-10 psi). Nos métodos mais modernos da FCC, todo o processo de quebra das moléculas ocorre no riser. Na parte superior do reactor, o dispositivo que separa o gás do sólido ou o ciclone envia catalisadores inactivos para a secção do regenerador e separa os vapores de hidrocarbonetos quebrados do topo do reactor para a torre de separação. envia

Na secção do regenerador, os catalisadores gastos são regenerados e podem ser utilizados no reactor. A principal causa de desactivação dos catalisadores neste método é a deposição de uma camada de coque sobre o catalisador. A fim de eliminar estas coques depositadas na parte do regenerador, o ar quente é soprado da parte inferior para que o coque na superfície do catalisador seja queimado com ar e saia do topo do regenerador, e os catalisadores activados são devolvidos ao reactor para reacção. devoluções Este processo rotativo é feito continuamente. Utiliza-se o processo de queima de coque nos catalisadores, para além de activar o catalisador, o calor necessário para vaporizar a alimentação e realizar a reacção de fissuração no interior do reactor. No topo do regenerador, tal como no reactor do dispositivo ciclone, os gases da queima do coque são direccionados para o topo do regenerador e os catalisadores regenerados são devolvidos ao reactor. Depois de saírem do reactor, os hidrocarbonetos fissurados entram na torre de separação e são separados uns dos outros com base na temperatura de ebulição.

A palavra "cracking" refere-se a todas as reacções de decomposição de hidrocarbonetos pesados, mas na indústria petrolífera, a palavra "cracking" é normalmente utilizada para a decomposição de hidrocarbonetos pesados que fervem acima dos 200 graus Celsius. Além disso, a análise de um corte de gás ou de um líquido leve, que é feito a alta temperatura a fim de produzir hidrocarbonetos petroquímicos leves, chama-se craqueamento, mas como esta operação é feita na presença de vapor de água, chama-se craqueamento a vapor. O calor ou catalisador pode ser utilizado para activar a reacção, e desta forma, o craqueamento térmico distingue-se do craqueamento catalítico. O craqueamento de diferentes grupos de hidrocarbonetos tem sido amplamente investigado e os seus resultados têm sido publicados em artigos. É suficiente mencionar aqui algumas coisas:

A- A fissuração por contacto de grupos de hidrocarbonetos leva à produção de uma olefina e de outro hidrocarboneto.

B- De acordo com as condições de funcionamento (temperatura e tempo), as olefinas resultantes podem combinar-se entre si ou decompor-se novamente.

C- Os hidrocarbonetos parafínicos e olefínicos são facilmente quebrados. Na presença de um catalisador adequado, as olefinas são quebradas mais facilmente do que as parafinas. Depois destes dois grupos, há naftenos, e depois deles são aromáticos, que são difíceis de quebrar.

Na fissuração térmica, as reacções são radicais, enquanto que na fissuração catalítica, as carbonocações desempenham um papel essencial. Entre os três tipos de unidades de fractura catalítica (leito fixo, leito móvel, leito fluidizado), as tecnologias baseadas no leito fluidizado são operacionalmente mais complexas e têm vantagens especiais em comparação com os métodos de leito fixo e leito móvel. As vantagens do método de leito fluidizado em comparação com o método de leito fixo incluem o seguinte.

- Actividade uniforme dos catalisadores e continuidade das operações de regeneração

- Gerar o calor necessário para a reacção de hidrocraqueamento por combustão do coque na câmara de redução

- Equipamento fluido simples com poucas peças móveis e controlo constante do fluxo do catalisador

Na rachadura, o grau de conversão pode ser considerado como a relação entre o volume de produtos mais leves do que a ração e o volume da ração.

6-1- Descrição geral da unidade de fissuração

A alimentação da unidade é um dos produtos laterais da torre de vácuo e os seus produtos incluem gás seco, gás liquefeito, gasolina, diesel leve, diesel pesado, e resíduos normais do catalisador. A alimentação da unidade é aquecida por permutadores de calor e forno e enviada para as entradas do reactor, e nas entradas do reactor, entra em contacto com o catalisador regenerado a quente, e a mistura do catalisador e os vapores de petróleo vão para o reactor. As reacções de fissuração de hidrocarbonetos pesados começam a partir do momento em que o catalisador quente entra em contacto com a alimentação quente e continuam no reactor. Os produtos resultantes das reacções de craqueamento no reactor são separados do catalisador e abandonam-no, entrando depois na torre de separação principal. O gás bruto e a gasolina obtidos do topo da torre de separação principal são enviados para a unidade de recuperação de gás para produzir gasolina com a qualidade desejada e recuperar os gases. Outros produtos da torre de separação principal são enviados para tanques após arrefecimento. O catalisador gasto, no qual se encontra o carbono, é limpo e despojado dos hidrocarbonetos presos entre os catalisadores à saída do reactor. Depois de entrar no ascensor do catalisador gasto, o catalisador gasto é empurrado para o regenerador pelo fluxo de ar. A partir do momento em que o catalisador entra em contacto com o ar, o processo de queima do coque sobre o catalisador começa. Os gases de combustão são separados do catalisador (leito de fluido) e entram no sistema de depósito de vapor dos ciclones dentro do regenerador e, após arrefecimento, entram no sistema de depósito de partículas finas do catalisador. Após os gases serem libertados das partículas do catalisador, são enviados para a atmosfera através da chaminé, o catalisador regenerado a quente é devolvido à entrada do reactor, e o ciclo de circulação do catalisador é completado.

6-1-1- Sistema de pré-aquecimento de alimentação da unidade de rachadura

A alimentação é retirada dos tanques e enviada por bombas para os permutadores de calor (onde a alimentação e o refluxo intermédio trocam calor entre si) e depois entra nos permutadores de calor (onde a alimentação troca calor com o fundo da torre) e depois é enviada para a fornalha depois de passar por eles. À entrada do forno, a alimentação é dividida em duas partes, o caudal de cada parte é controlado separadamente, e depois entra no forno, que tem duas partes separadas. A temperatura de ambas as correntes de saída das duas partes do forno é controlada aumentando e diminuindo a quantidade de gás no forno. A temperatura da alimentação que entra no forno é de cerca de 450 F e a temperatura da alimentação que sai do forno é de 700 F. O objectivo e significado do reactor é fornecer as condições necessárias para realizar as reacções de quebra de moléculas de óleo pesado e convertê-las no produto desejado. As condições necessárias para a reacção de rotura são:

- Temperatura

- Pressão

- Tempo, é criado tempo suficiente no reactor para o contacto de hidrocarbonetos pesados de petróleo com o catalisador regenerado a quente. A mistura de materiais petrolíferos e catalisador regenerado a quente tem a oportunidade de sofrer reacções de craqueamento desde o momento em que entram no reactor até ao momento em que deixam o leito de fluido do catalisador no reactor. Além disso, na metade superior do reactor, o catalisador e os vapores de petróleo das reacções têm a oportunidade de se separar. Os vapores de óleo vão para a torre de separação principal e o catalisador cai e permanece no leito comprimido do fluido do catalisador no reactor, e a partir daí deixam o reactor através da trajectória de decapagem e são conduzidos pelo ar até ao regenerador.

6-1-2- Injecção de alimentação no reactor

O reactor tem duas vias de entrada para injecção de alimentação, que são conhecidas como entradas de alimentação. A alimentação entra em cada um dos elevadores de alimentação a partir de quatro bicos. Antes de a alimentação entrar nos bicos, é injectado vapor para pulverizar a alimentação, e a mistura de alimentação e vapor de água é injectada no ascensor como um spray, e é regenerada juntamente com o catalisador quente, que entra no ascensor de alimentação a partir do regenerador. vai para o reactor (de facto, o vapor de óleo (alimentação) leva o catalisador com ele para o reactor) a quantidade de vapor de água injectada em cada um dos ascensores de alimentação é controlada. Se por alguma razão o fluxo de alimentação para o elevador de alimentação for interrompido, mais vapor de água pode ser injectado em cada um dos elevadores de alimentação. A quantidade deste vapor de água adicional (para além do vapor de água por cada um dos elevadores de alimentação) é limitada pelas placas de bloqueio a cerca de 10.000 lb/hr. Como a alimentação de óleo é misturada com o catalisador regenerado a quente, transforma-se em vapor e a mistura de vapores de óleo e catalisador flui para o reactor.

6-1-3- Área de reacção

A área ou local onde as reacções químicas são levadas a cabo chama-se um reactor. O reactor é um recipiente feito de aço carbono, a mistura de vapores de petróleo e catalisador entra nele a partir do fundo do reactor através de dois elevadores. Estas linhas são ligadas dentro de um recinto hemisférico que rodeia a parte central do stripper. Entre o corpo exterior do stripper e o corpo do reactor encontra-se uma placa de malha circular. A mistura de vapores de petróleo e catalisador antes de passar por esta tela de malha é espalhada pelas placas de espalhamento na tela de sub-malha e depois passa por essa tela de malha. O caudal da fase líquida (mistura de vapor de petróleo catalisador) no topo da rede de malha é suficientemente baixo para que as partículas se fixem e formem um leito compacto de catalisador. As reacções de fissuração começam na entrada e a partir do momento de contacto com o catalisador quente regenerado e terminam no leito comprimido do catalisador no reactor. A intensidade das reacções de fractura molecular de conversão pode ser alterada através do controlo da temperatura do leito compactado do catalisador no reactor e da altura deste leito compactado. A temperatura do leito do reactor é controlada pelo controlador de temperatura e pelo controlo do fluxo do catalisador desde o regenerador até ao reactor (catalisador que flui do regenerador através de tubos de suporte até ao ascensor de alimentação). O calor necessário para realizar as reacções é fornecido pelo calor do catalisador quente. O fluxo do catalisador de saída é controlado para ajustar o nível de leito compactado no reactor. Um anel de vapor com um diâmetro de 6 polegadas chamado anel de vapor de água fluidificante está localizado debaixo da placa de malha e a quantidade de vapor de água para fluidificar o leito do catalisador é de cerca de 4000 lbs/hr com uma pressão de 185 psig e o seu caudal é regulado por placas limitadoras.

6-1-4- Recuperação do catalisador no reactor

Os vapores (produto) resultantes das reacções de fissuração deixam o leito do catalisador comprimido para cima e entram em seis dispositivos de ciclone de duas fases. Muitas partículas de catalisador, que juntamente com os vapores do produto, subiram do leito do catalisador comprimido nos ciclones a partir dos vapores. O produto é separado e devolvido ao leito do catalisador comprimido. O catalisador recuperado nos ciclones é derramado no leito de catalisador comprimido através dos tubos que ligam a extremidade inferior de cada ciclone ao leito de catalisador comprimido (dentro do leito de catalisador comprimido). Os tubos de ligação entre as extremidades dos ciclones e o leito comprimido são chamados (Tubo Dip Pipe). Na saída de cada um dos tubos acima, existe uma válvula de gotejamento que impede o gás de entrar no tubo de imersão. Na parte superior da entrada dos ciclones (no reactor) é instalado um sistema de vapor de água quente sob a forma de anéis e aspersores. Este sistema destina-se a evitar a formação de coque nos níveis superiores dos ciclones e também a reduzir o volume não utilizado do reactor. A quantidade deste vapor é aquecida (4000 lb/hr). O anel de vapor de água, cujo valor de vapor de saída é de 4000 lb/hr, é instalado no meio da placa de pulverização e é utilizado para descarregar o gás dentro da câmara.

6-1-5- Catalisador de stripper

Um catalisador cuja superfície é coberta com coque é chamado de catalisador gasto. O coque cobre a superfície do catalisador e impede que os hidrocarbonetos atinjam a superfície do catalisador para realizar reacções de fissuração. Assim, o coque reduz a actividade do catalisador. Para limpar a superfície do catalisador, que é o local onde ocorrem as reacções de craqueamento, a partir da presença de coque, o catalisador gasto é transferido para o regenerador, onde o coque na superfície do catalisador é queimado pelo ar e o catalisador está quase livre de coque. Quando o catalisador gasto é transferido do reactor para o regenerador, leva consigo os vapores de hidrocarbonetos que ficam presos na massa do catalisador ou nos seus vazios para o regenerador. Este fenómeno cria dois problemas:

A- Aumenta o ar necessário para a regeneração do catalisador. Devido à limitação do dispositivo ventilador para fornecer o ar necessário, não é fornecida quantidade suficiente de ar para a regeneração do catalisador.

B- Se o ar necessário for fornecido, o aumento da temperatura do regenerador catalítico causará problemas. Além disso, alguns dos produtos do reactor são desperdiçados. Para evitar estes problemas no reactor, foi instalado o sistema de despojamento do catalisador gasto.

C- Este sistema inclui uma série de tubos verticais que são colocados num invólucro e a extremidade deste invólucro atinge a extremidade do reactor, o catalisador gasto do leito do catalisador no reactor flui para a extremidade do reactor através dos tubos acima referidos. Para cada um destes tubos, um fluxo de vapor de água é ligado. e o fluxo de vapor de água é o oposto do fluxo do catalisador, isto é, da base do reactor (tubos) para o topo (dentro do reactor). Depois de deixar os tubos acima referidos, o catalisador entra no tubo em pé do catalisador gasto, no tubo em pé acima referido, a maior parte do vapor de água flui para o reactor. O catalisador está de pé no tubo. Além disso, ele pode libertar os hidrocarbonetos mortos no meio do catalisador e trazê-lo de volta ao reactor. Este fluxo de vapor de água, quando sai do tubo em pé, entra nos tubos vazios e entra no reactor através deles.

6-1-6- Regenerador catalítico

O principal objectivo e trabalho do regenerador é queimar o coque formado sobre o catalisador. Outro papel do regenerador é fornecer o calor necessário para realizar reacções de fendilhação no reactor. As reacções de fissuração para a alimentação da unidade estão a 890 F e acima, enquanto a alimentação que sai do forno é aquecida a cerca de 700 F. Assim, quando o catalisador reduzido a quente é transferido do regenerador para o reactor, uma grande quantidade de calor entra no sistema do reactor com ele, e para controlar a temperatura do reactor (para rachar hidrocarbonetos e realizar reacções de fissuração), controlar o fluxo do catalisador reduzido do regenerador para o reactor.

6-1-7- Soprador de ar

Um ventilador de ar alimentado por uma turbina de vapor produz o ar necessário para queimar o coque. O vapor de água que sai da turbina de vapor entra num condensador de superfície. Duas séries de ventosas de aquecimento de duas fases estão localizadas junto ao condensador de superfície, que sugam vapores não liquefeitos e possivelmente ar para uma panela cheia de água para criar e manter um vácuo. Os vapores liquefeitos são descarregados por bombas. Para evitar a fuga de ar para a turbina e reduzir o vácuo, o vapor de água é injectado na caixa sob a pressão de ambas as extremidades do eixo da turbina. O ar é enviado para o regenerador pelo ventilador de ar e no seu caminho entra no aquecedor de ar e, em seguida, entra no ascensor do catalisador gasto. A mistura de catalisador gasto e ar entra a partir do caminho superior do catalisador gasto e entra a partir da parte inferior em forma de cone do regenerador e é espalhada por uma placa deflectora e flui para cima e passa através da placa de rede. O combustível de coque na superfície do catalisador começa a ser misturado com ar e é completado no leito de fluido comprimido, e a temperatura deste leito de fluido é cerca de F1100. Os gases da combustão do coque entram em 8 dispositivos de ciclone de duas fases quando saem do regenerador. O catalisador juntamente com os gases de escape são recuperados nestes dispositivos e devolvidos ao leito de catalisador comprimido por um longo tubo a partir do fim do ciclone. O longo tubo de ligação entre o leito do catalisador comprimido e a extremidade do ciclone chama-se Dip-Leg ou Dip-Pipe.

O vapor de arrefecimento é injectado nos gases de escape de cada um dos ciclones da primeira fase. A injecção de vapor de água de arrefecimento é para controlar a temperatura na região superior do regenerador, e a sua temperatura é de 1050 F, que é cerca de 27-25 F mais baixa do que a temperatura do leito do catalisador comprimido. O objectivo da injecção de vapor de água de arrefecimento é reduzir a temperatura nesta área e evitar o fenómeno desagradável da subsequente queima de CO a 2CO. A queima de monóxido de carbono e a sua transformação em dióxido de carbono é acompanhada pela produção de algum calor. Este processo ocorre a altas temperaturas e na presença de excesso de oxigénio do ar. Este fenómeno ocorre principalmente na área de saída dos ciclones da primeira fase. A temperatura dos gases de escape do ciclone da primeira fase aumentou devido ao calor adicional da queima de CO, o que faz aumentar a intensidade da reacção de combustão, e este fenómeno leva a um aumento acentuado da temperatura e danifica os sistemas na trajectória dos gases de escape e alguns causam por vezes a perfuração dos ciclones. Portanto, o controlo da temperatura à saída dos ciclones da primeira fase, bem como a saída do regenerador, é essencial e importante. Regenerativos de água Cada regenerador inclui um tubo interior com um bocal especial através do qual passa a água condensada. Este tubo é rodeado por um segundo tubo, através do qual é injectado vapor para pulverizar a água destilada injectada a partir do tubo interior. Para proteger este complexo, o vapor de água flui a todo o momento do invólucro exterior. Os aspersores de água destinam-se a arrefecer o sistema.

6-2- O mecanismo do processo de fissuração

A fissuração tem um mecanismo radical. Em primeiro lugar, várias moléculas são quebradas em radicais livres, que são necessárias para iniciar o processo.

$$CH_3\ CH_3 \rightarrow 2\ CH_3^{\bullet} \quad (6\text{-}1)$$

Depois os radicais criados colidem com outras moléculas e são criadas uma molécula de metano e outro radical.

$$CH_3^{\bullet} + CH_3\ CH_2 \rightarrow CH_4 + CH_3\ CH_2^{\bullet} \quad (6\text{-}2)$$

Os radicais de etano podem auto-dissociar-se para formar um radical de hidrogénio e uma molécula de eteno, que é um alceno. Esta reacção ocorre quando a fissuração é feita com vapor.

$$CH_3\ CH_2^{\bullet} \rightarrow CH = CH_{33} + H^{\bullet} \quad (6\text{-}3)$$

Os radicais de etano em colisão com moléculas de eteno transformam-se em radicais maiores, o que geralmente ocorre na formação de compostos aromáticos.

$$CH_3\ CH_2^{\bullet} + CH = CH_{22} \rightarrow CH\ CH_{32}\ CH_2\ CH_2 - \quad (6\text{-}4)$$

Este processo em cadeia termina quando dois radicais livres colidem um com o outro.

$$CH_3^{\bullet} + CH_3\ CH_2^{\bullet} \rightarrow CH_3\ CH_2\ CH_3 \quad (6\text{-}5)$$

$$CH_3\ CH_3^{\bullet} + CH_2\ CH_2^{\bullet} \rightarrow CH = CH_{22} + CH_3\ CH_3 \quad (6\text{-}6)$$

Como é conhecido, neste processo são produzidas moléculas de hidrogénio, alcenos, hidrocarbonetos mais pequenos e, em algumas condições, hidrocarbonetos mais pesados. Como resultado, os produtos produzidos no processo de craqueamento são um conjunto de hidrocarbonetos com diferentes pesos moleculares, que devem ser separados na etapa seguinte. Os hidrocarbonetos leves são removidos como produtos de processo e os hidrocarbonetos mais pesados são devolvidos ao reactor.

6-3- História de produção da unidade de craqueamento catalítico

A primeira unidade de craqueamento catalítico foi apresentada e construída pela Hordry em 1936. Esta unidade foi concebida com um leito fixo. As unidades de craqueamento catalítico de leito fluidizado foram industrializadas pela Exxon pela primeira vez em 1942, durante a Segunda Guerra Mundial, para produzir gasolina de alto octano e produzir subprodutos como o butileno para o processo de alquilação. Uma vez que a gasolina produzida nesta unidade era muito melhor em termos de qualidade e quantidade do que a gasolina produzida em unidades de craqueamento térmico e diesel, estas unidades foram muito bem recebidas.

Antes da década de 1980, as unidades de fractura catalítica de leito fluido, hidrocraqueamento, por um lado, e unidades de coqueificação e redução de viscosidade, por outro, encontravam-se entre as unidades de destaque para a actualização de cortes de óleo pesado em refinarias de petróleo. Após os anos 80, com o aumento dos preços do petróleo, a utilização de unidades de cracking catalítico de leito fluidizado e de hidrocracking tornou-se acessível. Desde essa altura, as unidades de craqueamento catalítico e hidrocraqueamento em leito fluidizado tornaram-se ferozes concorrentes das unidades de coque e redução de viscosidade, e parece que as unidades de coque e redução de viscosidade acabarão por ser derrotadas pelo craqueamento catalítico e hidrocraqueamento em leito fluidizado. O craqueamento catalítico de leito fluidizado e o hidrocraqueamento nunca foram capazes de se superar um ao outro. Nos anos 80, devido à acentuada diferença de preço do gasóleo e do fuelóleo, a tendência para o hidrocracking foi maior porque o rendimento dos produtos leves nesta unidade era superior ao do craqueamento catalítico de leito fluidizado. Actualmente, devido à instabilidade dos preços do petróleo, bem como aos menores custos de investimento e operação e à flexibilidade do tipo de alimentação e produtos, existe um maior desejo de criar uma unidade de craqueamento catalítico de leito fluidizado.

6-4- Tecnologia de craqueamento catalítico de leito fluidizado no Irão

A principal razão para a crescente aplicação do processo de craqueamento catalítico do leito de fluido no Irão pode ser resumida nos seguintes casos:

- A gasolina tem o primeiro lugar em termos de volume de produção em comparação com outros produtos de refinaria.

- O petróleo bruto gradualmente mais pesado requer a utilização de mais unidades de fractura catalíticas do fluido do leito.

O cracking é um processo que é utilizado em indústrias petroquímicas ou refinarias e é utilizado para reduzir o peso molecular dos hidrocarbonetos através da quebra das suas ligações. Este processo é um dos principais métodos de conversão do petróleo bruto em combustíveis úteis, tais como gasolina, gasóleo, jet fuel e querosene. O craqueamento térmico, o craqueamento catalítico, o hidrocraqueamento e o steam cracking estão entre os tipos mais comuns de métodos de craqueamento nas indústrias. Este processo é realizado ou a alta temperatura e pressão sem catalisador ou a baixa temperatura e baixa pressão na presença de um catalisador. A principal fonte de grandes hidrocarbonetos são as fracções de querosene ou gasolina no processo de destilação fraccionada do petróleo bruto. Estes cortes de petróleo são obtidos na forma líquida a partir do processo de destilação, mas são re-vaporizados antes do processo de craqueamento. No processo de craqueamento, não ocorre apenas uma única reacção. As ligações de hidrocarbonetos quebram-se aleatoriamente para formar uma mistura de hidrocarbonetos mais pequenos, alguns dos quais são hidrocarbonetos com ligações duplas de carbono-carbono.

6-5 fissuras térmicas gerais

A fissuração térmica é um dos métodos de conversão de hidrocarbonetos, durante o qual as moléculas de hidrocarboneto são quebradas pelo calor. Devido à absorção de calor desta reacção em cada unidade de fissuração, o papel principal é o forno e as outras partes são colocadas apenas com o objectivo de separar os produtos.

Na fissuração, após a reacção principal, existe a possibilidade de rupturas ou recombinações subsequentes. Em várias aplicações de craqueamento térmico, uma vasta gama de produtos, tais como gases insaturados leves, olefinas, poliolefinas, aromáticos, gasóleo, fuelóleo e coque, pode ser produzida utilizando vários tipos de cortes de óleo.

As reacções que ocorrem durante a fissuração são em dois grupos:

- Reacções iniciais que causam a perda de alimentos.

- Reacções secundárias que alteram parcial ou completamente os produtos da reacção primária.

Se a reacção for interrompida antes da decomposição final em carbono e hidrogénio, se for obtida uma mistura de produtos intermédios, produtos finais e alimentos não degradados, a composição desta mistura depende das alterações dos três principais parâmetros de temperatura, tempo e pressão.

Na fissuração térmica, os alcanos são simplesmente passados através de uma câmara que é aquecida a uma temperatura elevada. Os grandes alcanos são convertidos em alcanos mais pequenos, alcenos e algum hidrogénio. Este processo produz uma grande quantidade de etileno (C H_{24}) juntamente com outras moléculas mais pequenas. Durante este processo, a alimentação no interior do forno é aquecida a uma temperatura de (950 a 1020 F). O tempo de aquecimento da ração deve ser curto para evitar reacções químicas durante o processo, caso contrário, formar-se-á uma grande quantidade de coque que irá bloquear os tubos do forno e parar o processo, embora alguma produção de coque seja inevitável. Em seguida, a alimentação aquecida é transferida para o reactor e as suas moléculas são quebradas sob alta pressão.

6-6- Rachaduras com vapor

Num processo modificado, chamado steam cracking, o hidrocarboneto é diluído com vapor, aquecido a (700-900°C) durante uma fracção de segundo, e arrefecido rapidamente. O craqueamento a vapor é muito importante na produção de hidrocarbonetos químicos, incluindo etileno, propileno, butadieno, isopreno e ciclopenta.

A fissuração a vapor, como o nome sugere, é a fissuração térmica com vapor. A sua finalidade é a produção de hidrocarbonetos leves insaturados como o etileno, propileno, butenos, etc. em termos de fracções petrolíferas leves como o etano, propano, gasolina e nafta. Os produtos desta fissuração fazem parte de matérias-primas petroquímicas.

Nesta operação, a matéria prima deve ser levada a uma temperatura superior a 700 graus, o tempo de reacção é muito curto e cerca de dez segundos. Os produtos que saem do forno devem ser arrefecidos rapidamente. A pressão tem um efeito adverso nas reacções de fissuração. Acelera as reacções laterais nocivas em termos de formação de bolos. A fim de tornar estas reacções desfavoráveis, é necessário diluir o meio de trabalho, ou seja, reduzir a pressão parcial dos hidrocarbonetos. Este processo é possível através da adição de vapor de água no ambiente. Portanto, na fissuração a vapor, a pressão parcial de hidrocarbonetos é principalmente reduzida. O vapor de água tem outras vantagens, incluindo trazer algumas calorias para o reactor e reduzir o efeito catalítico das paredes.

6-7- Reacções de rachadura catalítica

A velocidade das reacções nas proximidades dos catalisadores é muito elevada, e como as reacções são realizadas a uma pressão muito baixa, as moléculas pesadas são convertidas em muitas moléculas leves. A velocidade das reacções na fissuração é tal que as primeiras olefinas, naftenas, parafinas e finalmente aromáticas são convertidas e as reacções são levadas a cabo na presença de iões de carbonio. A reacção das olefinas: a fissuração térmica das parafinas provoca a formação de um grande número de olefinas, que são instáveis no catalisador e são rapidamente convertidas em iões de carbonio (que também são quebrados).

$$C_3H_V + CH_2 - \overset{+}{C}H - C_{11}H_{23} \rightarrow C_3H_V^+ + CH_2 = CH - C_{11}H_{23}$$

$$CH_2 = CH - C_{11}H_{23} + H^+ \rightarrow CH_3 - \overset{+}{C}H - C_{11}H_{23} \quad (\qquad (6-7$$

A ligação olefínica pode mudar de lugar nas proximidades do catalisador:

$$(6-8) \quad CH_3 - CH_2 - \overset{+}{C}H - CH_3 \rightarrow CH_3 - CH = CH - CH_3 + \overset{+}{H}$$

Reacção dos naftenos: A rachadura dos naftenos é feita da mesma forma que a quebra das parafinas. Os naftenos podem ser hidrogenados na proximidade de olefinas e produzir hidrocarbonetos aromáticos.

A reacção das parafinas: os produtos obtidos a partir de parafinas são muito semelhantes à reacção das olefinas, e apenas a sua velocidade de dissolução é diferente. Nas olefinas, o ião de carbonio é formado muito mais cedo e mais rapidamente. Ao adicionar um núcleo a uma molécula saturada, aparecem iões de hidrogénio e de carbonio.

$$(6\text{-}9)\quad CH_3 - CH_2 - CH_2 - CH_2 - C_{11}H_{23} \rightarrow CH_3 - C^+H - CH_2 - CH_2CH_2 - C_{11}H_{23} + \overset{+}{H}$$

$$(6\text{-}10)\quad CH_3 - \overset{+}{C}H - H_2 - CH_2 - C_{11}H_{23} \rightarrow CH_3 - CH = CH - \overset{+}{C}H_2 - C_{11}H_{23}$$

$$(6\text{-}11)\quad C_5H_{11} - CH_2 - CH_2 - \overset{+}{C}H - CH_2 - CH_2 - C_7H_{13} - \begin{bmatrix} C_5H_{11} - CH_2 - CH = CH_2 + \overset{+}{C}H_2 - C_7H_{13} \\ \\ C_5H_{11} - \overset{+}{C}H_2 + CH_2 = CH - CH_2 - CH_2 - C_7H_{13} \end{bmatrix}$$

Os iões de carbonio produzidos podem ser isomerizados de duas formas, uma no estado de átomo de hidrogénio com a formação de olefinas e núcleo, e a outra com olefinas intermédias e formação de iões de carbonio.

A reacção dos aromáticos: os aromáticos não são facilmente quebrados em frente ao catalisador, os aromáticos que têm ramos laterais são quebrados a partir da região destes ramos e formam o anel de benzeno, o ião de carbonio formado é decomposto em olefinas e um próton.

Reacção de formação de coque: A reacção química da formação de coque é muito complexa, mas pode-se dizer que as olefinas (com baixo peso molecular) são polimerizadas durante a fissuração, e estes polímeros são hidrogenados em aromáticos devido ao arrefecimento dos naftenos, depois os aromáticos arrefecidos fazem poliaromáticos, que também se transformam em bolo devido ao arrefecimento. Uma menor quantidade de coque é obtida a partir da fissuração de parafinas.

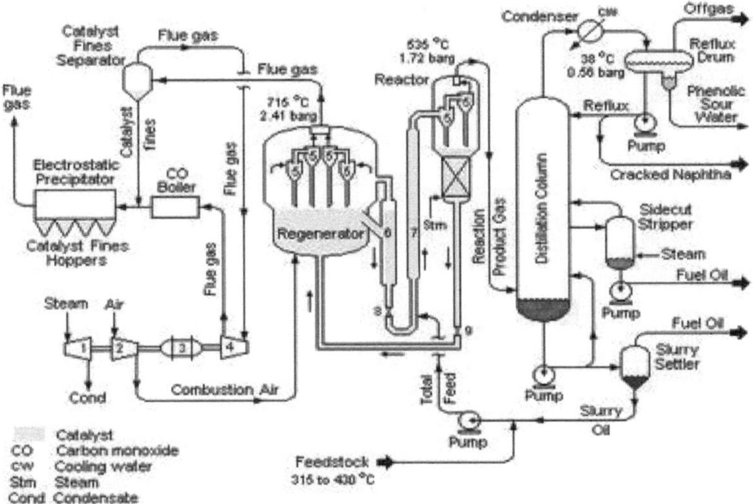

Figura 6-1- Esquema do processo

1 Turbina de vapor de arranque 6 Poço de retirada do catalisador

2 Compressor de ar 7 Riser Catalyst

3 Motor eléctrico 8 Válvula de corrediça catalisadora regenerada

4 Turbo-expansor 9 Válvula de corrediça do catalisador de propagação

5 Ciclones

6-8- Regimes de liquefacção do craqueamento catalítico de leito fluidizado:

Os vários regimes de liquefacção que ocorrem em diferentes partes do crack catalítico de leito fluidizado estão resumidos no Quadro 1-6.

Tabela 6-1- Regimes de liquefacção em diferentes partes do cracking catalítico de leito fluidizado

Densidade de cama (kg/m)^3	Velocidade do gás (m/s)	Zona de craqueamento catalítico de leito fluidizado
850-700	<0.05	Lixo embalado
800-700	0.05 -0.01	O tubo mínimo de trabalho fica liquefeito
750-600	0.30 -0.05	separador de pele
600-400	0.70-0.30	Densidade do substrato
500-300	20.0-2.0	cama de estrangulamento
100-30	3.0-1.1	leito fluidizado
300-100	1.1-0.70	Intensidade do ar ascendente

6-9- Pressupostos do modelo de craqueamento catalítico de leito fluido

Considerando as complexidades nas condições hidrodinâmicas, são necessárias várias hipóteses. Estes pressupostos baseiam-se na experiência operacional e na imprensa disponível. Os principais pressupostos para diferentes secções incluem o seguinte:

a) O catalisador e o fluxo de vapor de combustível está actualmente em condições de fluxo ao longo da rampa de elevação.

b) O combustível evapora imediatamente no ascensor e o equilíbrio da temperatura é alcançado.

c) O combustível e os catalisadores são completamente misturados no final do riser.

d) O ascensor funciona sob o modo de isolamento térmico.

6-10- Modelo tradicional

Não é possível examinar um grande número de amostras químicas no riser onde ocorre a decomposição. Por conseguinte, é obrigatório especificar uma pequena quantidade de massa contendo amostras químicas semelhantes presentes no combustível.

A desactivação do catalisador é muito rápida e permanece mesmo no riser durante alguns segundos, a actividade e selectividade do catalisador mudam permanentemente e é quase ineficaz na saída do reactor do riser.

6-11- Formulação do modelo

Normalmente lidamos com o equilíbrio de massa e energia, mas no caso do cracking catalítico de leito fluido, para além destes dois equilíbrios, examinamos cuidadosamente dois outros equilíbrios, chamados equilíbrio de coque e equilíbrio de pressão. Ambos estes parâmetros são muito importantes na implementação de unidades de craqueamento catalítico de leito fluidizado.

6-12- Variáveis dependentes e independentes

A característica mais interessante do método de craqueamento catalítico de leito fluidizado é que a maioria dos parâmetros operacionais estão relacionados com parâmetros pré-determinados. A dependência e independência das variáveis são as seguintes:

6-12-1- Variáveis independentes

- Quantidade de combustível, temperatura de pré-aquecimento do combustível

- Taxa de retorno.

- Pressão do reator.

- Temperatura da ponta do Riser.

- Actividade e selectividade do novo catalisador.

6-12-2- Variáveis dependentes

- Temperatura do gerador.

- Intensidade da corrente catalítica.

- Intensidade do fluxo de ar no gerador.

- Carvão de coque sobre catalisador regenerado.

- produto final.

Este modelo é utilizado para estudos baseados em pressupostos. Por exemplo, para descobrir qual a área a restringir irá aumentar a eficiência ou melhorar a rentabilidade da unidade.

O modelo também fornece informações relacionadas com as condições de funcionamento, a fim de alcançar a optimização da operação pretendida, ou seja, produto diesel ou GPL. Outra aplicação de tais modelos, que se baseiam fortemente na cinética de reacção, é prever como o catalisador irá funcionar. Cada novo catalisador pode ser testado em laboratório e a informação de actividade e selectividade injectada no modelo para estimar o desempenho da instalação. Isto ajuda os refinadores a evitar erros dispendiosos na selecção do catalisador.

Para além do acima referido, estes modelos são muito úteis na resolução de problemas em situações em que se torna possível, com a ajuda desta ferramenta, identificar a origem do problema nas operações das instalações.

6-13- Hidrocraqueamento catalítico

Embora a hidrogenação seja um dos mais antigos processos catalíticos na refinação de petróleo, só nos últimos anos se desenvolveu o hidrocraqueamento nos Estados Unidos e noutras partes do mundo. Esta atenção ao hidrocraqueamento tem várias razões, algumas das quais são:

1- O tipo de procura de produtos petrolíferos mudou e a procura de gasolina aumentou em comparação com os destilados médios.

2- Nos últimos anos, o hidrogénio é obtido a baixo custo e em grandes quantidades como subproduto de operações de reforma catalítica.

3- Questões ambientais que têm limitado as concentrações de enxofre e compostos aromáticos nos combustíveis para motores.

Em 1927, o processo de hidrocraqueamento foi utilizado comercialmente pela IG Farben Industries para converter lignite em gasolina, e no início da década de 1930, a Esso Research and Engineering Company utilizou-o para melhorar a qualidade das rações e produtos petrolíferos nos Estados Unidos. A primeira unidade moderna de hidrocraqueamento por destilação foi lançada comercialmente pela Chevron em 1958. Mais tarde, foram produzidos melhores catalisadores que permitiram operar a pressões moderadas, e por outro lado, a procura de gasolina com um elevado número de octanas e a redução do consumo de combustíveis destilados tornou necessária a conversão de materiais petrolíferos de lenta ebulição em gasolina e combustível de aviação.

O equilíbrio dos produtos é muito importante para cada refinaria. Claro que há muitas formas de equilibrar os produtos de acordo com a procura, mas relativamente poucos métodos podem proporcionar a flexibilidade do hidrocracking catalítico. Algumas das vantagens do hidrocraqueamento são:

1- Melhor equilíbrio entre a gasolina e a produção de produtos destilados

2- Maior benefício da produção de gasolina

3- Melhorar a qualidade das octanas e a sensibilidade do grupo da gasolina

4- Produção de quantidades relativamente grandes de isobutano no sector do butano

5- Etapas de finalização do craqueamento catalítico do fluido de leito, a fim de refinar matérias-primas pesadas de craqueamento, aromáticos, óleos cíclicos e óleos de unidades de coquefacção em gasolina, combustível de jacto, e óleo combustível leve.

Nas refinarias actuais, o craqueamento catalítico e o hidrocraqueamento funcionam como um grupo. No craqueamento catalítico, o petróleo, os gases atmosféricos e de vácuo, que são parafínicos e mais fáceis de rachar, são utilizados como alimentação, enquanto que a alimentação para o hidrocraqueamento é o diesel pesado cíclico e o diesel pesado, que são mais aromáticos, bem como os produtos de destilação da unidade de coqueificação. ser Estes fluxos são muito refractários e resistentes ao craqueamento catalítico, enquanto que pressões mais elevadas e atmosfera de hidrogénio do hidrocraqueamento melhoram o seu craqueamento. Os novos catalisadores zeólitos para o craqueamento ajudam a melhorar o rendimento da produção de gasolina e octanas a partir de unidades de craqueamento catalítico, bem como a reduzir os recursos cíclicos e a produção de gás. Os óleos cíclicos obtidos das operações de craqueamento com catalisadores de zeólito são altamente aromáticos e impróprios para a queima, pelo que são considerados muito bons alimentos para a unidade de hidrocraqueamento.

Por vezes os materiais na gama de ebulição do gasóleo estão incluídos na alimentação da unidade de hidrocraqueamento para produzir combustível para motores a jacto e produtos de gasolina para motores. Tanto o processo de fluxo directo como o processo de craqueamento catalítico de leito fluido LCO podem ser utilizados, e em alguns casos o LCO é utilizado a 100%.

Para além de materiais de destilação média e óleos cíclicos que são utilizados como alimentação para unidades de hidrocraqueamento, pode ser utilizado óleo residual do forno e resíduo de destilação a vácuo. Normalmente, um caso destes requer uma tecnologia diferente. Dividimos a operação de hidrocraqueamento em dois tipos de processos de trabalho:

- Processos que são realizados em alimentos destilados (hidrocraqueamento)

- As que têm lugar sobre materiais residuais (processamento com hidrogénio)

Estes processos são semelhantes e alguns processos patenteados podem ser aplicados a ambos os tipos de alimentação. Mas as principais diferenças entre estes dois processos estão relacionadas com o tipo de catalisador e as condições de operação. Durante a fase de concepção de uma unidade de hidrocraqueamento, o processo pode ser concebido para converter resíduos pesados em combustíveis mais leves ou naftas destiladas simples em gases líquidos. Tal trabalho é difícil após a construção de uma unidade industrial porque o processamento de resíduos requer condições especiais devido à presença de factores como asfaltenos, cinzas e metais na alimentação.

Embora centenas de reacções químicas ocorram simultaneamente durante o hidrocracking, o consenso geral é que o mecanismo de hidrocracking é o mesmo que o mecanismo catalítico, mais a hidrogenação que se segue. O craqueamento catalítico é a quebra da ligação carbono-carbono, e a hidrogenação é a adição de hidrogénio à dupla ligação carbono-carbono.

Estas reacções mostram que a fissuração e a hidrogenação são complementares porque a fissuração produz olefinas para a hidrogenação subsequente, enquanto que a reacção de hidrogenação por sua vez fornece o auto-aquecimento necessário para a fissuração. A reacção de fissuração é exotérmica e a reacção de hidrogenação é exotérmica. Em toda a reacção, cria calor porque a quantidade de calor libertada como resultado das reacções de hidrogenação é muito mais do que a quantidade de calor consumida nas reacções de fissuração endotérmica. Este calor adicional aumenta a temperatura do reactor e aumenta a taxa de reacção. O hidrogénio frio é injectado no reactor para absorver o calor em excesso da reacção.

As reacções de hidrocraqueamento ocorrem geralmente a uma temperatura entre 290-400 C e pressões elevadas no reactor. A circulação de uma grande quantidade de hidrogénio com a alimentação impede a contaminação excessiva do catalisador e permite que o catalisador funcione durante muito tempo sem necessidade de recuperação como leito embalado. A fim de remover as toxinas do catalisador e aumentar a sua vida útil, a ração deve ser cuidadosamente preparada. Para remover compostos de enxofre e azoto, bem como metais, a ração é hidrogenada antes de ser enviada para a primeira fase de hidrocraqueamento, e por vezes o primeiro reactor da cadeia de reactores é utilizado para este fim.

O processo de craqueamento catalítico de leito fluido inclui duas partes principais:

- Reactor.

- Redução.

Também, no final, uma torre de separação separa as fatias partidas de acordo com o seu ponto de soldadura. No interior do reactor, a reacção de fissuração dos hidrocarbonetos, que é uma reacção endotérmica, é realizada, e os catalisadores desactivados são regenerados no regenerador. O catalisador utilizado neste método é principalmente zeólito e é utilizado sob a forma de pó no processo. Neste método, o catalisador circula constantemente entre o reactor e o regenerador, e o agente de transferência do catalisador é ar, vapores de hidrocarbonetos, ou vapor de água.

Na secção do reactor, a mistura de hidrocarbonetos é primeiro aquecida para vaporizar, depois é combinada com um fluxo de catalisadores reduzido que vem do regenerador e do fluxo de retorno e é transferida para o reactor através do riser. A temperatura no interior do reactor é de 900-1000 F. À medida que a mistura sobe o riser, os hidrocarbonetos são rachados a uma pressão de 30-10 psi. Nos métodos mais modernos de craqueamento catalítico de leito fluido, todo o processo de quebra das moléculas ocorre no riser. Na parte superior do reactor, o dispositivo que separa o gás do sólido ou o ciclone envia catalisadores inactivos para a secção do regenerador e envia os vapores de hidrocarbonetos quebrados do topo do reactor para a torre de separação.

Na secção de regeneração, os catalisadores gastos são regenerados e podem ser utilizados no reactor. A principal causa de desactivação dos catalisadores neste método é a deposição de uma camada de coque sobre o catalisador. A fim de eliminar estas coques depositadas na parte do regenerador, o ar quente é soprado da parte inferior para que o coque na superfície do catalisador seja queimado com ar e saia do topo do regenerador, e os catalisadores activados são devolvidos ao reactor para reacção. devoluções Este processo rotativo é feito continuamente. Utiliza-se o processo de queima de coque nos catalisadores, para além de activar o catalisador, o calor necessário para vaporizar a alimentação e realizar a reacção de fissuração no interior do reactor. No topo do regenerador, tal como no reactor do dispositivo ciclone, os gases da queima do coque são direccionados para o topo do regenerador e os catalisadores regenerados são devolvidos ao reactor. Depois de saírem do reactor, os hidrocarbonetos fissurados entram na torre de separação e são separados uns dos outros com base na temperatura de ebulição.

Quadro 6-2- Tipos de alimentos e produtos do processo de hidrocrackinc

Alimentação	Produto
- Gasóleos de sintonia recta	- GPL
- Gasóleos a vácuo	- Gasolinas para motores
- óleos de ciclo	- Alimentação do reformador
- Gasóleos de Coker	- Combustíveis a jacto

- Estoque termicamente rachado   - Combustíveis diesel

- Óleos desasfaltados   - Aquecimento de óleos

Quadro 6-3- Condições operacionais do processo de hidrocraqueamento

Faixas de variação	Variáveis de operação
300-450 °C	Temperatura do leito catalítico
Bar 85-200	Pressão
$0.5\text{-}2.5\,hr^{-1}$	LHSV
$505\text{-}1685\,nm^3/m^3$	H /Feed$_2$
$200\text{-}590\,nm^3/m^3$	hidrogénio Consumo de

6-14- Tipos de processo de hidrocraqueamento

Os processos de hidrocracking são executados de duas maneiras: uma fase e duas fases.

6-14-1- Processo de uma etapa

6-14-1-1- Processo de uma etapa com fluxo inverso

Numa das formas de processo de uma fase com fluxo inverso, apenas um tipo de catalisador é utilizado no reactor. A alimentação fresca e a alimentação não convertida entram no leito catalítico juntamente com hidrogénio adicional e hidrogénio compensador. O fluxo de saída do reactor entra nos separadores de alta pressão e baixa pressão e o excesso de hidrogénio é separado. O produto líquido é enviado para a torre de separação do produto, que separa os produtos finais da alimentação não convertida. As unidades concebidas para maximizar a produção de diesel utilizam este processo, juntamente com um catalisador amorfo.

Numa outra forma, dois tipos de catalisadores são utilizados num reactor ou dois reactores colocados em série. O primeiro catalisador (catalisador de hidrotratamento) converte o enxofre e o azoto contidos nos compostos orgânicos que contêm enxofre e azoto na alimentação. Porque os efeitos destrutivos sobre os catalisadores de hidrocracking são menores do que os compostos orgânicos relacionados. O catalisador do processo de hidrotratamento é molibdénio ou tungsténio e níquel ou cobalto sob a forma de sulfureto, sobre uma base de alumina. As suas condições de funcionamento são temperatura entre (300-450 o C) e pressão de hidrogénio (85-200 bar). O segundo catalisador, que pode ser colocado num outro reactor, é o catalisador do processo de hidrocraqueamento. A alimentação não convertida é devolvida ao primeiro ou segundo reactor.

6-14-1-2- processo de uma etapa sem fluxo inverso (uma passagem)

Num processo de uma etapa sem fluxo de retorno, a alimentação não convertida não é devolvida. Os produtos de destilação intermédia deste processo têm uma elevada aromaticidade e a qualidade do combustível resultante é inferior à do processo com fluxo inverso. Ao escolher o catalisador certo, é possível optimizar o rendimento dos produtos. No processo de uma passagem, devido ao facto de não haver necessidade de converter moléculas pesadas, a temperatura e pressão de funcionamento será inferior ao processo com fluxo inverso.

Uma das principais características do processo de uma fase é a ausência de separadores de alta pressão e baixa pressão e a torre de separação entre o primeiro e o segundo reactores.

6-14-2- Processo em duas fases

No processo em duas fases, o fluxo de saída da primeira fase entra primeiro nos separadores de alta pressão e baixa pressão, depois entra na torre de separação juntamente com o produto da segunda fase de modo a que os produtos sejam separados de acordo com as distâncias de soldadura.

O processo de unicracking é um processo em duas fases em que são utilizados três reactores. Separadores de alta pressão e baixa pressão e torre de separação separam as duas fases. Os gases de retorno são lavados para remover o amoníaco e o sulfureto de hidrogénio. Desta forma, o terceiro reactor funciona na ausência de amoníaco e sulfureto de hidrogénio, e neste reactor podem também ser utilizados catalisadores sensíveis. Devido à ausência de amoníaco no ambiente de reacção da segunda fase, esta fase funciona a uma temperatura mais baixa (270-370º C).

O processo de isocracker é também um processo em duas fases que utiliza dois reactores e não existe um reactor de hidrotratamento separado neste processo.

A flexibilidade do processo de duas fases é mais do que o processo de uma fase porque o amoníaco e o sulfureto de hidrogénio estão separados entre as duas fases e existe uma escolha de catalisadores para a segunda fase. A fim de aumentar a conversão de alimentos pesados ricos em aromáticos e azoto, recomenda-se a utilização de um processo em duas fases.

6-15- Reactores e substratos catalíticos do processo

Os reactores do processo de hidrocraqueamento são do tipo de reactores catalíticos de leito fixo e fluxo descendente. Estes reactores são geralmente de forma cilíndrica e são feitos de aço inoxidável para evitar a corrosão.

A válvula superior do reactor é utilizada para entrar na alimentação e introduzir o catalisador, e a válvula inferior do reactor é utilizada para sair do produto líquido. Na válvula superior do reactor, um bocal é responsável por espalhar a alimentação de entrada. Uma bandeja debaixo do bocal ajuda a espalhar o líquido uniformemente no primeiro leito catalítico. O reactor pode ter até cinco ou seis leitos catalíticos. Em cada leito catalítico são utilizados pellets de materiais inertes, tais como cerâmica, para manter o catalisador.

Devido ao facto de o hidrocracking ser um processo exotérmico para evitar que a temperatura suba demasiado, existem câmaras entre os leitos catalíticos a partir das quais entra hidrogénio frio. Além disso, os tabuleiros nestas câmaras ajudam a distribuir uniformemente o líquido arrefecido, que entra no tabuleiro seguinte. A distribuição uniforme do líquido minimiza o gradiente de temperatura ao longo do diâmetro do leito.

O diâmetro do reactor é determinado pela velocidade da massa desejada e pela queda de pressão aceitável do reactor e pode ir até 4,5 metros. A espessura da parede do reactor depende do diâmetro e da pressão de projecto e pode ser até 28 cm.

O número e o comprimento dos leitos catalíticos num reactor depende do perfil de aumento de temperatura. O aumento máximo aceitável da temperatura em cada leito determina o comprimento desse leito. O número de substratos catalíticos também depende do produto alvo do processo. Por exemplo, o reactor que é utilizado para maximizar a eficiência da nafta necessita de cinco ou seis leitos, e o reactor que trabalha para maximizar a eficiência dos produtos de destilação intermédia necessita de quatro leitos, e o comprimento máximo do leito catalítico pode ser de 6 metros. O reactor de hidrocracking funciona como um fluxo de pistão, em duas fases (reactores em fase de vapor) ou em três fases (reactores em fase de vapor e fase líquida). Se a alimentação for leve, o reactor estará em modo bifásico e se for pesado, o reactor estará em modo trifásico.

A queda de pressão em camas fixas depende da fracção vazia da cama. A fracção vazia do leito catalítico depende da forma e tamanho dos grãos e do método de enchimento do leito. Se o leito catalítico for preenchido de tal forma que a fracção vazia do leito seja pequena, neste caso, ocorrerá uma grande queda de pressão. Naturalmente, a distribuição do líquido é melhor e o fenómeno de canalização não ocorre, porque os grãos são colocados de forma mais uniforme e a velocidade de reacção por unidade de volume do leito terá o seu valor máximo.

Outro modo do processo em duas fases é a utilização de dois reactores, de modo a que o primeiro reactor contenha o catalisador de hidrotratamento e o segundo reactor utilize o catalisador de hidrocraqueamento.

Durante o processo, o catalisador de hidrocraqueamento perde gradualmente a sua actividade. A fim de manter a taxa de conversão constante, a temperatura média do leito é gradualmente aumentada. Em alguns casos, o aumento da temperatura é inferior a um grau Celsius. Quando a temperatura média do leito se aproxima da temperatura máxima projectada, o catalisador deve ser regenerado.

6-16- Reacções e o seu mecanismo

6-16-1- Reacções

As reacções que são realizadas durante o processo de hidrocraqueamento podem ser divididas em três categorias gerais:

A) ruptura térmica da ligação de carbono, sem utilização de um catalisador, com adição de hidrogénio (hidropirrolas).

b) quebrando a ligação carbono-carbono, adicionando hidrogénio por um catalisador de agente único incluindo o componente de hidrogenação (hidrogenação).

c) Quebra da ligação carbono-carbono pela adição de hidrogénio por um catalisador de dois factores incluindo um componente de hidrogenação espalhado sobre uma base ácida porosa, na indústria de refinação de petróleo, as reacções de hidrocraqueamento seguem esta regra. Para além das reacções de hidrocracking, outras reacções são também realizadas durante este processo. Na maioria dos processos de hidrocracking, a alimentação antes do hidrocracking é sujeita a um processo de hidrotratamento no mesmo reactor ou num reactor separado. O hidrotratamento é a hidrogenação parcial de hidrocarbonetos insaturados e a remoção de enxofre, azoto e átomos de oxigénio e metais na ração. A comparação da velocidade das mais importantes reacções de hidrotratamento é a seguinte.

saturação parcial de aromáticos > saturação de olefinas > remoção de azoto > remoção de enxofre

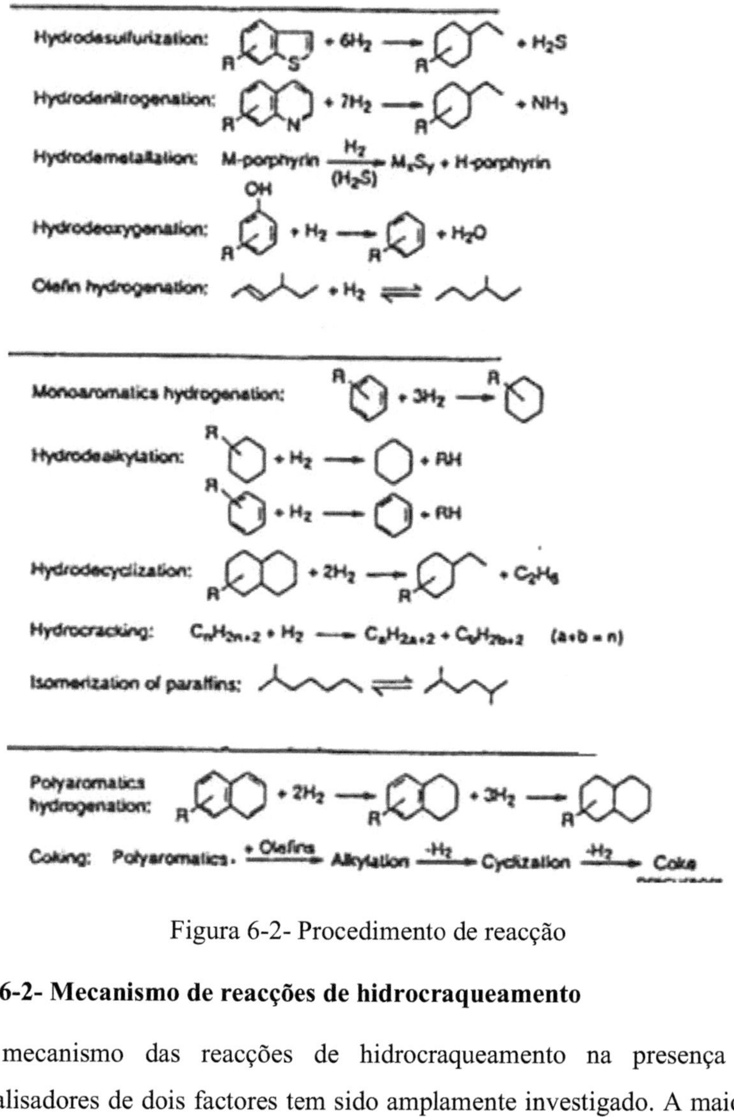

Hydrodesulfurization: ... + 6H$_2$ → ... + H$_2$S

Hydrodenitrogenation: ... + 7H$_2$ → ... + NH$_3$

Hydrodemetallation: M-porphyrin $\xrightarrow[\text{(H}_2\text{S)}]{\text{H}_2}$ M$_x$S$_y$ + H-porphyrin

Hydrodeoxygenation: ... + H$_2$ → ... + H$_2$O

Olefin hydrogenation: ... + H$_2$ ⇌ ...

Monoaromatics hydrogenation: ... + 3H$_2$ → ...

Hydrodealkylation: ... + H$_2$ → ... + RH

... + H$_2$ → ... + RH

Hydrodecyclization: ... + 2H$_2$ → ... + C$_2$H$_6$

Hydrocracking: C$_n$H$_{2n+2}$ + H$_2$ → C$_a$H$_{2a+2}$ + C$_b$H$_{2b+2}$ (a+b = n)

Isomerization of paraffins: ... ⇌ ...

Polyaromatics hydrogenation: ... + 2H$_2$ → ... + 3H$_2$ → ...

Coking: Polyaromatics · $\xrightarrow{\text{+ Olefins}}$ Alkylation $\xrightarrow{\text{-H}_2}$ Cyclization $\xrightarrow{\text{-H}_2}$ Coke

Figura 6-2- Procedimento de reacção

6-16-2- Mecanismo de reacções de hidrocraqueamento

O mecanismo das reacções de hidrocraqueamento na presença de catalisadores de dois factores tem sido amplamente investigado. A maioria dos estudos tem sido feita sobre combinações de modelos. O mecanismo das reacções de hidrocraqueamento é o mesmo que o mecanismo de iões de carbono das reacções de craqueamento catalítico, juntamente com as reacções de isomerização e hidrogenação, embora as reacções iniciais de hidrocraqueamento sejam semelhantes ao craqueamento catalítico, mas a presença de hidrogénio e agente de hidrogenação no catalisador provoca a produção de produtos saturados e também evita algumas reacções secundárias tais como a formação de coque e o craqueamento secundário.

6-16-3- Hidrocraqueamento de parafinas

O hidrocraqueamento das parafinas normais é feito por catalisadores de dois factores, de acordo com as seguintes etapas:

1) Absorção de parafina normal em centros activos de metal.

2) Hidrogenação para formar olefinas normais.

3) Remoção de olefinas normais dos centros activos metálicos e penetração para os centros activos ácidos.

4) Isomerização ou rachadura de olefinas em centros ácidos activos através da formação de iões de carbonio.

5) Remoção de olefinas formadas a partir de centros ácidos e penetração para centros activos metálicos.

6) Hidrogenação a olefinas (normal e iso) em centros metálicos activos.

7) Eliminação das parafinas resultantes.

A análise dos produtos mostra que sempre que são possíveis diferentes vias de reacção, a reacção que leva à formação ou rachadura de iões de carbonio do terceiro tipo está em prioridade (reacções d e e). As reacções de hidrogenação, hidrogenação e isomerização são reversíveis, enquanto que a reacção de fissuração é irreversível. A fissuração ocorre num local que se encontra numa posição relativa ao átomo de carbono carregado positivamente. A falha na posição pode levar à formação de iões de carbonio do segundo e terceiro tipos, e os iões de carbonio do primeiro tipo nunca são formados.

Os mecanismos propostos na fissuração mostram que durante o hidrocraqueamento, as parafinas normais podem sofrer diferentes isomerizações para atingir um estado favorável ao fracasso.

Na presença de catalisadores amorfos e zeólitos, a taxa de conversão de hidrogénio das parafinas aumenta com o aumento do comprimento da cadeia. A proporção de isoparafinas em relação às parafinas normais do produto é elevada, porque antes da fissuração, é feita a isomerização do ião de carbonio do segundo tipo em relação ao ião de carbonio do terceiro tipo. Além disso, a taxa de transferência do ião de hidreto para o ião de carbonio do terceiro tipo é mais elevada.

A distribuição dos produtos obtidos a partir do hidrocraqueamento normal do hexadecano por catalisadores com componentes de hidrogenação e diferentes bases é mostrada na figura (6-2). Uma relação mais elevada da resistência do componente de hidrogenação com o componente ácido no catalisador produz uma vasta gama de produtos. Este tipo de hidrocraqueamento é denominado hidrocraqueamento ideal, que está frequentemente associado a rendimentos elevados de produtos líquidos. No hidrocraqueamento ideal, as etapas que determinam a taxa de reacção global são a isomerização e o craqueamento em centros activos ácidos. Porque os centros metálicos activos realizam a hidrogenação e a desidrogenação a alta velocidade.

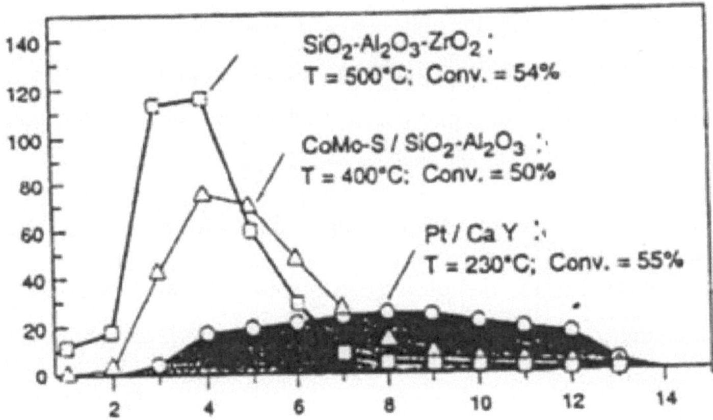

Figura 6-3 - Distribuição de produtos de acordo com o número de carbono no craqueamento catalítico e hidrocraqueamento normal do hexadecano com 50% de conversão

Pelo contrário, em catalisadores com baixas proporções de componente de hidrogenação para componente ácido, metade dos produtos primários de craqueamento permanecem nos centros ácidos activos e são submetidos a fissuras secundárias. Por este motivo, o rendimento dos produtos com baixo peso molecular será elevado.

Na ausência de componente de hidrogenação (como o craqueamento catalítico), as reacções de craqueamento secundário tornam-se mais importantes e levam a rendimentos elevados de produtos com baixo peso molecular. O hidrocracking é realizado sobre um catalisador que inclui um forte componente de hidrogenação e um componente ácido fraco ou não-ácido, com o mecanismo da hidrogenólise sobre o metal. Os resultados deste processo são uma eficiência elevada juntamente com parafinas normais em produtos (o hidrogénio atómico provoca a quebra no fim da cadeia).

6-16-4- Hidrocracking de aromáticos alquílicos

As reacções observadas no hidrocracking dos alquil aromáticos são: isomerização, dealquilação, transferência do grupo alquilo, redução do anel de benzeno, ciclização, que provoca a produção de uma vasta gama de produtos.

6-16-5- Hidrocraqueamento de aromáticos policíclicos

O mecanismo de reacções de hidrocraqueamento de aromáticos policíclicos é relativamente complexo e inclui hidrogenação, isomerização, alquilação e craqueamento.

O efeito da pressão e da temperatura do hidrogénio sobre a hidrogenação dos aromáticos foi investigado de um ponto de vista termodinâmico. A hidrogenação de aromáticos a temperatura constante aumenta com o aumento da pressão de hidrogénio e o componente molar nafténico no produto aumenta. A pressão de hidrogénio constante, com o aumento da temperatura, o componente molar nafténico no produto diminui. Portanto, do ponto de vista termodinâmico, a reacção de hidrogenação será favorável, aumentando a pressão do hidrogénio e diminuindo a temperatura.

6-17- Hidrocraqueamento de rações industriais

Reacções complexas ocorrem no hidrocraqueamento de rações industriais. Além das parafinas, naftenos e monoaromáticos, os alimentos industriais incluem poliaromáticos, compostos sulfurosos e azotados com pequenas quantidades de resina e asfalteno. A maioria destes compostos são absorvidos em centros activos ácidos e centros activos metálicos, pelo que a actividade do catalisador diminui. A fim de manter a actividade do catalisador, estes compostos devem ser hidrogenados rapidamente.

As resinas, asfaltenos e outros aromáticos policíclicos presentes na alimentação pesada têm um forte efeito de aglomeração sobre o catalisador.

O processamento de tais alimentos requer elevadas pressões de hidrogénio para evitar a deposição de coque e para hidrogenar os poliaromáticos.

Os produtos obtidos a partir do hidrocraqueamento de rações industriais são geralmente de alta qualidade. As especificações deste produto são as seguintes:

1) Gasolina leve que tem um elevado número de octanas de investigação.

2) Gasolina pesada, que é um alimento muito bom para a reforma catalítica devido à sua elevada quantidade de nafteno.

3) Muito boa qualidade de combustível a jacto e diesel, com elevado ponto de fumo e índice de diesel devido ao baixo teor aromático. Além disso, o diesel de produção tem um índice elevado e uma quantidade muito baixa de enxofre.

4) Devido à baixa quantidade de parafinas lineares, o ponto de fluidez e de congelação do combustível de jacto e do gasóleo são baixos.

Estas propriedades podem ser optimizadas escolhendo a alimentação correcta, as condições de processo e o catalisador. A composição do catalisador utilizado no processo tem um efeito significativo na distribuição de produtos obtidos a partir do hidrocraqueamento de rações industriais. Por exemplo, a redução da acidez do catalisador (centros ácidos activos com menos potência) reduz a eficiência da gasolina leve e do gás, enquanto que a eficiência do diesel e do combustível para motores de reacção aumenta.

6-18-Catalisadores de craqueamento e hidrocraqueamento

Este artigo é claramente claro que a presença de um catalisador não pode afectar a viabilidade das reacções químicas, porque a viabilidade de uma reacção é determinada pela termodinâmica. Desta forma, a utilização de catalisadores é um método para activar reacções que são termodinamicamente possíveis, mas que são muito lentas devido à sua própria cinética química. Portanto, o catalisador industrial deve ter actividade suficiente para poder aumentar a velocidade da reacção química e resultar numa conversão adequada dos alimentos. Uma vez que as misturas de hidrocarbonetos podem reagir em diferentes direcções, as transformações descontroladas de tais misturas produzirão um grande número de produtos diferentes. Por conseguinte, o catalisador deve ter a capacidade de activar as reacções que conduzem aos produtos desejados. Nesta base, a selectividade do catalisador é muitas vezes considerada a sua característica mais importante, porque minimiza a produção de produtos secundários.

Além disso, a actividade necessária e a selectividade do catalisador só podem permanecer no seu óptimo durante um período de tempo limitado nas condições de funcionamento dos reactores industriais. Isto significa que o catalisador deve ter estabilidade térmica e química. Certos compostos químicos podem ter um efeito negativo sobre a actividade e selectividade do catalisador. Normalmente, tais materiais que são considerados venenos catalíticos estão presentes nos alimentos e devem ser purificados e separados antes da operação. Se a actividade e selectividade do catalisador atingir abaixo do limite crítico, a totalidade ou parte das suas propriedades podem ser recuperadas através da operação. retorno

Do ponto de vista do desempenho dos reactores, actividade, selectividade, estabilidade e capacidade de recuperação são as propriedades mais importantes dos catalisadores industriais. Evidentemente, em alguns casos, as características secundárias do catalisador, incluindo as propriedades mecânicas de resistência ao esmagamento, desgaste e propriedades térmicas (calor específico, condutividade térmica) são também importantes.

Teoricamente, cada reacção química na presença de um catalisador heterogéneo consiste em cinco fases:

1) transferência de reagentes da fase homogénea (gás ou líquido) para a superfície do catalisador.

2) A adsorção química dos reagentes na superfície do catalisador.

3) Reacção química entre os reagentes adsorvidos na superfície do catalisador.

4) Remoção de produtos da superfície do catalisador.

5) Penetração dos produtos para a fase homogénea em torno do catalisador.

Se a transferência de reagentes e produtos por permeação for rápida em comparação com a taxa de reacção química, as propriedades cinéticas do catalisador estão directamente relacionadas com as características dos centros activos. As características dos centros activos são também uma função da forma como o catalisador é fabricado.

Uma vez que os fenómenos catalíticos heterogéneos são fenómenos de superfície, para que o catalisador tenha uma actividade elevada, necessita de uma superfície muito grande Um catalisador sólido com porosidade elevada proporcionará uma área de superfície muito elevada.

Para que o catalisador tenha o melhor desempenho no reactor industrial, as reacções químicas na fase de adsorção devem determinar a velocidade de todo o processo. Por outras palavras, não deve haver resistência à penetração.

Durante a construção, devem ser consideradas condições para regular as dimensões dos grãos catalisadores, por um lado, e, por outro, o tamanho dos poros e a sua distribuição devem estar dentro do intervalo apropriado.

Em termos da classificação dos furos com base no seu diâmetro, os furos com um diâmetro superior a 500 angstroms são considerados furos grandes, os furos com um diâmetro entre 200-500 angstroms são furos médios, e os furos com um diâmetro inferior a 20 angstroms são considerados furos finos.

A utilização de um catalisador faz com que as reacções de quebra molecular ocorram a baixa pressão e que se obtenham produtos de maior qualidade. O catalisador utilizado é um pó granular relativamente fino de sílica alumina, que é um composto industrial. Os principais ingredientes do catalisador são Al O_{23} e SiO_2 e é fabricado de forma sintética. O catalisador acima descrito é também encontrado naturalmente, o qual tem uma qualidade inferior à do catalisador sintético. Devido à pequenez das partículas, o catalisador tem duas propriedades que são muito importantes no processo, estas duas propriedades são:

1- Quando um pequeno fluxo de gás ou vapor de água ou ar é injectado na massa do catalisador, ou quando uma massa de catalisador é colocada no caminho do fluxo de gás a baixa velocidade, a massa do catalisador torna-se fluida e fluida e de muitas maneiras é como um O líquido actua, ou seja, o catalisador fluidizado nos tubos transfere a pressão e aumenta a pressão estática e o fluxo nos tubos. O nome do processo de craqueamento catalítico do leito do fluido deriva desta propriedade do catalisador.

2- O catalisador pode ser completamente suspenso (suspenso em gás e ar) ou transportado e movido por um fluxo de gás de alta velocidade no sentido horizontal ou vertical. Com este tipo de fluxo, o catalisador é consideravelmente diluído. Este tipo de fluxo é utilizado para transferir o catalisador do reactor para o regenerador e vice-versa.

A presença de partículas muito finas de catalisador recentemente compensado provoca isso:

- Aumentar o catalisador gasto (catalisador que é removido da chaminé pelo fluxo de gases queimados e substâncias petrolíferas).

- A carga de sistemas de reciclagem de catalisadores aumenta.

- Nos caminhos de retorno, o catalisador recuperado não flui bem.

Se as partículas catalisadoras no sistema forem grosseiras, ocorrem os seguintes problemas:

Não teremos fluido na mistura (gás sólido) e a densidade do leito fluido irá aumentar.

A mistura de gás sólido não uniforme faz com que o catalisador não seja bem regenerado e ocorre o fenómeno indesejável da produção de carbono.

6-18-1- Actividade catalítica

O termo actividade significa a capacidade relativa do catalisador para converter hidrocarbonetos petrolíferos pesados em hidrocarbonetos leves e valiosos sob certas condições (temperatura, pressão, tempo). A actividade do catalisador diminui com o tempo, devido à sua utilização. A diminuição da actividade é mais rápida no início da operação inicial, mas diminui mais tarde ao adicionar um novo catalisador ao sistema (no regenerador), a diminuição da actividade do catalisador utilizado no sistema (reactor regenerador) é compensada e após algum tempo atinge o estado de equilíbrio. Se a actividade de equilíbrio do catalisador for demasiado baixa, a actividade do catalisador no sistema deve ser aumentada através do aumento do novo catalisador e da drenagem de parte do catalisador gasto (catalisador no reactor e sistema de regenerador). Uma certa quantidade de desactivação do catalisador é normal e inevitável.

6-18-2- O efeito do nanocatalisador reforçado no processo de decomposição catalítica do fluido do leito

Nos últimos anos, a tecnologia de fabrico e utilização de catalisadores zeolite tem sido de grande interesse, e tem sido feita muita investigação sobre a utilização destes catalisadores em nano dimensões, e os resultados desta investigação mostram que a utilização de nanocatalisadores no processo de cracking catalítico de leito fluidizado tem as propriedades acima referidas.

Causa um grande efeito nos catalisadores, incluindo uma actividade muito mais intensa e estabilidade. Os catalisadores comuns $Al\ O\ /SiO_{232}$ podem ser produzidos em dimensões nano e tornados mais activos com a ajuda de vapor de água contendo amoníaco a alta temperatura e combinados com óxidos de metais alcalinos de terras raras. Estes chamados nanocatalisadores melhorados podem ser utilizados para reduzir olefinas no processo de craqueamento catalítico de leito fluido e alcançar um número de octanas mais elevado para a gasolina final. Os nanocatalisadores mencionados podem ser utilizados em dois estados simples e compostos com óxido de gálio no processo de craqueamento catalítico de leito fluidizado. É evidente que a presença de óxido de gálio juntamente com o catalisador será eficaz nos resultados. A presença de óxido de gálio juntamente com o catalisador neste processo terá um efeito significativo na actividade e estabilidade do nanocatalisador, de modo que uma quantidade adequada deste óxido aumentará a eficiência dos catalisadores na redução de compostos olefínicos e também aumentará a estabilidade do catalisador, que se deve à presença de pontos mais ácidos nos poros e à superfície mais activa do catalisador. Além disso, o curto comprimento dos seus canais aumentou a velocidade de penetração molecular e reduziu o tempo de residência das moléculas nestes canais, em resultado do qual veremos uma diminuição na produção de coque nos canais. De facto, a ampla superfície deste nanocatalisador reforçado e a presença de muitos pontos ácidos e as complexas propriedades eléctricas destas partículas provocam a quebra das ligações C-S, e claro, provocará mais produção de $S2H$ nos gases de escape. Em geral, pode dizer-se que a presença de óxido de gálio juntamente com os nanocatalisadores de zeólito irá aumentar o número total de sítios ácidos na superfície do nanocatalisador e aumentar a actividade e a capacidade de fissuração e dessulfuração. Portanto, este nanocatalisador reforçado será a melhor opção para reduzir os compostos de tiofeno no processo de craqueamento catalítico de leito fluidizado. Além disso, como os metais activos platina (Pt) e rénio (Re) também são utilizados em bases de alumina e zeólito, podemos mencionar nanopartículas catalíticas de Pt-Re. Outros catalisadores utilizados são a silica-alumina ou silica-magnesia (óxido de magnésio), que são transformados em nanocatalisadores de sílica e magnésia.

6-18-3-Catalisadores do processo de hidrocraqueamento

Os catalisadores do processo de hidrocraqueamento são de dois factores. Estes catalisadores incluem um agente de fissuração e um agente de hidrogenação. A base ácida realiza a acção de fissuração, enquanto a acção de hidrogenação é realizada pelos metais.

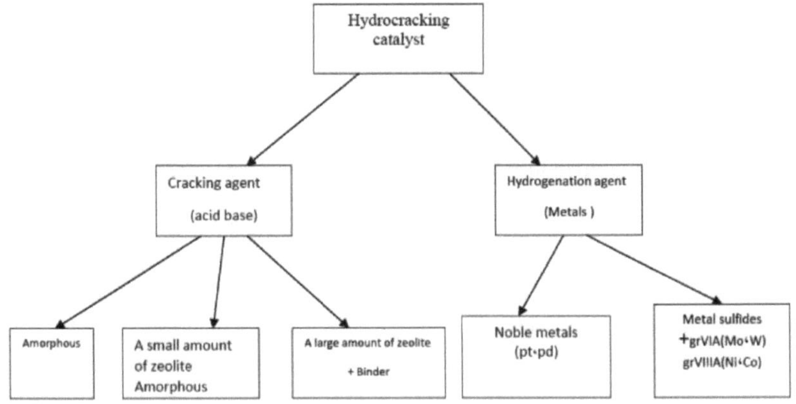

A fim de obter uma actividade e selectividade óptimas, deve ser estabelecido um equilíbrio entre as operações de craqueamento e de hidrogenação.

Agora vamos dar uma breve descrição sobre os diferentes componentes dos catalisadores de hidrocraqueamento:

6-18-3-1- Componente zeólito

Os zeólitos são aluminosilicatos cristalinos de síntese natural que têm pequenos poros e têm propriedades de troca iónica, absorção e peneira molecular. Os zeólitos são sintetizados a partir de uma lama contendo sílica (silicato de sódio), fonte de alumina (aluminato de sódio) e soda. O zeólito sintetizado é convertido num catalisador activo sob permuta iónica e processos térmicos. Nos catalisadores de hidrocracking com uma grande quantidade de zeólito, a acção de craqueamento é apenas responsável pelo componente zeólito do catalisador. Nos catalisadores com uma grande quantidade de zeólito, a acção de fissuração é apenas da responsabilidade do componente zeólito do catalisador. Nos catalisadores com uma pequena quantidade de zeólito, tanto o componente zeólito como o componente ácido amorfo (sílica alumina) são responsáveis pelo craqueamento, e nos catalisadores amorfos, apenas o componente ácido amorfo realiza a acção de craqueamento.

Entre as vantagens dos catalisadores à base de zeólito em comparação com os catalisadores amorfos, podemos mencionar mais acidez, mais estabilidade térmica, mais resistência aos compostos que contêm enxofre e nitrogénio, e uma recuperação mais fácil.

A superfície específica e a elevada porosidade dos zeólitos ajudam a aumentar a proximidade dos reagentes aos centros ácidos activos. A forte acidez dos zeólitos causa a rachadura das fracções de destilação média em fracções mais leves, como a nafta. A alta estabilidade térmica dos zeólitos com uma baixa quantidade de sódio torna possível recuperar o catalisador sem danificar a estrutura dos zeólitos. Moléculas de hidrocarbonetos com pontos de ebulição elevados e peso molecular elevado (mais de 25 átomos de carbono por molécula) não são capazes de entrar nos poros de zeólito. Estas moléculas são quebradas pelo componente ácido amorfo do catalisador, tal como a alumina de sílica. Para as moléculas quebradas pelo componente amorfo, é possível ser submetido a fissuras secundárias por zeólito. O estado dos poros e os limites de penetração da zeólita são os factores de controlo que determinam a selectividade e a actividade catalítica.

6-18-3-2- Componentes não zolíticos

Nos catalisadores amorfos, o componente amorfo é a base do catalisador, que também é responsável pela fissuração. Este componente inclui óxidos amorfos com propriedades ácidas. Em alguns catalisadores de hidrocracking, a base é constituída por uma mistura de óxido amorfo ácido e zeólito. Os óxidos amorfos participam na fissuração com a ajuda de um agente ácido e a sua elevada área de superfície específica ajuda a espalhar metais hidrogenados. Além disso, alguns destes componentes mantêm o catalisador a um nível óptimo em termos de resistência à auto-ignição e resistência ao desgaste. Deve ser mencionado que alguns dos óxidos amorfos se transformam em forma cristalina sob calcinação. Por exemplo, a alumina amorfa transforma-se em alumina gama. Os componentes amorfos mais comuns são a alumina e a sílica alumina.

Outros componentes amorfos são: sílica, magnésia, sílica-titânia, sílica-alumínio-titânia, titânia, alumina, sílica-alumínio-zircónio.

A) Alumina

A alumina é o principal componente de muitos catalisadores de hidrocraqueamento de zeólitos. Entre os tipos de alumina, soda e boehmite são os mais utilizados como aglutinantes em catalisadores de hidrocraqueamento.

Normalmente, o refrigerante e a boehmite são peptizados por ácido antes de se misturarem com outros componentes catalisadores, de modo a obter extrudados com alta resistência ao esmagamento e boa resistência à abrasão. O soda e boehmite é a forma microcristalina de boehmite, que se transforma em alumina gama a cerca de 300° C e delta alumina a 870° C durante o processo de calcinação. As propriedades ácidas da alumina gama são fracas e, ao colocar halogéneo (F ou CL) na sua superfície, a acidez aumenta.

b) Alumina de sílica

A sílica amorfa de alumina é a base ácida de muitos catalisadores amorfos comerciais. Estes tipos de catalisadores são utilizados para maximizar a eficiência dos produtos de destilação intermédia. A relação entre a composição do catalisador, a temperatura de funcionamento e a selectividade dos produtos de destilação intermédia é mostrada na figura (6-5). Como se pode ver, o catalisador amorfo actua a uma temperatura mais elevada e mostra mais selectividade do que os produtos de destilação intermédia.

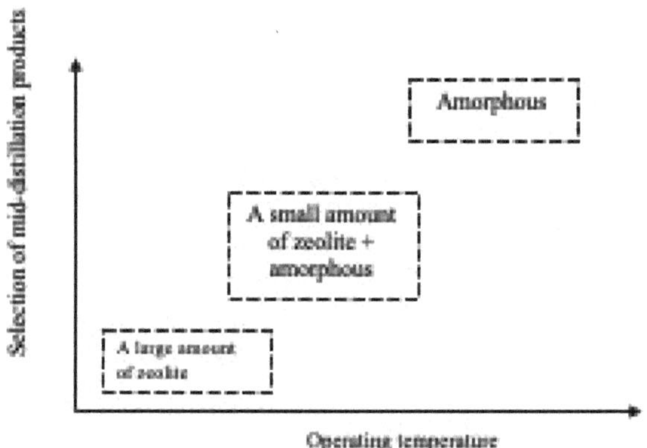

Figura 6-5- A relação entre factores de cracking catalítico, temperatura de funcionamento e selectividade dos produtos de destilação intermédia a uma percentagem de conversão constante.

Devido ao facto de produtos de destilação intermédia, tais como querosene e gasóleo, serem mais amplamente utilizados no país, são utilizados catalisadores seleccionáveis nos processos de hidrocraqueamento das refinarias iranianas. Estes catalisadores são baseados em alumina de sílica amorfa.

6-18-3-3- Componente metálico

O componente metálico dos catalisadores de hidrocraqueamento é responsável pelo processo de hidrogenação-hidrogenação. Os factores que são eficazes na determinação da actividade de hidrogenação são: o tipo de metal - a proporção de metais (quando é utilizado mais de um metal) - a quantidade de metais - a posição do metal sobre a base.

Vários metais de hidrogenação são utilizados para o processo de hidrocraqueamento, que incluem: metais nobres (platina, paládio, grupo VIA sulfuretos metálicos (molibdénio, tungsténio) e grupo VIIIA (níquel, cobalto), a comparação da actividade de hidrogenação de diferentes fabricantes é a seguinte

Sulfureto de metais nobres > Sulfureto de pares de metais dos grupos VIA e VIIIA > Metais nobres

Por esta razão, os metais nobres são normalmente utilizados em ambientes sem enxofre. Em condições de laboratório, é possível tornar o ambiente livre de enxofre, enquanto na indústria é muito difícil remover os gases da mistura em contacto com o catalisador. Os processos de hidrocraqueamento de alimentos industriais são geralmente realizados na presença de compostos orgânicos contendo enxofre, nestes casos são utilizados metais dos grupos VIA e VIIIA.

O estudo da actividade de hidrogenação dos metais dos grupos VIA e VIIIA utilizando tolueno como molécula de amostra na presença de sulfureto de hidrogénio mostra a relação atómica óptima da seguinte forma

$$\frac{M(gr\ VIIIA)}{M(gr\ VIIIA) + M(gr\ VIA)} \cong 0/25 \tag{6-12}$$

$$M(gr\ VIIIA) = Co, Ni \qquad\qquad M(gr\ VIA) = Mo, W$$

A comparação dos metais de hidrogenação dos grupos VIA e VIIIA é a seguinte:

$$Ni - W > Ni - Mo > Co - Mo > Co - W \qquad (6\text{-}13)$$

A mesma diminuição de actividade tem sido observada no caso da hidrogenação de aromáticos mais pesados.

Para além do tipo de metais e da sua relação, a hidrogenação tem sido utilizada em grande quantidade sob a influência da quantidade de metais, o que depende do equilíbrio óptimo entre a fissuração e a hidrogenação. A quantidade de metais nobres é inferior a 1% em peso, são sugeridos óxidos de cobalto e níquel (3-8%) em peso e óxidos de molibdénio e tungsténio (10-30)% em peso. A elevada quantidade de componentes metálicos no catalisador reduz a actividade.

Para que o catalisador de hidrocracking seja mais eficaz, é necessário estabelecer uma rápida transferência molecular entre centros activos ácidos e centros activos metálicos, a fim de evitar reacções secundárias indesejáveis. Para este efeito, os centros activos de hidrogenação devem ser colocados nas proximidades dos centros activos de craqueamento.

Para a produção de produtos de destilação média a partir de estacas pesadas, são utilizados sulfuretos metálicos de Ni-W e Ni-Mo, que têm um maior poder de hidrogenação. Embora o sulfureto de par metálico Ni-W seja mais activo que o Ni-Mo, devido a questões económicas, recomenda-se a utilização do par metálico Ni-Mo. Alguns pontos sobre catalisadores de níquel-molibdénio à base de silica-alumina:

6-18-4-O papel do níquel como promotor da actividade de hidrogenação

A colocação de metais como o níquel sobre bases ácidas torna alguns dos cátions metálicos indisponíveis para os reagentes e não se observa uma elevada actividade de hidrogenação. Porque existe um efeito mútuo entre tais metais e bases ácidas. Mas quando o metal molibdénio é colocado sobre tais bases, mostra uma alta actividade de hidrogenação, e quando se lhe adiciona níquel, a potência de hidrogenação aumenta. No caso de bases inertes, tais como a sílica, a actividade de hidrogenação do sulfureto de níquel é superior à do sulfureto de molibdénio.

6-18-5- A estrutura dos catalisadores de sulfureto

Foram feitos muitos estudos sobre catalisadores de sulfureto para processos de conversão de hidrogénio. Apesar dos estudos conduzidos, a natureza dos centros catalíticos activos e a sua estrutura continuam desconhecidos. Antes da sulfidação, os metais activos no catalisador calcinado apresentam-se sob a forma de óxidos. Após a sulfidação na presença de hidrogénio, os respectivos metais transformam-se em sulfuretos tetravalentes, o cobalto e o níquel podem formar diferentes sulfuretos, o que depende da quantidade de metal e da temperatura de sulfidação.

As experiências conduzidas mostram que nos catalisadores que contêm níquel e molibdénio à base de alumina, a maioria dos átomos de níquel são absorvidos nos cristais e formam a fase Ni-Mo-S, que é o principal centro da actividade de hidrogenação do catalisador. Não foram obtidos resultados precisos de catalisadores à base de sílica, alumina e zeólito, porque tais sistemas são complexos e podem formar-se vários sulfuretos metálicos.

6-18-5-1- Envenenamento e desactivação de catalisadores de sulfureto

O envenenamento por catalisador é o resultado da forte interacção entre as impurezas na ração e os centros activos do catalisador. Esta interacção é acompanhada por uma reacção química e pode ser reversível ou irreversível, dependendo da força de absorção. O nitrogénio nos alimentos é um veneno dos centros activos ácidos, e os metais presentes causam o envenenamento dos centros activos. Enquanto os compostos contendo enxofre são o veneno de catalisadores contendo metais nobres, a sulfidação dos catalisadores de níquel-molibdénio aumenta a actividade do agente de hidrogenação e diminui a sua taxa de desactivação.

A desactivação dos catalisadores de hidrocraqueamento de aparas pesadas é o resultado do fecho dos furos. Na primeira fase, a deposição de coque reduz a actividade do catalisador num curto período de tempo e atinge um valor de equilíbrio. A segunda fase de desactivação está relacionada com a acumulação gradual de sulfureto metálico, o que reduz a actividade do catalisador. A diminuição da actividade continua até os furos ficarem completamente bloqueados.

6-18-6- Regeneração de catalisadores

Em todos os reavivamentos do cracking catalítico, o vapor é utilizado para o catalisador limpo de hidrocarbonetos. A velocidade de combustão do coque nos catalisadores de craqueamento é muito mais lenta do que a velocidade de craqueamento. Em unidades de leito fixo, o tempo de limpeza da unidade é de cerca de vinte minutos, ou seja, o dobro do tempo que o processo demora. O sal fundido circula dentro dos tubos do leito do catalisador e é aquecido durante a regeneração, depois os reactores de regeneração são aquecidos primeiro e depois transferidos para o reactor de processo. A temperatura do sal é limitada a 500-485 C, embora sem dúvida alguns dos grãos do catalisador tenham sido testados a temperaturas mais elevadas. Como resultado, os átomos do catalisador encolhem a temperaturas elevadas e o volume do leito do catalisador diminui, e o catalisador fresco deve ser adicionado ao reactor correspondente até que este atinja o volume inicial.

Nas unidades de leito fluidizado, o catalisador quente move-se do regenerador para o reactor e o calor é transferido juntamente com ele. O regenerador inclui molas de arrefecimento (COILS) e o vapor é gerado no seu interior. A temperatura do regenerador é de 550-575 C. Por cada minuto que o catalisador pára no reactor, devem permanecer dois minutos no regenerador. Mesmo com a presença de molas de arrefecimento, por vezes desenvolvem-se pontos quentes, o que provoca a formação de grandes grumos fundidos, e a unidade deve ser desligada para remover os grumos. Nos regeneradores de leito fluido, a temperatura do catalisador situa-se entre 600-650 C, o que é ligeiramente superior em condições operacionais e cerca de 700 C. Esta temperatura aumenta a velocidade de combustão, e também aumenta a pressão de funcionamento, até que a pressão parcial de oxigénio no regenerador aumente. Este trabalho ajuda a queimar o coque rapidamente, mas o volume do regenerador deve ser maior que o volume do reactor, porque a queima do coque é mais lenta que a sua formação.

Devido ao movimento do catalisador no regenerador, não teremos o problema dos pontos quentes. Os regeneradores na unidade têm, por vezes, qualidade semelhante. Uma certa quantidade de carbono é libertada como CO, o que depende naturalmente do catalisador e de outros factores variáveis. Contudo, se a saída de gás também contiver uma concentração significativa de oxigénio, o CO e o oxigénio causarão o problema de pós-combustão, se a pós-combustão não for controlada, o equipamento será danificado. Foram desenvolvidas diferentes técnicas, que o revelam e controlam, e é normalmente extinguido pela injecção de água.

Em nenhum dos sistemas de regeneração do catalisador, o coque não é completamente removido e o catalisador regenerado ainda contém alguns décimos de percentagem de enxofre. Com a melhoria das condições de regeneração, a quantidade de coque residual permanece 0,2-0,4% do coque original sobre o catalisador. No leito fluidizado, é possível determinar a quantidade de coque catalisador, de modo a que a quantidade real seja comparada com uma quantidade padrão regulada. Os compostos de enxofre são absorvidos mais rapidamente do que os hidrocarbonetos na superfície do catalisador. Sempre que o coque catalisador contém uma elevada percentagem de enxofre (o enxofre vem da alimentação), o enxofre no coque queima em dióxido de enxofre e é libertado para a atmosfera.

6-18-7- Tipos de catalisadores de fissuração

Com excepção de algumas pequenas excepções, todos os catalisadores de fissuração comercial são baseados em silica-alumina, que são geralmente divididos em três categorias com base num ou mais tipos da sua composição:

1- Silicatos ácidos de alumínio natural

1- Compostos sintéticos de sílica-alumina de Fig

2- Compostos sintéticos cristalinos de sílica-alumina

Todos estes são ácidos a altas temperaturas e a sua actividade catalítica é um sinal das suas propriedades ácidas. Até agora, a questão dos seus ácidos ainda não foi resolvida, quer sejam ácidos Brunsted, Lewis ou ambos. Os catalisadores do grupo 3 são utilizados em mais de 90% dos catalisadores de fendilhação comuns, o que, naturalmente, deve ser considerado na sua história. Além disso, foram também propostos catalisadores artificiais de pouca utilização, óxido de silício e magnésio, óxido de alumínio e óxido de silício e zircónio. O óxido de alumínio, o óxido de alumínio-cromo e os catalisadores de óxido de alumínio-platina utilizados em operações, reforma catalítica, não incluem novas discussões.

Os mais antigos catalisadores de craqueamento de argila eram argilas montmorilonite ácidas. Estas argilas de aluminosilicato contêm alguns iões variáveis (um tipo de zeólito alcalino).

Durante o processo, estes iões zeólitos tornam-se ácidos, que na realidade é uma estrutura de silicato de alumínio, metade do qual é alumínio. Estes catalisadores são muito utilizados, mas têm duas fraquezas: têm uma quantidade de ferro na sua estrutura cristalina, que é activada com enxofre de petróleo, e como resultado, durante a regeneração, o enxofre é oxidado, e durante o processo de circulação, o catalisador que coque e dá hidrogénio. Além disso, estes catalisadores são sensíveis a elevados graus de regeneração, que mais tarde esta fraqueza foi resolvida de diferentes maneiras. Outros silicatos de alumina, tais como halosite e caulinite, que eram ácidos, bem como solos argilosos, foram melhorados através da extracção de cinquenta por cento de alumina e algum ferro dos mesmos e depois da adição de alguma alumina, por outras palavras, um tipo de catalisador semi-sintético a ser criado.

6-18-7-1- Envenenamento

Basicamente, os compostos de azoto no petróleo bruto actuam como venenos temporários para craqueamento de catalizadores. Estes compostos reagem claramente com centros ácidos no catalisador e previnem a reacção de fissuração. Os compostos de nitrogénio são também adicionados ao bolo de produção. Claro que isto não significa que os óleos que têm compostos azotados não sejam rachados, mas a actividade dos catalisadores é obviamente menor do que quando não há compostos azotados. A quantidade de nitrogénio é 1000ppm/wt elevada e 3500ppm/wt é extremamente elevada.

A presença de compostos metálicos no petróleo acumula-se e instala-se no catalisador. A maioria destes compostos são ferro, níquel e vanádio. Mostram os seus efeitos no catalisador de duas maneiras: durante o processo metálico, acelera a formação de coque e hidrogénio, sem ajudar a formação de gasolina, e na regeneração, queimam até 2CO. Aceleram o CO mais do que o CO e como resultado libertam algum calor desnecessário durante a regeneração. Estão disponíveis métodos para remover estas contaminações do catalisador, mas estes métodos não têm muito benefício aceitável. Destes três metais, o ferro tem o menor dano, o vanádio é cerca de quatro vezes superior ao do ferro e o níquel é cerca de catorze vezes superior ao do ferro. Se a concentração de impurezas metálicas no catalisador for expressa em termos de ppm, wt. O efeito total dos danos é descrito como se segue:

Fe + FV+14Ni (6-13)

Se o cobre também estiver presente, o seu efeito é semelhante ao do ferro. Quando o total acima é superior a 1000ppm/wt, o catalisador está muito mal contaminado.

Alguns consumidores descobriram que os catalisadores de peneiras moleculares são menos sensíveis à contaminação metálica do que o silicato de alumínio amorfo. Em alguns casos, os catalisadores incluindo a peneira molecular podem tolerar uma poluição de 2000-3000ppm/wt (ou seja, mais do que a escala normal e o limite permitido).

Quando num processo o petróleo bruto contém grandes quantidades de metal, um catalisador barato como os catalisadores semi-sintéticos pode ser utilizado, de modo a que o catalisador contaminado seja deitado fora e rapidamente substituído por um novo catalisador.

6-18-7-1-1- A fonte do coque

Muitos dos catalisadores que são utilizados para reacções orgânicas, formas de escala sobre eles e esta escala destrói-os. Na maioria das vezes, em termos de aspectos económicos, é melhor queimar este coque e reutilizar o catalisador, se por vezes for referido como carbono, mas as camadas formadas sobre o catalisador são uma pequena quantidade de carbono e muitas vezes contêm oxigénio, enxofre e até nitrogénio.

6-18-7-1-2- Queimar numa cama fixa

Se o ar for passado através de um leito de catalisador fixo com coque suficiente (cerca de 500 C), começará a combustão entre o ar e o catalisador e formar-se-ão pontos quentes ou camadas quentes. Se tivermos ar suficiente, atingiremos uma temperatura elevada, o que causará danos no catalisador.

Várias técnicas são utilizadas para reduzir os pontos quentes e reduzir a deterioração dos catalisadores. Um método comum consiste em reduzir a quantidade de oxigénio em 2-3% e também devolver o gás. Este trabalho irá aumentar a espessura dos pontos quentes e reduzir a temperatura máxima. Os gases inertes e neutros irão transportar o calor gerado pela queima. Para aumentar a velocidade global de combustão, a pressão do gás de retorno é aumentada em cerca de 2-10 atm.

Sem queima secundária, o carbono e a grafite não serão convertidos a 100%, e teremos algum CO, a proporção de CO aumenta com a temperatura. Um fenómeno semelhante ocorre durante a regeneração de alguns catalisadores e 30-50% do carbono é convertido em CO. Por conseguinte, a redução do calor libertado é lógica. Em geral, os catalisadores que não têm actividade de oxidação-regeneração são queimados sob esta forma. Os catalisadores de oxidação-regeneração, tais como os catalisadores à base de alumínio, à base de sílica, ou à base de platina, à base de alumínio, quando o coque é queimado sobre eles, uma quantidade extremamente pequena ou não terá qualquer CO.

6-18-7-1-3- Queimar num leito de fluido

A queima de coque em grãos catalisadores separados foi estudada em condições ideais e foram provados princípios úteis. Se removermos o calor obtido como resultado da regeneração, de modo a que a queima ocorra a uma temperatura constante e seja utilizado oxigénio em excesso, a velocidade de queima principal pode ser determinada. Com uma única camada ou uma pequena quantidade de coque, a velocidade de queima principal é a reacção de primeira ordem:

$$d\frac{[c]}{dt} = -kc \qquad\qquad (6\text{-}14)$$

Nesta equação, C é a concentração de coque, t é o tempo, e k é uma constante que muda com a temperatura e concentração de oxigénio. Quando existe mais de uma camada única de coque, a taxa de combustão é um pouco mais lenta, e quando nos aproximamos de uma única camada, os resultados da combustão contínua das camadas superiores tendem à equação (1). A energia de activação para a queima principal de coque é de 37,6 kcel/mol. Estas relações são iguais a grãos de 2 mm de diferentes catalisadores e com depósitos que incluem diferentes relações C/H para catalisadores gerais, excepto para catalisadores que têm actividade de oxidação-regeneração. É aplicável. A principal constante de taxa de queima de coque é obtida da seguinte forma:

$$K = 2\times10^{8}\exp(-37600/RT) \qquad\qquad \sec^{-1} atm^{-1} \qquad\qquad (6\text{-}15)$$

6-18-7-1-4- Queima de catalisadores em pó

É relativamente mais fácil queimar catalisadores em pó na forma em comparação com os grãos. As partículas são geralmente tão pequenas que não há efeitos de permeabilidade. A incineração é geralmente feita num leito fluidizado, e qualquer tipo de calor é imediatamente disperso pelo movimento rápido do catalisador, e a regeneração é feita pelo ar ou por um gás contendo 2-3% de oxigénio.

O processo de craqueamento catalítico é um dos processos mais importantes para a produção de gasolina na refinaria. Este processo inclui três partes principais: riser, silício e separador, sendo a parte mais importante o riser ou reactor, onde são efectuados os processos de craqueamento.

A alimentação deste processo é normalmente o resíduo pesado da torre de destilação a vácuo, e é convertido em gotículas muito pequenas pelos bicos localizados à entrada do riser. Estas pequenas gotículas líquidas vaporizam-se em contacto com os catalisadores quentes. As partículas de catalisador deslocam-se para o topo do riser juntamente com a alimentação evaporada e a fase de fluidificação, e durante este processo, formam-se produtos de hidrocarbonetos. O coque produzido a partir do processo de craqueamento reduz o catalisador, depositando-o na superfície do catalisador. Os silicones são instalados no final do riser, o que separa o vapor dos produtos dos catalisadores de coque. O vapor dos produtos entra na coluna de separação e os produtos são separados uns dos outros. Os catalisadores também entram no regenerador e o coque na superfície do catalisador queima em contacto com o ar a alta temperatura. Os catalisadores quentes sem coque reentram na entrada do riser e fornecem o calor necessário para as operações de vaporização e craqueamento.

6-19- Reacções importantes durante o processo de craqueamento catalítico

1- Reacções de rachadura

- Quebrar parafinas e transformá-las em olefinas e parafinas leves

$$C H_{1022} \rightarrow C H_{36} + C H_{716} \quad (6\text{-}16)$$

- Quebrar olefinas em olefinas leves

$$C H_{816} \rightarrow C H_{510} + C H_{36} \quad (6\text{-}17)$$

- Quebrar e abrir o anel

$$ArC H_{1021} \rightarrow ArC H_{59} + C H_{512} \quad (6\text{-}18)$$

- Quebrar os naftenos e transformá-los em olefinas e compostos cíclicos mais leves

$$Cyclo\text{-}C H_{1020} \rightarrow C H_{612} + C H_{48} \quad (6\text{-}19)$$

- n-olefina a iso-olefina

$$1\text{-}C\,H_{48} \rightarrow Trans\text{-}2\text{-}C\,H_{48} \qquad (6\text{-}20)$$

- n-parrafinas para iso-parrafin

$$n\text{-}C\,H_{410} \rightarrow iso\text{-}C\,H_{410} \qquad (6\text{-}21)$$

3- Transferência de hidrogénio

Aromático + parafina $\rightarrow$ nafteno + olefina

- Cicloaromática

$$C\,H_{612} + 3C\,H_{510} \rightarrow C\,H_{66} + 3C\,H_{512} \qquad (6\text{-}22)$$

- Conversão de olefinas em parafinas e aromáticas

$$4C\,H_{612} \rightarrow 3C\,H_{614} + C\,H_{66} \qquad (6\text{-}23)$$

Trans Alquilação / Transferência de grupos alquílicos:

$$C\,H_{64}\,(CH\,)_{32} + C\,H_{66} \rightarrow 2C\,H_{65}\,CH_3 \qquad (6\text{-}24)$$

Quadro 6-1- Alguns modelos utilizados no craqueamento catalítico de leito fluidizado

Characteristics Model	Two-Phase Models	Kinetics of Gasoline Formation	Kinetics of Carbon Formation	Kinetics of Carbon Burning	Predicts Multi-plicity	Verified Against Industrial Data
L & L [40]	No	Yes	Yes	Yes	No	No
K [25]	No	No	Yes	Yes	No	No
I [24]	No	No	Yes	Yes	Yes	Yes
L & K [26]	No	No	Yes	Yes	No	Yes
E & E [28]	Yes	Yes	Yes	Yes	Yes	No
E & K [27]	No	No	Yes	Yes	Yes	Yes
E & E modified [30]	Yes	Yes	Yes	Yes	Yes	Yes

Para apresentar o modelo matemático, foram considerados os seguintes pressupostos:

- Um fluxo unidimensional é considerado no reactor sem mistura radial e axial.

- A capacidade térmica e a viscosidade de alimentação são assumidas constantes para todos os componentes.

- Em cada parte, o gás e o catalisador têm a mesma temperatura.

- Uma evaporação instantânea ocorre na entrada do riser.

- Todas as reacções de rachadura são feitas no riser.

O modelo foi considerado com base num modelo de 4 lâmpadas para a reacção como se segue:

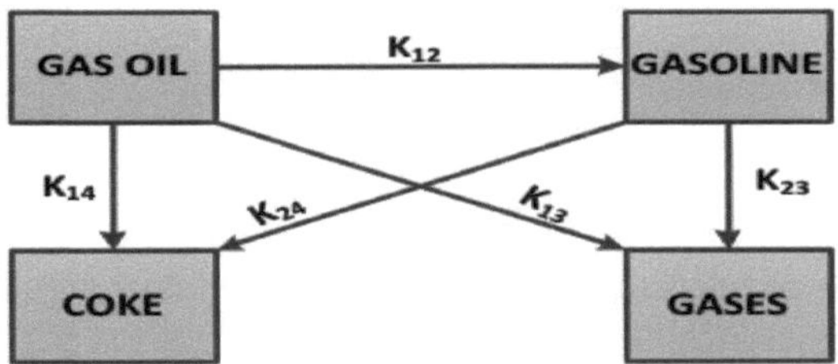

Figura 6-6- O esquema da reacção

Para modelagem, o reactor foi dividido em pequenos elementos iguais à altura .$z\Delta$ Estes elementos são numerados de baixo para cima, e a alimentação na mesma entrada, em contacto com o catalisador quente, é vaporizada e a reacção começa. Em cada elemento, o balanço de massa e energia pode ser escrito para os componentes existentes. O balanço de massa é expresso da seguinte forma:

$$y_{i(j+1)} \times F_{rate} - y_{i(j)} \times F_{rate} = r_{i(j)} \times C_{rate} \times \tau_{(j)} \rightarrow y_{i(j+1)} =$$
$$y_{i(j)} + r_{i(j)} \times CTO \times \tau_{(j)} \qquad (6\text{-}24\ ($$

As seguintes equações de velocidade para o esquema acima são obtidas como se segue:

$$(-r_1) = (k_{12} + k_{13} + +k_{14})y_1^2 * \varphi \qquad (6\text{-}25\ ($$

$$(-r_2) = [(k_{23})y_2 - k_{12}y_1^2] * \varphi \qquad (6\text{-}26\ ($$

$$(-r_3) = (-k_{23}y_2 - k_{13}y_1^2) * \varphi \qquad (6\text{-}27\ ($$

$$(-r_4) = -k_{15}y_1^2 * \varphi \qquad (6\text{-}28)$$

Os parâmetros utilizados na equação acima podem ser definidos da seguinte forma:

$k_{ij} = rate\ constants\ for\ the\ cracking\ of\ lumps\ i\ to\ j$

$r_i = reaction\ rates\ with\ respect\ to\ lumps\ \cdot i\ with \cdot 1\ \cdot 2\cdot 3\cdot 4;$

Para desactivar o catalisador, é utilizado um parâmetro chamado φ, que é definido como se segue:

$$\varphi = \exp(-K_d t_c) \qquad (6\text{-}29)$$

que t_c é o tempo de residência do catalisador e é obtido a partir da seguinte relação:

$$t_c = \frac{V_R}{\vartheta_{cat}} \qquad (6\text{-}30)$$

V_R e ϑ_{cat} são o volume do reactor e a taxa de volume do catalisador, respectivamente, que são obtidos a partir das seguintes relações, respectivamente:

$$V_R = A_R L_R \qquad (6\text{-}31)$$

$$\vartheta_{cat} = \frac{F_0 * CTO}{\rho_{cat}} \qquad (6\text{-}32)$$

que ao colocar em relação t_c temos:

$$t_c = \frac{A_R \rho_{cat} L_R}{F_0 CTO} \qquad (6\text{-}33)$$

K$_d$ é o coeficiente de retardamento do catalisador, que está relacionado com a temperatura pela relação Arrhenius:

$$K_d = K_{d0} \exp(-\frac{E}{RT})$$ (6-34)

onde E é a energia de activação e R é a constante geral do gás.

Ao colocar as relações acima referidas no parâmetro de desactivação do catalisador, temos:

$$\varphi = \exp(\frac{-K_d A_R \rho_{cat} L_R}{F_0 CTO})$$

(6-35)

6-20- Balanço energético e de massa em estado estacionário

De acordo com a hipótese de fluxo estável no reactor, o equilíbrio de massa e energia é o seguinte:

Gasóleo (1)

$$-\frac{dy_1}{dt} = -U\frac{dy_1}{dL} =$$

$$(-r_1)\varepsilon_R$$ (6-36 (

$$-\frac{dy_1}{dt} = -U\frac{dy_1}{dL} = [K_{12} + K_{13} + K_{14}]y_1^2\varphi\varepsilon_R =$$

$$0$$ (6-37)

Gasolina(2):

$$-\frac{dy_2}{dt} = -U\frac{dy_2}{dL} = (-r_2)\varepsilon_R$$

(6-38)

$$-\frac{dy_2}{dt} = -U\frac{dy_1}{dL} = [(K_{23})y_2 - K_{12}y_1^2]\varphi\varepsilon_R =$$

$$0$$ (6-39)

GPL (3):

$$-\frac{dy_3}{dt} = -U\frac{dy_3}{dL} =$$

$$(-r_3)\varepsilon_R$$ (6-40 (

$$-\frac{dy_3}{dt} = -U\frac{dy_3}{dL} = [-K_{23}y_2 - K_{13}y_1^2]\varphi\varepsilon_R =$$

$$0 \qquad\qquad (6\text{-}41)$$

Coke (4):

$$-\frac{dy_4}{dt} = -U\frac{dy_4}{dL} =$$

$$(-r_4)\varepsilon_R \qquad\qquad (6\text{-}42)$$

$$-\frac{dy_4}{dt} = -U\frac{dy_4}{dL} = -K_{14}y_1^2\varphi\varepsilon_R \qquad\qquad (6\text{-}43)$$

O balanço energético pode ser calculado a partir da seguinte equação:

$$-\frac{dT_R}{dL} = \frac{\varphi A_R\varepsilon_R\rho_0}{(F_{cat}C_{Pcat}+F_0C_{P0})} * \left[y_1^2[K_{12}(\Delta H_{12}) + K_{13}(\Delta H_{13}) + K_{14}(\Delta H_{14})] + \right.$$

$$\left. y_2[K_{23}(\Delta H_{23}) +]\right] \qquad\qquad (6\text{-}44)$$

ε_R = average void fraction in the reactor

T_R = *temperature of the reactor*

U :velocidade superficial

F_{cat} : caudal de massa de catalisador

C_{cat} e C_{po} : capacidades de calor específicas de catalisador e gasóleo, respectivamente

:HΔcalor de reacção para a rachadura do componente i a j

Condição de fronteira:

$$y_A(0) = 1$$

$$y_i(0) = 0$$

$$T(0) = T_R$$

$$i = B\cdot C\cdot D$$

À entrada do reactor, a percentagem molar dos produtos será zero porque não foi formado nenhum produto, e a temperatura à entrada do reactor será igual à temperatura de referência, que é considerada igual a 800 graus Kelvin.

Utilizamos as seguintes variáveis para tornar as equações sem dimensão:

$$Z = \frac{L}{L_R} \qquad (6-45)$$

$$\theta_R = \frac{T_R}{T_{ref}} \qquad (6\text{-}46)$$

onde Z é a altura sem dimensões do reactor e θ_R é a temperatura sem dimensões do reactor. Substituindo estas relações em balanços de massa e energia, temos:

$$\frac{dy_1}{dz} + \frac{\varphi \varepsilon_R A_R L_A \rho_0}{F_0}[K_{12} + K_{13} + K_{14}]y_1^2 =$$

$$0 \qquad (6\text{-}47)$$

$$\frac{dy_2}{dz} + \frac{\varphi \varepsilon_R A_R L_A \rho_0}{F_0}[(K_{23})y_2 - K_{12}y_1^2] =$$

$$0 \qquad (6\text{-}48)$$

$$\frac{dy_3}{dz} + \frac{\varphi \varepsilon_R A_R L_A \rho_0}{F_0}[-K_{23}y_2 - K_{13}y_1^2] \qquad (6-49)$$

$$\frac{dy_4}{dz} + \frac{\varphi \varepsilon_R A_R L_A \rho_0}{F_0}(-K_{14}y_1^2) =$$

$$0 \qquad (6\text{-}50)$$

$$\frac{d\theta_R}{dL} + \frac{\varphi A_R \varepsilon_R \rho_0}{(F_{cat}C_{Pcat}+F_0 C_{P0})T_{ref}} * \left[y_1^2[K_{12}(\Delta H_{12}) + K_{13}(\Delta H_{13}) + K_{14}(\Delta H_{14})] + \right.$$

$$y_2[K_{23}(\Delta H_{23}) +]]=0$$

(6-51)

Para resolver as equações acima, podem ser consideradas as seguintes condições de limite:

$$Z = 0 : y_1 \cdot 1 = y_2 = y_3 = y_4 = 0 \cdot \theta_R = 1 \qquad (6\text{-}52)$$

6-21- Estimativa dos parâmetros disponíveis

Nas equações existentes, existem alguns parâmetros desconhecidos, que incluem a taxa de reacção constante para cada uma das reacções ou o factor de desactivação do catalisador. Nas tabelas apresentadas, são indicados os parâmetros utilizados na modelação, e para a constante de taxa das reacções é utilizada a dependência da constante de taxa da equação de Arrhenius, que é uma função da temperatura. Esta dependência pode ser entendida a partir da seguinte relação:

$$K_i' = K_{i0} * \exp\left(\frac{-E_i}{R*T}\right) \tag{6-53}$$

A partir das relações seguintes, assim como a atribuição da constante de velocidade calculada aos rácios estequiométricos de diferentes materiais, a constante de velocidade de cada trajecto pode ser obtida de acordo com as equações seguintes:

$$K_1 = V_{og} * K_1' \cdot V_{og} = \frac{M_O}{M_g} \tag{6-54}$$

$$K_2 = V_{oLPG} * K_2' \cdot V_{oLPG} = \frac{M_O}{M_{LPG}} \tag{6-55}$$

$$K_3 = V_{oD} * K_3' \cdot V_{od} = \frac{M_O}{M_d} \tag{6-56}$$

$$K_4 = V_{oc} * K_4' \cdot V_{oc} = \frac{M_O}{M_C} \tag{6-57}$$

Os parâmetros necessários para a equação da taxa, bem como a desactivação do catalisador (Ahari et al.) estão resumidos na tabela seguinte:

Quadro 6-2- Propriedades físicas do catalisador	
Parâmetros	Quantidade
Tamanho da partícula (m)	$75*10^{-6}$
Capacidade térmica específica(kJ/kg K)	1.12
Taxa de fluxo de massa (kg/hr)	480.49
Densidade a granel (kg/m $)^3$	975
Tempratuer (K)	975
Espera (kg)	5000-70000

Quadro 6-3- Propriedades de alimentação

Parâmetros	Quantidade
Densidade do vapor(kg/m)^3	9.52
Capacidade térmica específica(kJ/kg K)	3.3
Calor de vaporização (kJ/kg)	156
Tempratura de vaporização(K)	698
Tempratuer(K)	797
Taxa de fluxo(kg/s)	68.05

6-22- Balanço momentâneo

O equilíbrio momentâneo em estado estacionário pode ser expresso da seguinte forma:

$$\frac{d(\rho_c^- \delta_c U_c^2)}{dz} = \sum F = 0.5 C_D A_P \rho_g (U_g - U_c)^2 + \frac{2 f_s \delta_c \rho_c^- U_c^2}{D_r} - \rho_c^- \varepsilon_c g$$

(6-58)

O lado direito da equação acima mostra a soma das forças eficazes, que são a força de tracção, a força de flutuação e a força de gravidade, respectivamente. A força de tracção é causada pela diferença de velocidade entre a fase sólida e a fase gasosa, o que provoca o aumento do catalisador no reactor. A força de flutuação é expressa pela diferença de pressão entre a parede e o sólido, e a força gravitacional é causada pelo peso. C_D é o coeficiente de arrastamento que é obtido pela relação Reynolds em diferentes gamas de Reynolds. Outros parâmetros na relação de equilíbrio de momento podem ser definidos como se segue:

Quadro 6-4- Parâmetros em equilíbrio

Área total de imagem por unidade de m /m)^{23})volume	A_P

Densidade(kg/m)^3	ρ_g
Velocidade da fase do gás(m/s)	U_g
Coeficiente de fricção de fase sólida	f_s
Diâmetro do reator (metros)	D_r
Porosidade	ε_c

A relação entre o coeficiente de elasticidade e o número de Reynolds pode ser definida da seguinte forma:

$$Re_i < 1000 \quad \rightarrow \quad C_{Di} = \frac{24}{Re_i}\left(1 + 0.15 * Re_i^{0.687}\right) \tag{6-59}$$

$$Re_i > 1000 \quad \rightarrow \quad C_{Di} = 0.44 \tag{6-60}$$

A área total de imagem por unidade de volume pode ser determinada através da seguinte equação:

$$A_p = 1.5 \frac{\varepsilon_c}{d_c} \tag{6-61}$$

A seguinte relação é utilizada para a densidade:

$$\rho_{g(i)} = \left(\frac{P_{(i)} * M_{ave(i)}}{R * T_{(i)}}\right) \tag{6-62}$$

Capítulo sete

Processo de síntese Fischer-Tropsch

7-1- História da síntese de Fischer-Tropsch

Este processo foi introduzido pelos cientistas alemães Franz Fischer e Hans Tropsch em 1923, antes da Segunda Guerra Mundial. Antes disso, em 1902, um cientista chamado Sabatier e os seus colegas conseguiram produzir metano por hidrogenação de monóxido de carbono na presença de um catalisador de níquel. O processo de produção de hidrocarbonetos e compostos oxigenados a partir de monóxido de carbono, por catalisadores metálicos, foi patenteado em 1913 pela BASF. Em 1921, Calvert produziu metanol com uma eficiência de cerca de 80% utilizando gás de síntese, e em 1922, Patard produziu metanol a uma temperatura e pressão de 150-200 atmosferas, na presença de catalisadores de cobre. Em 1923, as primeiras investigações para a produção de parafinas e olefinas foram realizadas por Fischer e Tropsch. Utilizavam catalisadores de ferro, cobalto e níquel a uma temperatura e pressão de 1 atm. O desenvolvimento deste processo foi considerado um dos factores estratégicos para a Alemanha, porque a Alemanha estava envolvida na Segunda Guerra Mundial nessa altura, e devido à falta de recursos petrolíferos na Alemanha e à necessidade urgente de combustível para veículos militares, este processo poderia ser combustível líquido. para suprir as necessidades desse país. Hoje em dia, praticamente todas as parafinas e olefinas no âmbito dos produtos petroquímicos e de refinação podem ser produzidas com este processo. Nos anos anteriores à descoberta deste processo na Alemanha, o alcatrão de carvão, que era o produto da fusão do carvão, era utilizado para produzir combustíveis sintéticos. Entre 1936 e 1939, nove unidades Fischer-Tropsch foram estabelecidas na Alemanha com o objectivo de produzir 740.000 toneladas anuais de produtos petrolíferos. As fábricas alemãs utilizavam catalisador de cobalto e baixa pressão (pressão atmosférica) ou média pressão (6-10 bar) e reactores de leito fixo. Os produtos destas fábricas incluíam 46% gasolina, 23% gasóleo, 3% óleos lubrificantes e 28% ceras refinadas. Em 1937, foi iniciada em França uma unidade de baixa pressão com uma produção anual de 20.000 a 25.000 toneladas, sob a supervisão da Ruhr Chemical Company.

Em 1939, duas unidades de baixa pressão foram estabelecidas no Japão e após algum tempo foram aumentadas para quatro unidades, mas devido à falta de catalisador, a sua produção foi inferior à quantidade desejada. Durante a Segunda Guerra Mundial e 10 anos depois disso, devido ao elevado consumo de petróleo bruto, verificou-se uma grave escassez nos seus mercados. Ao mesmo tempo, foram realizados na América extensos estudos sobre a tecnologia GTL e catalisadores utilizados na síntese Fischer-Tropsch, em resultado dos quais foram estabelecidas unidades à escala semi-industrial nos estados da Louisiana e Missouri. Em 1950, a Cartridge Hydrocol, um grupo de nove empresas, concluiu a construção de uma unidade de conversão de gás natural de capacidade diária para gás de síntese utilizando uma oxidação incompleta para produzir 360.000 toneladas de gasolina e outros combustíveis líquidos anualmente. Nesta unidade são utilizados catalisadores de ferro e reactores de leito fluido rotativo. (A razão para utilizar catalisador de ferro é a sua disponibilidade e baixo preço em comparação com o cobalto). A descoberta de recursos petrolíferos muito grandes na América e a natureza antieconómica das unidades Fischer-Tropsch provocou o encerramento de algumas destas unidades desde meados dos anos 50 até ao início dos anos 90. Nos anos 90, o processo Fischer-Tropsch foi levado a cabo em escala industrial apenas na África do Sul, utilizando gás de síntese obtido a partir dos enormes recursos de carvão do país. Neste contexto, serão fornecidas mais explicações na secção relacionada com a introdução do Sasol. Além disso, a empresa petrolífera Mobil concebeu e implementou o processo MTG (Metanol para Gasolina) para a produção de gasolina a partir de metanol na África do Sul, que evoluiu em 1985 numa grande unidade de produção de gasolina a partir de metanol na Nova Zelândia. A concepção e construção desta unidade foi considerada um grande sucesso do ponto de vista técnico, mas ao mesmo tempo, o custo da gasolina produzida foi superior a 30 dólares por barril, o que exigiu um enorme investimento. Portanto, 75% do capital foi fornecido pelo governo da Nova Zelândia e 25% pela Mobil. Evidentemente, a Mobil deixou de produzir gasolina a partir de metanol no final dos anos 90 e agora produz 4.400 toneladas de metanol por dia para o mercado químico.

7-2- Introdução e visão geral da síntese de Fischer-Tropsch:

Do ponto de vista técnico, é possível sintetizar quase qualquer tipo de hidrocarboneto de qualquer outro tipo, e nas últimas cinco décadas foram introduzidos e desenvolvidos vários processos para produzir hidrocarbonetos líquidos a partir de gás natural.

Um processo GTL inclui geralmente quatro etapas básicas:

1- Entrada de alimentos, que podem ser gás natural, carvão ou cortes pesados da refinaria.

2- Conversão da alimentação em gás de síntese (uma mistura de monóxido de carbono e hidrogénio).

3- Processo de síntese Fischer-Tropsch.

4- Separar e aumentar a qualidade do produto através de hidrocraqueamento e isomerização (melhoramento do produto).

A síntese Fischer-Tropsch é um processo em que o gás de síntese é convertido em hidrocarbonetos lineares e produtos oxigenados. Esta etapa é a parte mais importante das quatro etapas acima referidas. A gama de produtos obtidos de acordo com as condições de funcionamento e o tipo de catalisador utilizado pode ser de até, mas os produtos mais importantes obtidos são nafta, gasóleo, gasolina e cruzen (produtos de destilação média). De facto, a síntese Fischer-Tropsch é um método de produção de hidrocarbonetos líquidos a partir de combustíveis como o carvão ou o gás natural. Actualmente, as empresas Sasol na África do Sul têm uma capacidade de 175.000 barris por dia, a Shell na Malásia tem uma capacidade de 12.500 barris por dia. e a unidade MTG da Mobil Company com uma capacidade de 14.500 barris por dia são as maiores unidades de síntese Fischer-Tropsch do mundo. Actualmente, muitos países adoptaram este processo, e a investigação no campo da tecnologia GTL, especialmente a síntese Fischer-Tropsch, está em expansão. As razões para uma maior atenção a este processo são:

1- A tendência decrescente das reservas mundiais de petróleo.

2- A estabilidade dos preços do gás natural contra as flutuações dos preços do petróleo sob a influência de condições políticas.

3- A distância das reservas de gás natural do mercado de consumo e os problemas mencionados em relação à sua transferência.

4- Questões ambientais e a necessidade de produzir combustíveis limpos.

As reservas comprovadas de gás natural e carvão excedem o petróleo bruto. De acordo com as estatísticas publicadas neste campo, no final de 1999, as reservas provadas de petróleo bruto eram toneladas, enquanto que as reservas de gás natural foram reportadas como metros cúbicos equivalentes a toneladas de petróleo bruto e os recursos de carvão foram reportados como toneladas equivalentes a toneladas de petróleo bruto. De 1975 a 2000, as reservas comprovadas de gás natural aumentaram, enquanto que as reservas comprovadas de petróleo bruto permaneceram aproximadamente constantes. Devido à redução dos recursos petrolíferos e ao aumento do preço do petróleo como matéria-prima, a utilização do carvão e especialmente do gás natural será cada vez mais importante, portanto, a conversão do gás natural em combustíveis líquidos fornece uma enorme quantidade de combustível portátil. Outra razão para a importância da síntese Fischer-Tropsch é que cerca de 40% dos recursos mundiais de gás estão localizados na antiga União Soviética, África e Ásia Oriental, enquanto que o seu principal mercado de consumo está na América e Europa. Por conseguinte, é necessário enviar gás natural e os seus produtos para a Europa e América, e a este respeito, foram apontados os problemas enfrentados pelos métodos tradicionais de transporte de gás.

Embora a conversão do gás natural em líquidos de hidrocarbonetos exija um grande investimento, tem vantagens especiais, tais como a transferência dos seus produtos é semelhante à transferência de produtos petrolíferos, o seu mercado de consumo é muito diversificado e vasto, e os seus produtos são combustíveis de muito alta qualidade. São elevados e muito limpos (não contêm enxofre, compostos de azoto e compostos aromáticos).

A Síntese Fischer-Tropesh, devido à criação de uma fonte potencial na produção de combustíveis líquidos de boa qualidade, tomou uma enorme parte da investigação e estudos técnicos e económicos de importantes empresas petrolíferas nos últimos anos. Neste processo, são utilizados vários catalisadores, tais como catalisadores metálicos à base de ferro, cobalto, níquel, ruténio e ródio, catalisadores bimetálicos tais como ferro-cobalto, ferro-ruténio, óxidos tais como e sobre a base. Quanto melhor for o desempenho e eficiência do catalisador, melhor e mais produção é feita, e por esta razão, as empresas activas neste campo concentraram uma quantidade significativa da sua investigação na melhoria do desempenho dos catalisadores.

A síntese de Fischer-Tropsch é uma reacção de polimerização redutora entre monóxido de carbono e hidrogénio, e como resultado, são produzidos hidrocarbonetos lineares, olefinas, e álcoois.

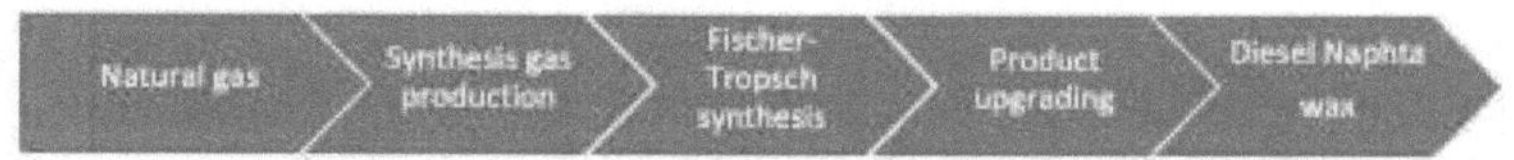

Figura 7.1. Esquema do processo Fischer-Tropsch

7.3. Vantagens da tecnologia GTL:

Uma das vantagens da tecnologia GTL é a produção de combustíveis de alta qualidade com baixas emissões. O combustível diesel que é produzido através de processos GTL tem um valor calorífico significativo em comparação com o diesel que é produzido por métodos tradicionais, e o seu numerador é superior, o que significa a possibilidade de conceber motores com maior eficiência. O índice é um indicador da capacidade de auto-ignição do combustível diesel e muitos países consideram um índice de pelo menos 45 a 50 para o combustível diesel. Um número mais elevado significa uma temperatura de ignição mais baixa e reduz a produção de óxidos de azoto (NOX), o que é importante devido a aspectos ambientais como o smog fotoquímico nas cidades e a saúde da camada de ozono. O combustível diesel sintético tem um valor numérico de cerca de 70 e não contém enxofre e azoto (significa a remoção de enxofre e óxidos de azoto em caso de combustão deste combustível) e a proporção de compostos de parafina no mesmo é elevada, o que faz com que seja utilizado como alimentação para a unidade de decomposição catalítica na refinaria. e adequado para a produção de solventes petrolíferos.

Outra questão importante relacionada com o gasóleo é a sua capacidade de atomização, quanto mais for, menor é o teor de carbono e de compostos aromáticos não queimados no escape dos automóveis, e uma vez que a carcinogenicidade dos compostos aromáticos foi provada, deste ponto de vista, a redução dos compostos aromáticos no seu interior está directamente relacionada com a redução dos problemas respiratórios. O baixo teor de enxofre aumenta as propriedades de atomização do diesel sintético e reduz os compostos aromáticos tóxicos, e neste sentido, o diesel sintético é superior ao diesel produzido por métodos tradicionais. (Claro que, por vezes, através da realização de isomerização ligeira a fim de melhorar as propriedades do gasóleo a baixas temperaturas, o índice numérico de gotas de gasóleo).

Espera-se que a utilização da tecnologia GTL para a produção química e energética provoque um rápido aumento da pressão sobre as indústrias consumidoras de energia por parte dos governos e organizações de protecção ambiental, a fim de reduzir a poluição. Esta poluição inclui gases perigosos, partículas sólidas em suspensão, etc., que estão directamente relacionados com a gasolina e o gasóleo produzidos de forma tradicional. A este respeito, vimos esforços para remover o chumbo da gasolina, utilizar diesel mais limpo, e utilizar conversores catalíticos no escape dos automóveis. É óbvio que com o crescimento da tecnologia GTL e a utilização de combustíveis sintéticos, a quantidade de poluição irá diminuir significativamente. Os combustíveis líquidos obtidos a partir de gás e produtos GTL podem ser convertidos em petróleo, querosene e gasóleo sob condições de baixa pressão e por hidrocraqueamento, que são isentos de compostos aromáticos e enxofre. Por esta razão, estes combustíveis são muito mais valiosos, especialmente em termos de elevados padrões ambientais nos Estados Unidos, Europa e Japão. (Com base na aprovação da EPA, o teor de enxofre no combustível diesel deve ser reduzido de 500ppm para 15ppm).

A nafta produzida por processos GTL pode ser uma alimentação adequada para unidades petroquímicas, mas se for utilizada como combustível, uma vez que tem um baixo número de octanas, a isomerização ou a reforma deve ser feita sobre ela. O seu produto de querosene tem excelentes propriedades como combustível térmico com um ponto de fumo superior a 50 em comparação com 25 para o produto padrão de petróleo bruto.

Com estas explicações, estes combustíveis sintéticos podem ser utilizados em células de combustível em vez de metanol. Além disso, uma parte do produto que inclui compostos de cera pode ser transformada em óleos lubrificantes, fluidos de perfuração e outros produtos valiosos. Os combustíveis GTL que são utilizados em sistemas de transporte deveriam ser mais valiosos devido à sua melhor qualidade, uma vez que reduzem as emissões provenientes do escape dos automóveis. Evidentemente, a quantidade deste aumento de preço depende das leis ambientais do respectivo país. Espera-se que a procura de combustíveis GTL exceda a procura de GNL nos mesmos campos de aplicação, especialmente no caso do gasóleo e apesar da ênfase ambiental na redução do teor de enxofre e compostos aromáticos nos combustíveis, na Europa e América.

Outra aplicação dos produtos GTL é a sua capacidade de se misturarem com produtos de refinaria e melhorarem a sua qualidade. Isto é possível de duas maneiras:

1- No primeiro método, os produtos GTL podem ser misturados com produtos de refinaria numa proporção específica de modo a que o produto final atinja o padrão desejado.

2- No segundo método, os produtos de destilação intermédia podem ser misturados com a matéria-prima da refinaria de petróleo bruto, para produzir o produto desejado enquanto se realizam os processos de refinação.

O petróleo bruto também pode ser convertido directamente em gás de síntese. Este processo é feito de modo a reduzir a poluição das centrais eléctricas, de modo a reduzir as pressões ambientais.

7-4- Gás de síntese e investigação de diferentes métodos da sua produção

7-4-1- Gás de síntese

O gás de síntese é uma mistura muito valiosa contendo óxidos de carbono e hidrogénio em diferentes proporções, que é produzida através da reacção de metano ou carbono sob a forma de coque, com vapor de água, a alta temperatura. O gás de síntese é uma matéria-prima muito valiosa para a produção de várias substâncias químicas. Várias substâncias químicas podem ser produzidas através da utilização deste gás e de vários processos. Dependendo do seu método de produção, são obtidas diferentes proporções de hidrogénio para monóxido de carbono, e claro, dependendo do processo em que o gás de síntese é utilizado, são necessárias diferentes proporções de hidrogénio para monóxido de carbono. O gás de síntese pode ser produzido por várias rações e processos e pode exigir um ajustamento da composição relativa e adoçamento antes de poder ser utilizado nas seguintes aplicações gerais:

1- Um dos grandes utilizadores de gás de síntese é a produção de metanol. Uma vez que o metanol é utilizado em grandes quantidades na síntese do ácido acético, ele é muito importante na indústria. Uma vez que existe a mesma taxa de conversão para a conversão de monóxido de carbono e dióxido de carbono em metanol, o gás de síntese seco pode ser utilizado para este fim sem a necessidade de ajustar a composição relativa.

2- Produção de amoníaco: O gás de síntese utilizado para a produção de amoníaco requer as maiores quantidades de hidrogénio e remoção de oxigénio.

3- Preparação de etilenoglicol

4- Reacções de hidroformação: Neste tipo de reacções, os aldeídos são produzidos a partir de olefinas utilizando gás de síntese. Esta reacção é chamada exossíntese. Neste caso, o gás de síntese precisa de ajustar a composição relativa e remover completamente o dióxido de carbono para obter gás de síntese com uma proporção 1:1 de hidrogénio e monóxido de carbono.

5- Síntese de Fischer-Tropsch: Neste processo, o gás de síntese é convertido em moléculas de gasolina. Basicamente, esta reacção é a oligomerização do monóxido de carbono pelo hidrogénio para formar produtos orgânicos.

6- Redução de minério: É utilizado como uma mistura de gás redutor para reduzir os óxidos no minério a metais puros, caso em que é necessário remover o dióxido de carbono da mistura de síntese gasosa.

7-5- Síntese de fontes de produção de gás:

O gás de síntese pode ser produzido a partir das seguintes fontes:

7-5-1- Produção de gás de síntese a partir do carvão:

No processo de preparação do gás de síntese do carvão (gaseificação do carvão), vapor de água e oxigénio são combinados com o carvão a uma temperatura de 870 Celsius e a uma pressão de 27 atmosferas. O produto contém hidrogénio, monóxido de carbono, dióxido de carbono, água, carbono, metano e azoto.

7-5-2- Produção de gás de síntese a partir de materiais petrolíferos pesados:

Os materiais petrolíferos pesados são combinados com oxigénio (não ar) a uma temperatura de 1370 C e uma pressão de 102 atm e produzem gás de síntese.

7-5-3- Produção de gás de síntese a partir da nafta:

A nafta é combinada com vapor de água na proximidade do catalisador de níquel a uma temperatura de 885 C e uma pressão de 25 atm e obtém-se gás de síntese.

7-5-4- Produção de gás de síntese a partir de gás natural:

Este método, que é mais comum, converte o gás natural em gás de síntese em duas fases de rachadura e purificação. Neste método, o cobalto, molibdénio e óxido de zinco são utilizados como catalisadores. O produto final contém 83,8% de hidrogénio, 14,8% de monóxido de carbono, 0,1% de dióxido de carbono e algum metano, azoto e vapor de água.

7-6- Síntese da produção de gás:

A fase de produção de gás de síntese é a fase mais importante dos processos GTL, incluindo a síntese Fischer-Tropsch, e a preparação de gás de síntese puro constitui cerca de 70% do custo total de uma unidade de síntese Fischer-Tropsch. A conversão de gás natural em hidrogénio e monóxido de carbono é feita por processo de oxidação parcial ou Reforma a Vapor ou por uma combinação de ambos os processos. A fim de alcançar uma elevada percentagem de conversão do gás de síntese nos reactores Fischer-Tropsch, é necessário fazer corresponder a composição relativa do gás de síntese com as reacções de síntese de Fischer-Tropsch, pelo que a proporção de H_2 /CO no gás de síntese produzido é uma variável chave. Esta razão é recomendada como 2:1 para os processos Fischer-Tropsch. A reacção de deslocamento água-gás é também eficaz nesta relação. Se o catalisador de cobalto for utilizado porque não está activo na reacção de deslocamento água-gás, esta razão é igual a 2. No caso do catalisador de ferro, que está activo para a reacção WGS, esta razão é igual a 2,15. Se o catalisador de ferro for utilizado num reactor de leito fixo à temperatura, esta razão será de 1,65. A tabela abaixo mostra a relação entre os produtos de síntese Fischer-Tropsch e a relação H_2 /CO no gás de síntese:

Quadro 7.1. Correlação dos produtos de síntese Fischer-Tropsch com a relação hidrogénio/monóxido de carbono		
H_2 / ração de CO	Reacções	Produtos
3	$CO + 3H_2 \longrightarrow CH_4 + H_2O$	CH_4
2.5	$2CO + 5H_2 \longrightarrow C_2H_6 + 2H_2O$	C_2H_6
$\dfrac{2n+1}{n}$	$nCo + (2n+1)H_2 \longrightarrow C_nH_{2n+2} + nH_2O$	Alkanes
2	$nCO + 2nH_2 \longrightarrow C_nH_{2n} + nH_2O$	Alkenes
2	$nCO + 2nH_2 \longrightarrow C_nH_{2n+1}OH + (n-1)H_2$	Álcoois

O gás de síntese obtido do carvão com um catalisador de ferro e o gás de síntese obtido do gás natural com um catalisador de cobalto são normalmente utilizados.

A produção de gás de síntese a partir do carvão depende de factores como a temperatura e a pressão, e empresas como a Sasol e a Lorgi utilizam este método. Pode ver a PFD deste processo abaixo:

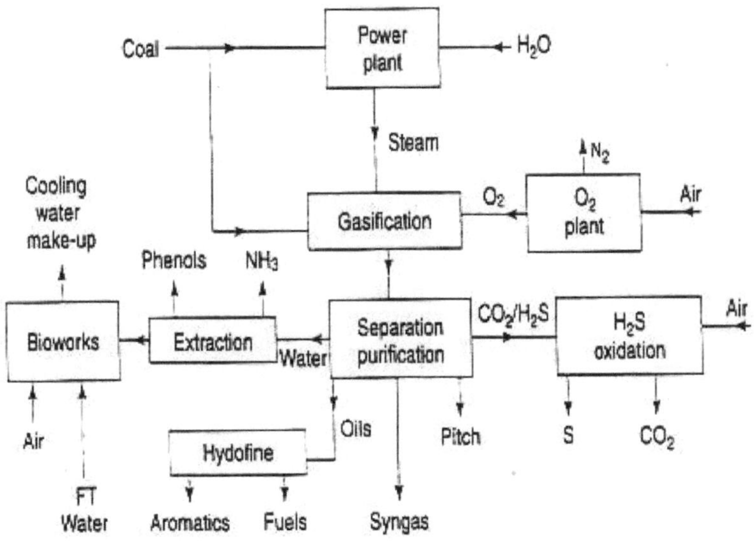

Figura 7.2. Processo de síntese de gás natural PFD

Outra fonte de gás é a síntese de gás natural, para a qual os seguintes processos são comuns:

7-6-1- Reforma do metano a vapor

O primeiro passo na conversão do gás natural em hidrocarbonetos líquidos é a sua conversão em gás de síntese através de uma reacção chamada reforming. No método SMR, o gás natural e o vapor de água passam por tubos cheios de catalisador, enquanto os tubos são aquecidos por queimadores. As condições de funcionamento são temperaturas entre 700-1100 C e pressão 35-5 bar.

O catalisador utilizado neste processo é principalmente o metal níquel sobre um suporte resistente ao calor, como alumina cerâmica, aluminato de magnésio spinel, ou uma mistura dos dois. Além disso, para aumentar a vida útil do catalisador em condições de funcionamento difíceis (de acordo com a referida gama de temperatura e pressão), são utilizados reforçadores como o estanho, cálcio, lantânio, zircónio, titânio e óxidos de estrôncio. A pressões e temperaturas médias de 830 C, 5-10 atm, são também utilizados catalisadores tais como ferro, níquel, cobalto e paládio (embora principalmente níquel). As reacções deste processo incluem duas reacções de equilíbrio, uma é a reacção de ruptura de hidrocarbonetos e a outra é a reacção de deslocamento água-gás:

$$CH_4 + H_2 0 \longrightarrow CO + 3H_2 \qquad \Delta H_{298} = 206.2\,KJ/mol$$
$$CO + H_2O \longrightarrow CO_2 + H_2 \qquad \Delta H_{298} = -41.2\,KJ/mol \qquad (7\text{-}1),(7\text{-}2)$$

De um ponto de vista termodinâmico, são necessárias altas temperaturas e baixas pressões para que a primeira reacção prossiga para a direita. Mas a fim de optimizar as condições económicas do processo, são utilizadas pressões elevadas porque aumenta o caudal por unidade de tempo, e desta forma, o volume necessário do reactor é reduzido. Também reduz os custos relacionados com o aumento da pressão nas etapas seguintes, e por outro lado, melhora a transferência de calor nas tubagens. Neste processo, para evitar a reacção da produção de carbono: a quantidade de vapor consumida é superior ao valor estequiométrico, a fim de evitar a formação de carbono na superfície do catalisador através da reacção seguinte e de aumentar a acção reformadora:

$$C + H_2O \longrightarrow CO + H_2 \qquad \Delta H_{298} = 31.4\,KCal/mol \qquad (7\text{-}3)$$

A reforma dos hidrocarbonetos saturados baseia-se nas seguintes reacções:

$$C_nH_{2n+2} + nH_2O \longrightarrow nCO + (2n+1)H_2 \qquad (7\text{-}4)$$

$$CO + 3H_2 \longrightarrow CH_4 + H_2O \qquad \Delta H^{\circ}_{298} = -206.2\,KJ/mol$$
$$CO + H_2O \longrightarrow CO_2 + H_2 \qquad \Delta H^{\circ}_{298} = -41.2\,KJ/mol \qquad (7\text{-}5),(7\text{-}6)$$

Apesar da natureza exotérmica das reacções acima referidas, o resultado de todo o processo é endotérmico e requer muito consumo de energia, razão pela qual foram propostos outros métodos para converter o metano em gás de síntese, que serão mencionados abaixo. Quanto mais pesado for o hidrocarboneto utilizado, mais vapor deve ser utilizado para evitar a formação de carbono. A proporção de H_2 /CO produzido é de cerca de 3:1 para 5:1, e para ajustar este valor, o hidrogénio pode ser removido por membranas feitas de fibras ocas ou num sistema de absorção superficial pressurizado. Economicamente, é melhor utilizar o hidrogénio em excesso numa refinaria ou numa unidade adjacente para produzir amoníaco.

7-6-3- Método de oxidação parcial:

O processo de oxidação parcial produz gás de síntese com uma relação favorável de 2:1, e por este motivo, este método é recomendado para a produção do gás de síntese requerido pelo processo Fischer-Tropsch. Este processo pode ser feito de duas maneiras:

1- A utilização de oxigénio puro, o que leva à produção de gás de síntese mais puro e isento de azoto.

2- No segundo método, é utilizado ar, que produz um gás de síntese mais fino, mas ao mesmo tempo, a utilização de oxigénio requer uma unidade de separação de ar, o que, naturalmente, aumenta os custos de investimento. O reactor de oxidação parcial é muito semelhante ao reactor ATR, com a diferença de que não tem um leito catalítico e não há vapor na alimentação. Neste método, a alimentação é directamente misturada com oxigénio no topo do reactor, e as reacções de oxidação parcial e de reforma ocorrem na zona de combustão e no queimador. A temperatura de saída deste reactor é de cerca de 1250C e os gases de saída incluem monóxido de carbono, hidrogénio e dióxido de carbono. A reacção é a seguinte:

$$CH_4 + \frac{1}{2}O_2 \longrightarrow CO + 2H_2 \tag{7-7}$$

Esta reacção é exotérmica. A queima de metano por oxigénio é feita de duas maneiras:

Método não-catalítico: Esta reacção é realizada sem a presença de um catalisador a altas temperaturas entre 1250 C e 1500 C com uma relação igual de oxigénio e metano.

Método catalítico: É feito usando metais intermediários do oitavo grupo (Rh, Ru, Pt, Ni) com base de óxido de titânio ou Pt, Ni com Al O_{23} base a uma temperatura de 750 C.

O método de oxidação parcial, porque é feito adiabaticamente e a sua perda de energia é mínima, é um método adequado para produzir gás de síntese com uma relação adequada para o processo Fischer-Tropsch. O investimento fixo neste processo é menor do que o processo de reforma a vapor.

7-6-4- Comparação dos métodos de produção de gás de síntese:

Quadro 7.2 Vantagens e desvantagens dos métodos de produção de gás de síntese		
Desvantagens	**Vantagens**	**Métod o**
1- Alta radiação atmosférica 2- Elevada perda de energia 3- A necessidade de grandes quantidades de energia térmica 4- Razão elevada de H_2 :CO para síntese Fischer-Tropsch	1. Muitas unidades industriais e mais experiência industrial 2. Não necessita de oxigénio 3. Reformar a uma temperatura mais baixa	SMR
1- A experiência industrial é limitada 2- Precisa de oxigénio puro 3- Se for necessário devolver todo o CO_2 , a	1- Razão adequada de H_2 : CO para síntese Fischer-Tropsch 2- O metano não convertido na saída do reactor é insignificante	ATR

velocidade do CO_2 devolvido é muito superior à velocidade correspondente do POX.	3- Ao alterar a temperatura de saída do reactor ATR, a saída de metano pode ser ajustada para qualquer quantidade necessária para as unidades seguintes	
1- A reforma é feita a uma temperatura muito elevada (1400°C). 2- Precisa de oxigénio 3- O calor elevado no sistema provoca a formação de fuligem e deve ser controlado de alguma forma	1- Não há necessidade de dessulfurizar a ração 2- Não precisa de vapor porque não precisa de um catalisador para usar vapor para evitar a deposição de carbono no catalisador. 3- A relação H_2 :CO é baixa e adequada para a síntese de Fischer-Tropsch	POX

Cada um dos métodos acima referidos produz rácios inerentes diferentes de H_2 /CO. Este rácio inerente é para o método SMR, 3-5 para o método ATR, 1,6-2,65, e 1,6-1,8 para o método POX. O método de retorno CO_2 pode ser utilizado para definir a relação H_2 /CO desejada nas gamas acima referidas. O gás CO_2 é produzido em todos os métodos acima mencionados, embora seja considerado como uma impureza. Para o remover do gás de síntese produzido, podem ser utilizados métodos de absorção selectiva por adsorventes tais como soluções de monoethylamine ou de carbonato de potássio. O gás CO_2 separado pode ser devolvido ao reactor, neste caso, ao realizar a reacção inversa gás-água, será convertido em CO e reduzirá a razão final H_2 /CO. Se o CO_2 não for devolvido, a razão H_2 /CO aumentará porque o carbono que foi convertido em CO_2 deixará de ser convertido em CO. Portanto, a alteração da razão H_2 /CO dentro dos limites inerentes mencionados depende do retorno do CO_2 e da sua quantidade, e se o CO_2 for parcialmente retornado, serão obtidas razões intermédias. Para aumentar a razão H_2 /CO, também podem ser utilizados os métodos de aumentar a quantidade de vapor e de adicionar o reactor Shift Converter.

7-6-5- Método de reforma por auto-aquecimento

Este processo é uma combinação de oxidação parcial e reforma a vapor e é muito semelhante à oxidação parcial. A alimentação deste processo é hidrocarboneto, oxigénio e vapor de água, claro, ar ou ar rico em oxigénio pode ser utilizado em vez de oxigénio. Neste processo, podem ser utilizados diferentes hidrocarbonetos, tais como gases de escape da refinaria, GPL, nafta e gás natural. Para processar hidrocarbonetos pesados como a nafta, deve ser realizada primeiro uma fase adiabática de pré-reforma. Após esta etapa, a alimentação conterá apenas hidrocarbonetos monocarbonos. O fluxo de CO_2 pode ser utilizado para ajustar a composição percentual do gás de síntese. As reacções realizadas neste processo são as seguintes:

$$CH_4 + HO_2 \longrightarrow CO + 3H_2 \qquad \Delta H^\circ = 49.3 \quad KCal/mol$$
$$CH_4 + \tfrac{1}{2}O_2 \longrightarrow CO + 2H_2 \qquad \Delta H^\circ = -8.5 \quad KCal/mol$$
$$CH_4 + 2O_2 \longrightarrow CO_2 + 2H_2O \qquad \Delta H^\circ = -192 \quad KCal/mol$$

$$(7\text{-}8),(7\text{-}9),(7\text{-}10)$$

Como se pode ver na Figura 7-3, o espaço do reactor está dividido em três secções distintas: o queimador, a zona de combustão, e o leito do catalisador.

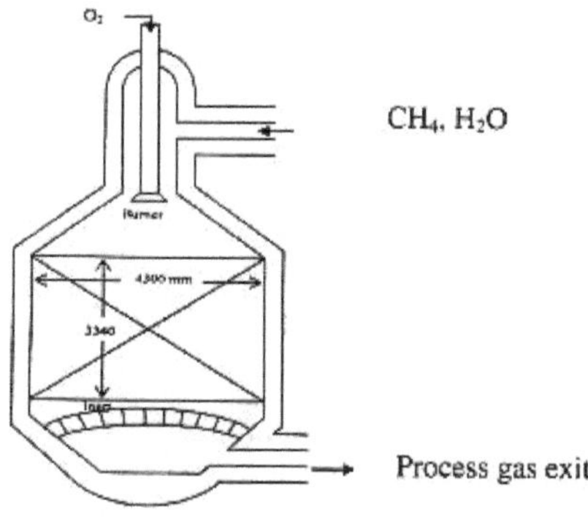

Figura 7-3- Reactor de processo de reforma de auto-aquecimento

O queimador acende a alimentação numa chama penetrante. A temperatura do núcleo da chama é de 2000C, pelo que é necessário impedir a transferência de calor para o corpo do queimador através de radiação e recirculação do gás quente.

Na zona de combustão, o hidrocarboneto é gradualmente misturado com oxigénio e inflamado. A razão global de oxigénio para metano é de cerca de 0,55 para 0,6. A reacção geral é a seguinte:

$$CH_4 + \frac{3}{2}O_2 \longrightarrow CO + 2H_2O \qquad \Delta H^\circ = -123\ KCal/mol \tag{7-11}$$

Uma parte do monóxido de carbono produzido pela lenta reacção água-gás é convertida em CO2. Sob a zona de combustão, existe um leito catalítico fixo, onde a conversão de hidrocarbonetos é completada durante as reacções catalíticas heterogéneas. A temperatura de funcionamento no leito do catalisador é de 110 a 1400 C. Por conseguinte, o catalisador deve ser resistente a este calor e a utilização de catalisador de níquel é comum neste processo. A etapa de controlo das super reacções é a penetração da película na superfície externa dos grãos do catalisador. O sistema de alimentação com uma relação vapor/carbono muito baixa para obter gás de síntese rico em monóxido de carbono tornou este processo económico.

7-6- O efeito das condições de funcionamento e da composição do gás de síntese nas reacções:

O gás de síntese é convertido em hidrocarbonetos líquidos através da reacção em cadeia de monóxido de carbono e hidrogénio na superfície de um catalisador heterogéneo. Esta reacção é extremamente exotérmica. As condições de temperatura e pressão e o tipo de catalisador determinam se são produzidos hidrocarbonetos pesados ou leves. Por exemplo, a 330 C, são produzidos principalmente gasolina e olefinas, enquanto que a 180-250 C, os produtos são principalmente diesel e compostos de cera. A temperatura adequada varia de acordo com o tipo de catalisador e o processo. Os catalisadores de ruténio são utilizados a 100-120 C, os catalisadores de cobalto a 180-210 C, e os catalisadores de ferro a 220-350 C. A selecção da temperatura mínima depende da actividade do catalisador e da tendência para converter os materiais catalíticamente activos em carbonilos voláteis. A escolha da temperatura máxima depende das reacções laterais. Uma destas reacções que provoca a formação de fuligem, redução da eficiência da produção do produto e redução da actividade do catalisador (cobrindo os seus locais e criando pontos quentes) foi a reacção de equilíbrio.

$$CH_4 \leftrightarrow C + 2H_2 \tag{7-11}$$

Os efeitos mais importantes do aumento da temperatura são:

1- Aumentar a velocidade das reacções laterais.

2- Reduzir o peso molecular médio dos produtos.

3- Aumentar a produção de produtos ramificados.

4- Aumentar a produção de produtos oxigenados.

O controlo da pressão é também um dos factores determinantes da actividade e selectividade dos catalisadores, e os catalisadores de ferro e cobalto são mais sensíveis à pressão. O catalisador de cobalto é utilizado a 5-15 bar de pressão e o catalisador de ferro é utilizado a 10-40 bar de pressão. Os efeitos do aumento da pressão são:

1- Aumentar o peso molecular médio dos produtos.

2- Redução da produção de metano.

3- Aumentar a taxa de conversão específica do catalisador.

4- Aumentar a vida útil do catalisador.

A composição dos gases de síntese é também um dos factores eficazes nas reacções de síntese de Fischer-Tropsch. O gás de síntese obtido a partir de gás natural (com H_2/CO ratio de cerca de 2) é mais rico em hidrogénio do que o gás de síntese obtido a partir de carvão e é mais adequado para catalisador de cobalto. Enquanto que o gás de síntese com uma baixa relação H_2/CO é mais adequado para catalisador de ferro porque o ferro tem uma maior actividade na reacção de deslocamento água-gás e compensa a falta de hidrogénio. (Embora desta forma o carbono seja desperdiçado em CO e se torne CO_2 .)

7-7- Introdução das reacções de síntese de Fischer-Tropsch:

As reacções adversas incluem:

- Catalisador de oxidação e redução.
- A reacção de Boudward.

Os produtos de síntese Fischer-Tropsch incluem uma vasta gama de parafinas (hidrocarbonetos lineares e ramificados, destilados médios a ceras), olefinas e álcoois. A concepção óptima dos reactores de síntese Fischer-Tropsch para alcançar uma elevada percentagem de conversão e uma óptima selectividade requer conhecimentos de termodinâmica e cinética das reacções de síntese de Fischer-Tropsch.

No início, na secção de termodinâmica da síntese de Fischer-Tropsch, foi investigada a viabilidade das reacções, alterações da entropia, energia livre de Gibbs, e o conceito de equilíbrio sobre as reacções de síntese de Fischer-Tropsch.

7-7-1- Introdução das reacções de síntese de Fischer-Tropsch:

$$1.\ Parafins: \qquad (2n+1)H_2 + nCO \longrightarrow C_nH_{2n+2} + H_2O$$

$$2.\ Olefins: \qquad 2nH_2 + nCO \longrightarrow C_nH_{2n} + nH_2O \qquad\qquad (7\text{-}13),(7\text{-}$$

$$3.\ Alcohols: \qquad 2nH_2 + nCO \longrightarrow C_nH_{2n+2}O + (n-1)H_2O$$

14),(7-15)

Reacções laterais:

$$4.\ waterGasShift: \quad CO + H_2O \longrightarrow CO_2 + H_2 \qquad\qquad (7\text{-}16)$$

Reduções e reacções de oxidação:

$$\begin{cases} M_xOy + yH_2 \longrightarrow yH_2O + xM \\ M_xOy + yCO \longrightarrow yCO_2 + xM \end{cases}$$

$$(7\text{-}17)$$

$$2CO \leftrightarrow C + CO_2 \quad (7\text{-}18)$$

7-8- Termodinâmica da síntese de Fischer-Tropsch

A tabela 3-7 mostra um conjunto de equações termodinâmicas. Relativamente à reacção água-gás, deve dizer-se que esta reacção é realizada em alguns catalisadores, especialmente o ferro, com uma velocidade igual à velocidade da segunda reacção:

Quadro 3.7. Energia livre de Gibbs e mudanças de entalpia

$$1.\ 3H_2 + CO_2 \longrightarrow H_2O + \frac{1}{n}(C_nH_{2n}) \quad \Delta G^\circ = 5.68,\ \Delta H^\circ = -25.96$$

$$2.\ 2H_2 + CO \longrightarrow H_2O + \frac{1}{n}(C_nH_{2n}) \quad \Delta G^\circ = 2.63,\ \Delta H^\circ = -35.01$$

$$3.\ H_2 + 2CO \longrightarrow 2CO_2 + \frac{1}{n}(C_nH_{2n}) \quad \Delta G^\circ = -0.42,\ \Delta H^\circ = -44.06$$

$$4.\ H_2O + 3CO_2 \longrightarrow 2Co_2 + \frac{1}{n}(C_nH_{2n}) \quad \Delta G^\circ = -3.04,\ \Delta H^\circ = 58.52$$

$$5.\ H_2O + CO \longrightarrow 2H_2 + CO_2 \quad \Delta G^\circ = -3.04,\ \Delta H^\circ = -9.06$$

No quadro acima, são mostradas as alterações na energia livre de Gibbs e entalpia para a produção de 1-hexano. Pode-se ver que as reacções acima são exotérmicas, excepto no quarto caso, apesar das reacções sintéticas estarem geralmente associadas a uma diminuição do número de toupeiras, mas no caso das reacções acima, o equilíbrio pode ser deslocado para a direita, aumentando a pressão. Isto é acessível a pressões moderadas a elevadas, mesmo quando o valor é positivo. A constante de equilíbrio de reacção pode ser calculada a partir da seguinte equação:

$$K = \exp(-\Delta G^\circ / RT) \tag{7-19}$$

A partir da comparação da energia de formação de produtos com o mesmo número de carbonos, pode entender-se o seguinte:

1- As moléculas com um grupo hidroxila ou uma dupla ligação têm valores mais positivos, e a presença de duas ou mais delas na estrutura da molécula aumenta os valores.

2- As olefinas cuja dupla ligação está dentro da cadeia (olefinas internas) são mais estáveis do que as olefinas terminais.

3- As moléculas com cadeias ramificadas de hidrocarbonetos têm valores mais negativos em comparação com as cadeias lineares de carbono. Em termos de termodinâmica, nas reacções sintéticas até (e em alguns casos até) produtos muito diversos são produzidos. A pressões mais elevadas, é possível obter acetaldeído, aldeídos longos, cetonas, ésteres e naftenos, e é apenas na síntese de metanol que um produto é produzido. A distribuição dos produtos depende da selectividade do catalisador. Uma vez que os produtos de reacção não estão em equilíbrio termodinâmico entre si, a análise dos produtos é a chave para aceder ao mecanismo de reacção.

Em condições normais de síntese, a hidrogenação de olefinas, e a desidratação de álcoois são termodinamicamente viáveis. A reacção de hidrogenação das parafinas é possível a temperaturas normais na síntese de Fischer-Tropsch. Mas combinar duas parafinas e criar hidrogénio para produzir uma molécula de parafina maior é impossível. Em termos de termodinâmica, as reacções mais prováveis são a produção de uma ou duas olefinas ou uma parafina, enquanto olefinas e álcoois maiores têm menos probabilidades de reagir nestas condições.

7-9- Conclusões do estudo da termodinâmica das reacções de síntese de Fischer-Tropsch

1- Em termos de energia de reacção, é possível produzir uma vasta gama de hidrocarbonetos por reacções de hidrogenação por monóxido de carbono e polimerização dos monómeros produzidos. A maioria destas reacções são muito exotérmicas.

2- Em termos de termodinâmica, são possíveis reacções sintéticas incluindo a desidratação de álcoois, hidrogenação de olefinas, hidrogenação de parafinas e isomerização.

3- Em termos de nível energético, uma combinação de olefinas e álcoois pode ser utilizada como alimento em reacções sintéticas para produzir produtos mais pesados.

Para catalisadores metálicos activos na síntese de Fischer-Tropsch, também se pode mencionar o seguinte:

1- Os óxidos são facilmente redutíveis e a produção de massas de óxidos a partir deles é improvável sob condições de síntese Fischer-Tropsch. O ferro pode estar presente como metal ou magnetite.

2- Os sulfuretos podem ser produzidos com pequenas quantidades de gás em gás de síntese, mas o metal correspondente não pode ser reduzido pelo hidrogénio. Portanto, é necessário realizar operações de adoçamento com gás de síntese.

3- Em termos de termodinâmica, é possível produzir carbonetos a partir de metais do grupo do ferro em condições sintéticas normais. Os carbonetos são energeticamente instáveis. Os carburetos formados em condições sintéticas normais não podem ser convertidos em hidrocarbonetos pesados por reacções de hidrogenação.

4- As condições de funcionamento das reacções sintéticas devem ser consideradas de tal forma que a perda de metal activo devido à formação de carbonilos seja insignificante. É claro que é difícil formar carbonilo em catalisadores.

7-10- Investigação cinética da síntese de Fischer-Tropsch.

A concepção dos reactores exige que se disponha de informação cinética da reacção. Basicamente, na realização de uma reacção química, existem os seguintes passos:

1- A transferência de reagentes da fase a granel para a superfície do catalisador e depois a penetração nas suas cavidades.

2- A adsorção química de pelo menos um dos reagentes nos locais activos do catalisador.

3- Realizar a reacção entre os reagentes que são quimicamente absorvidos uns com os outros ou com os reagentes que se encontram na massa fluída.

4- Remoção de produtos de reacção das cavidades catalíticas para a superfície e depois para a massa fluida.

Normalmente, um dos passos acima é feito mais lentamente do que os outros, o que é considerado como o passo determinante da velocidade, e a velocidade da reacção global dependerá da velocidade desse passo.

Consideramos as três principais reacções no centro Fischer-Tropsch da seguinte forma:

1. Produção de olefinas.

2. Produção de parafinas.

3. Mudança água-gás.

Durante estas reacções, os átomos de hidrogénio combinam-se com carbono e oxigénio, depois a ligação entre carbono e oxigénio é quebrada e finalmente forma-se uma nova ligação carbono-carbono. Como resultado de sucessivas reacções e polimerização, vários produtos de hidrocarbonetos podem ser produzidos. Agora, de acordo com os materiais mencionados, vamos examinar as expressões cinéticas sobre catalisadores de ferro e cobalto.

7-11- Distribuição de produtos de síntese Fischer-Tropesh

Anderson, Fleury e Schultz apresentaram um modelo estatístico para prever a distribuição do grau de polimerização em polímeros. Investigações mostram que este modelo também pode ser utilizado para reacções de síntese de Fischer-Tropsch. Nesta relação estatística, existe uma relação linear entre o logaritmo da fracção molarítmica de hidrocarbonetos e o número de carbonos.

$$\log x_n = \log \frac{1-\alpha}{\alpha} + n \log \alpha$$

$$(7\text{-}20)$$

x_n fracção molar do produto hidrocarbonetos com carbono

α : factor de crescimento (probabilidade de crescimento em cadeia ou grau de polimerização).

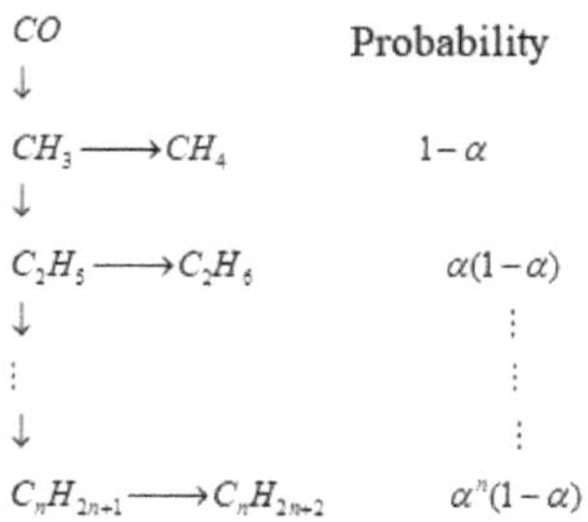

De acordo com este modelo estatístico, a probabilidade de crescimento da cadeia é independente da dimensão da cadeia.

Através da utilização de métodos como o true boiling point (TBP) e a cromatografia de gás (GC), é possível testar o estabelecimento da distribuição Schultz. Os produtos de síntese Fischer-Tropsch só seguem a distribuição Schultz se o crescimento e terminação da cadeia forem independentes da dimensão da cadeia, o que não é verdade em alguns casos.

Se a distribuição Schultz for estabelecida, os produtos obtidos a partir da síntese Fischer-Tropsch dependerão apenas do factor de crescimento, o que, naturalmente, depende das condições de síntese e do tipo de catalisador.

7-12- Catalisadores de síntese Fischer-Tropsch

O coração de cada processo de síntese Fischer-Tropsch é o seu catalisador, e a gama de produtos produzidos na síntese Fischer-Tropsch está directamente relacionada com o catalisador utilizado.

A escolha do catalisador certo depende de vários parâmetros como o produto desejado (compostos leves como o etileno, propileno e gasolina para compostos saturados e mais pesados como a nafta, diesel e cera), a fonte do gás de síntese (carvão ou gás natural devido à diferença na razão). A taxa de conversão desejada tem uma vida longa e um preço baixo. Nos primeiros anos da descoberta da síntese de Fischer-Tropsch, foram utilizados vários catalisadores da família do ferro, incluindo Pd, Pt, Rd, Ni, Co, Fe e Ru, mas entre eles Co, Ni, Ru, e Fe, óxido de zinco e óxido de tório foram investigados. Foram colocados num laboratório. Entre eles, o níquel não é utilizado devido à selectividade ao metano. Finalmente, três catalisadores, ferro, cobalto e ruténio foram alvo de maior atenção em comparação com outros catalisadores, e entretanto, o ruténio foi menos utilizado devido à necessidade de alta pressão no reactor para produzir produtos e ao elevado custo da sua preparação devido à raridade do ruténio.

O cobalto, juntamente com os boosters de oxidatorium, óxido de magnésio e terra de diatomáceas como base, é outro catalisador que é principalmente utilizado para a produção de hidrocarbonetos pesados e parafinas na gama de produtos de destilação média.

O ferro é também um importante catalisador na síntese de Fischer-Tropsch a pressões moderadas. Este catalisador tem a capacidade de produzir uma vasta gama de produtos. As combinações de metais alcalinos (principalmente óxido de potássio e carbonato de potássio) estão entre os potenciadores dos catalisadores de ferro, que aumentam a absorção de monóxido de carbono no catalisador e, como resultado, aumentam a velocidade e selectividade em comparação com produtos mais pesados e olefinas.

Devido a terem sítios ácidos e serem seleccionáveis, os zeólitos aumentam a eficiência de produção de produtos aromáticos e de hidrocarbonetos ramificados saturados, portanto, quando adicionados ao catalisador de ferro, produzem produtos com elevado número de octanas.

A ausência de um efeito negativo da pressão parcial da água sobre a taxa de reacção Fischer-Tropsch torna possível alcançar percentagens de conversão mais elevadas (em comparação com o ferro) quando se utiliza um catalisador de cobalto, como resultado, a temperatura do reactor é mais baixa e o seu volume é menor e a taxa de retorno actual é reduzida e como resultado, os custos de processo também são reduzidos.

Uma vez que a actividade muito elevada do catalisador de cobalto reduz o fluxo de gás em cada passagem, ocorrem problemas de transferência de calor em reactores de leito fixo. Porque ao reduzir o caudal de gás, o coeficiente de transferência de calor diminui. Para resolver este problema, é possível obter alguma ajuda do fluxo de retorno dentro do reactor, embora isso reduza a poupança nos custos de compressão.

Para o catalisador de cobalto, várias equações de velocidade foram propostas como se segue:

$$r_{FT} \propto \frac{P_{H2}P_{CO}}{\left(1 + aP_{CO}\right)^2} \qquad (7\text{-}21)$$

$$r_{FT} \propto \frac{aP_{H2}^2}{Pco} \qquad (7\text{-}22)$$

$$r_{FT} \propto \frac{aP_{CO}P_{H2}^{a5}}{\left(1 + bP_{CO} + eP_{H2}^{0.5}\right)^2} \qquad (7\text{-}23)$$

$$r_{FT} \propto \frac{aP_{CO}P_{H2}^2}{1 + bP_{CO}P_{H2}^2} \qquad (7\text{-}24)$$

$$r_{FT} \propto aP_{H2}^{0.55}P_{CO}^{-0.33} \qquad (7\text{-}25)$$

$$r_{FT} \propto aP_{H2}P_{CO}^{0.5} \qquad (7\text{-}26)$$

Todas as equações acima concordam que a pressão parcial da água não tem qualquer efeito sobre a taxa de reacção de Fischer-Tropsch. As equações acima avaliam a velocidade contra a variação da pressão de funcionamento, mantendo constantes todas as outras variáveis.

A ausência de um efeito negativo da pressão parcial da água sobre a taxa de reacção Fischer-Tropsch torna possível alcançar percentagens de conversão mais elevadas (em comparação com o ferro) quando se utiliza um catalisador de cobalto, como resultado, a temperatura do reactor é mais baixa e o seu volume é menor e a taxa de retorno actual é reduzida e como resultado, os custos de processo também são reduzidos.

Uma vez que a actividade muito elevada do catalisador de cobalto reduz o fluxo de gás em cada passagem, ocorrem problemas de transferência de calor em reactores de leito fixo. Porque ao reduzir o caudal de gás, o coeficiente de transferência de calor diminui. Para resolver este problema, é possível obter alguma ajuda do fluxo de retorno dentro do reactor, embora isso reduza a poupança nos custos de compressão.

7-13- Equações de taxa para reacções de síntese de Fischer-Tropsch

Nesta secção, devido à grande quantidade de material relacionado com a síntese cinética de Fischer-Tropsch, é apresentado um resumo das teorias geralmente aceites sob a forma de uma visão geral e comparação:

Em 1965, Anderson apresentou equações cinéticas para catalisadores Fischer-Tropsch baseados em ferro e cobalto. Estas equações são:

Para catalisador de Fe: $-r_{FT} = k_{FT} P_{CO} P_{H2} / (P_{CO} + b P_{H_2O})$

$$(7-27)$$

Para catalisador de cobalto $-r_{FT} = k_{FT} P_{CO} P_{H2} / (1 + b P_{CO} P_{H_2})$

$$(7-28)$$

O ponto comum de todas as pesquisas feitas neste campo é que as equações cinéticas propostas para catalisador de cobalto apenas incluem os termos H_2 e CO, enquanto as equações relacionadas com o ferro também têm o termo H_2O. (Claro que, em apenas duas das equações apresentadas, foi utilizado CO_2 em vez de H_2O). Portanto, pode-se concluir que se for utilizado catalisador de cobalto, o produto da reacção de deslocamento água-gás (i.e. H_2O, CO_2 e um efeito na cinética de síntese de Fischer) Tropesh não o tem. Enquanto que se for utilizado catalisador de ferro, H_2O e CO_2 afectam a cinética de Fischer-Tropsch. Isto significa que a taxa da reacção tem uma relação inversa com a taxa de conversão e a taxa decresce com o aumento da taxa de conversão. Isto não se deve apenas porque o consumo de matérias-primas é devido à formação de produtos de reacção, nomeadamente H_2O e

CO_2 . Isto é muito importante para a concepção dos reactores industriais Fischer-Tropsch.

Schulter e Weinstein em 1994 apresentaram uma equação de taxa aplicável aos catalisadores de ferro e cobalto e incluíam termos $H_2 O$, CO, e $H_{.2}$

Em 1995, a Spinoz também apresentou uma equação de velocidade que foi utilizada para catalisadores de cobalto, ferro e ruténio e relacionou a velocidade com a actividade de cada catalisador em relação ao desvio água-gás.

Fortes impulsionadores electrónicos como o $K_2 O$ aumentam a velocidade de reacção em pequenas quantidades, mas em quantidades mais elevadas, provocam uma diminuição da actividade do catalisador. Em geral, os reforços estruturais não têm um efeito significativo na velocidade de reacção.

7-14- Cinética de reacção de mudança de água-gás:

A reacção de deslocamento de água-gás afecta a taxa de síntese de Fischer-Tropsch e provoca o seu aumento ou diminuição. A primeira relação cinética experimental para a reacção de mudança água-gás foi apresentada por DRY. Esta relação, que é independente da concentração de água, é a seguinte:

$$rWGS = kwPCO \qquad (7-29)$$

Uma vez que a reacção de deslocamento de água-gás na síntese de Fischer-Tropsch é uma reacção de equilíbrio, a reacção inversa também deve ser considerada nas equações de taxa. A tabela seguinte mostra os resultados da investigação feita neste campo.

Quadro 7-4- Equações da taxa de reacção de mudança de água-gás

$$rWGS = kw(P_{H2O}P_{CO} - P_{CO2}P_{H2}/kp)$$

$$rWGS = KwPCO$$

$$rWGS = \frac{Kw(P_{H2O}P_{CO} - P_{CO2}P_{H2}^{1/2}/kp)}{(1 + \alpha\, P_{H2O}P_{H2}^{1/2})^2}$$

$$rWGS = \frac{Kw(P_{H2O}P_{CO} - P_{CO2}P_{H2}/k_p)}{P_{CO}P_{H2} - \alpha P_{H2O})}$$

$$rWGS = \frac{Kw(P_{H2O}P_{CO} - P_{CO2}P_{H2}/k_p)}{P_{CO} + \alpha P_{H2O} + bP_{CO2}}$$

A relação entre temperatura e constante de equilíbrio K_P é a seguinte:

$$\log kp = \log\left(\frac{P_{CO}P_{H2}}{P_{H2O}P_{CO}}\right) = \left(\frac{2073}{T} - 2.029\right)$$

$$(7\text{-}30)$$

A investigação conduzida mostra que os centros catalíticos activos para a reacção de deslocamento água-gás e síntese Fischer-Tropsch são os mesmos. As constantes de absorção desta reacção são significativamente diferentes das da síntese de Fischer-Tropsch, mas se estas reacções tiverem lugar nos mesmos locais activos, a quantidade de absorção pode não ser diferente. Deve ser mencionado que a utilização de equações cinéticas apenas para a reacção de deslocamento água-gás não é aceitável nas condições de síntese de Fischer-Tropsch e os seus resultados são completamente experimentais.

7-15- Investigar o fenómeno da penetração como factor limitativo da reacção:

A taxa de transferência de massa entre os reagentes e a superfície do catalisador, bem como os produtos e a massa líquida é um factor limitativo na síntese cinética de Fischer-Tropsch. Os estudos de Anderson mostram que as limitações de monóxido de carbono e permeação de hidrogénio conduzem a uma redução da força cinética motriz. Foi apresentado um modelo simples para a reacção e transferência sob condições convencionais de síntese de Fischer-Tropsch. Ao examinar este modelo, verificou-se que a velocidades normais, partículas com um diâmetro inferior a um milímetro são necessárias para evitar as limitações causadas pela transmissão. Ao examinar os modelos apresentados para mostrar os efeitos da transferência sobre a selectividade, determinou-se que com o aumento da densidade de volume dos locais activos, a velocidade de síntese e selectividade diminui. A sua razão é a redução da concentração de monóxido de carbono no interior das cavidades catalisadoras devido a limitações de permeação.

7-16- Investigar o efeito das limitações de permeação no desempenho do catalisador de cobalto em reactores de leito fixo:

Em reactores de leito fixo na síntese de Fischer-Tropsch, são utilizadas partículas catalisadoras relativamente grandes com um diâmetro de 1-3 mm para evitar o aumento da queda de pressão. Estas partículas devem ser muito activas para que o volume do reactor seja minimizado. Mas nestas condições, existem limitações de transferência de massa, e a limitação da penetração do monóxido de carbono causa uma diminuição da velocidade e selectividade dos compostos com mais de 5 carbonos na síntese de Fischer-Tropsch. Estas limitações são investigadas em reactores de leito fixo através dos dois mecanismos seguintes.

7-17- Limitação da penetração de produtos fora do catalisador:

Nestas condições, a limitação da penetração de produtos fora do catalisador provoca a reabsorção de alfa-olefinas. Assim, ao aumentar o tamanho dos grãos catalisadores ou a densidade de volume dos locais activos, são produzidos principalmente produtos parafínicos com elevada massa molecular. Neste caso, a selectividade dos hidrocarbonetos com mais de 5 carbonos aumenta.

7-18- Limitação da penetração de reagentes no interior do catalisador

Neste mecanismo, que é mais eficaz do que o anterior, a introdução de monóxido de carbono é reduzida em comparação com o hidrogénio, como resultado, os produtos obtidos são maioritariamente leves e a selectividade dos hidrocarbonetos com mais de 5 carbonos é reduzida. Uma das formas de lidar com estas limitações é a síntese de catalisadores sob a forma de cascas de ovos. A razão para este nome é que, nestes catalisadores, o cobalto é distribuído perto da superfície externa dos grãos do catalisador, o que reduz as limitações de transferência de massa e aumenta a velocidade de síntese de Fischer-Tropsch e a selectividade dos hidrocarbonetos com mais de 5 carbonos. Para fazer tais catalisadores, o nitrato de cobalto fundido é inoculado em grãos de sílica esférica.

7-19- Efeito do tamanho da partícula na velocidade e selectividade:

Para investigar o efeito da dimensão das partículas na velocidade e selectividade, foram preparados catalisadores com diâmetros médios de 0,13, 0,16, 0,36 e 0,86 mm, que eram semelhantes em todas as propriedades excepto o diâmetro das partículas. Pesquisas mostram que ao aumentar o diâmetro das partículas para mais de 0,36 mm, os limites de permeação aumentam e devido ao aumento da velocidade da reacção de deslocamento água-gás, a selectividade do metano e do dióxido de carbono aumenta, o que é claramente um factor desfavorável. A razão para aumentar a velocidade da reacção de deslocamento água-gás é a limitação da transferência de água dos poros e o aumento da sua concentração devido à síntese Fischer-Tropsch. Isto leva a um aumento da actividade da reacção de transferência água-gás e finalmente a um aumento da selectividade do dióxido de carbono e a uma diminuição da velocidade da reacção de síntese de Fischer-Tropsch.

7-20- Equações cinéticas baseadas em catalisador de ferro:

Na síntese de Fischer-Tropsch utilizando catalisador de ferro, temos duas reacções principais:

$$CO + \left[\, 1 + \left(\frac{n}{2}\right)\, \right] H_2 \longrightarrow CH_n + H_2O \tag{7-31}$$

$$CO + H_2O \longrightarrow CO_2 + H_2 \tag{7-32}$$

A taxa do processo de síntese Fischer-Tropsch é igual à diferença na taxa de consumo de CO e na formação de CO_2 . O rácio de CO convertido em hidrocarbonetos produzidos é também igual ao rácio r /r .FTSCO

Para o catalisador de ferro, a pressão parcial da água tem um efeito negativo sobre a taxa de reacção, enquanto que a pressão parcial do hidrogénio tem um efeito positivo. A equação de Anderson para a síntese de Fischer-Tropsch, que é amplamente consistente com os dados laboratoriais de pequenos reactores à escala industrial.

$$rFT = k\frac{P_{H2}P_{CO}}{P_{CO} + aP_{H2O}} \tag{7-33}$$

O valor constante de a deve ser determinado para cada catalisador específico com base no ferro. Uma vez que a equação de Anderson não está em conformidade com os dados laboratoriais em alguns casos, portanto, uma equação de velocidade mais geral, como por exemplo:

$$rFT \propto \frac{P_{H2}P_{CO}}{P_{CO} + aP_{H2O} + bP_{co2}} \tag{7-34}$$

Com base nisto, a velocidade da reacção de deslocamento água-gás será a seguinte.

$$rWGS = \frac{P_{H2O}P_{CO} - K^{-1}PCO_2P_{H2}}{aPH_2O + bPCO_2} \tag{7-35}$$

que é $K = 0.0132e^{\frac{4578}{T}}$. Uma vez que a pressão parcial de H_2 O, H_2 , CO, CO_2 é afectada pelo progresso da reacção de deslocamento água-gás, esta reacção tem um grande efeito na síntese de Fischer-Tropsch. A reacção de deslocamento de água converte dióxido de carbono, que pode ser convertido em hidrocarbonetos em CO, em CO_2 , que não participa na síntese de Fischer-Tropsch. Deste ponto de vista, esta reacção parece indesejável, mas por outro lado, com o deslocamento da água-gás, a pressão parcial da água diminui, em resultado da qual a velocidade da reacção de Fischer-Tropsch aumenta, o que é considerado uma coisa boa. Além disso, ao reduzir a pressão parcial da água, o problema da desactivação do catalisador de ferro como resultado da sua transformação em óxido de ferro é resolvido. Portanto, pode concluir-se que o catalisador de ferro é adequado para gás de síntese que tem rácios mais baixos de H_2/CO porque algum CO é consumido pelo deslocamento água-gás e algum H_2 é produzido. Isto é especialmente verdade para o gás de síntese obtido a partir do carvão.

7-21- Propriedades dos catalisadores de síntese Fischer-Tropsch

As características mais importantes relacionadas com os catalisadores de síntese Fischer-Tropsch são: actividade, selectividade e estabilidade. Naturalmente, em alguns casos, características tais como resistência mecânica e características térmicas (calor específico e coeficiente de condutividade térmica) são também importantes.

7-21-1- Actividade

A actividade é a velocidade que o catalisador dá à reacção química para alcançar o equilíbrio. A actividade pode ser expressa das seguintes formas:

1. Quilograma de reagente convertido por unidade de peso ou volume de catalisador por unidade de tempo.

2. De acordo com a conversão sob a forma de consumo de reagentes dividido pelo seu montante inicial.

3. A actividade pode ser expressa em termos de Frequência de rotação de um local específico activo da superfície do catalisador. O número TOF indica o número de moléculas reactivas que reagem no local activo por unidade de tempo. Na síntese Fischer-Tropsch, que são sítios activos de metal, o número de sítios activos pode ser determinado por adsorção química no metal, mas nos casos em que os sítios activos são não metálicos, é impossível determinar o número de sítios reais, e esta definição é limitada.

7-21-2- Seleccionabilidade

A selectividade do catalisador é a capacidade de produzir o produto desejado entre todos os produtos possíveis. Este parâmetro muda com a temperatura, pressão e tipo de reagente.

7-21-3- Sustentabilidade

Em condições operacionais, um bom catalisador para a síntese de Fischer-Tropsch deve ter estabilidade térmica e química para utilização a longo prazo. Estabilidade é o período de tempo em que o catalisador pode manter a sua actividade ou selectividade a um nível aceitável. Este parâmetro é muito importante para determinar o tempo de serviço do catalisador em unidades industriais.

7-21-4- Sítios activos em catalisadores

Durante uma reacção química, nem todos os pontos da superfície são necessariamente catalíticos. Os pontos sobre os quais a reacção é levada a cabo são chamados sítios activos. Os sítios activos podem estar activos para uma determinada reacção e inactivos para outras reacções. Em alguns casos, vários pontos em conjunto formam uma área activa. Para aumentar o número de sítios activos, o catalisador deve ter uma elevada área de superfície e porosidade. É necessária uma porosidade adequada para a penetração dos reagentes e como resultado ter actividade suficiente. Ao mesmo tempo, o catalisador deve ter uma resistência mecânica adequada. (especialmente em reactores onde o leito do catalisador não é fixo) de modo a que a sua estrutura física não se desintegre durante a reacção.

7-22- Catalisadores do processo Fischer-Tropsch

7-22-1- Cobalto

As vantagens do catalisador de cobalto sobre o ferro são:

1- Mais actividade.

2- Vida mais longa.

3- Menos actividade na reacção de deslocamento de água-gás e menos produção de dióxido de carbono.

4- Maior selectividade em comparação com os produtos de parafina pesada.
Duas empresas proeminentes na síntese Fischer-Tropsch, Shell e Sasol,
conceberam unidades baseadas no catalisador de cobalto.

7-22-1-1- Componentes importantes do catalisador de cobalto na síntese de Fischer-Tropsch

7-22-1-1-1- Fase activa

A escolha do metal desempenha um papel importante na preparação do catalisador. O metal deve ser seleccionado de tal forma que realize completamente as reacções desejadas, mas não é capaz de realizar as reacções indesejáveis. Na síntese de Fischer-Tropsch, ferro, cobalto e ruténio podem formar a fase activa do catalisador, que pode ser seleccionada de acordo com os parâmetros mencionados.

7-22-1-1-2-Catalyst base

A base forma a parte do corpo e o modelador do catalisador, na qual são colocados a fase activa, os impulsionadores e outros componentes, e embora muitas vezes não tenha actividade catalítica, é considerado um dos componentes importantes do catalisador.

As vantagens de utilizar a base são:

1- Dispersar a fase activa e alcançar sítios mais activos.

2- Aumentar a estabilidade térmica.

3- Aumentar a vida útil do catalisador

A base catalisadora tem o papel principal na taxa de produção de hidrocarbonetos, mas não desempenha um papel significativo na selectividade dos produtos. Os tipos de bases utilizadas para fabricar o catalisador de cobalto são:

Alumina, sílica, carvão activado, zeólitos, carboneto de silício, titânia, magnésia, zinco e óxidos de crómio, óxidos metálicos intermédios como Ta_2O, NbO_5, VO_{25} e vários silicatos.

As diferentes estruturas que a base de alumina pode ter são:

Alfa, Beta, Gama, Delta, Kappa, Eta, e Theta

As espécies acima referidas diferem umas das outras na sua estrutura cristalina. Entre as espécies acima mencionadas, a gama-alumina é a base mais amplamente utilizada para o catalisador. Os catalisadores à base de óxidos produzem produtos não ramificados e os catalisadores à base de zeólito produzem produtos ramificados.

7-22-1-1-3-Promotor

A fim de melhorar o desempenho do catalisador de cobalto, vários impulsionadores como o lantânio, ruténio, rénio, háfnio, césio, zircónio e alguns óxidos alcalinos são-lhe adicionados. Estes compostos são adicionados ao catalisador numa quantidade muito pequena para lhe dar mais actividade, selectividade ou estabilidade. Os reforços utilizados no catalisador de cobalto estão divididos em duas categorias: reforços texturizados e reforços químicos (electrónicos). Os reforços de tecido têm efeitos físicos sobre o catalisador e aumentam a sua estabilidade, enquanto que os reforços químicos (electrónicos) aplicam efeitos químicos ao sistema e melhoram a actividade e selectividade do catalisador. Abaixo encontram-se as características de alguns destes potenciadores:

1- Lanthanum (à base de alumina (

2- Ao utilizar o intensificador, a possibilidade de crescimento em cadeia e a produção de produtos mais pesados é aumentada e a selectividade do catalisador é reduzida em comparação com o metano. Além disso, a selectividade aumenta em comparação com as olefinas. Mas, ao mesmo tempo, a taxa de conversão diminui, o que se deve ao bloqueio dos locais de cobalto pelo lantânio.

2- Potássio (à base de alumina)

Quanto mais potássio é adicionado ao cobalto, mais o valor de α (factor de crescimento) aumenta, o resultado é um aumento na produção de hidrocarbonetos mais pesados, mas ao mesmo tempo, a percentagem de conversão de monóxido de carbono diminui significativamente. Por conseguinte, deve ser seleccionado um valor óptimo para este fim.

3- Zircónio (sobre base de sílica)

O zircónio aumenta a actividade do catalisador e como resultado aumenta a quantidade de separação do monóxido de carbono. Desta forma, aumenta a selectividade em relação aos hidrocarbonetos pesados. Estudos mostram que este impulsionador tem a melhor eficiência na base de sílica.

4- Renim:

O renio provoca uma maior distribuição de cobalto sobre a titânia e aumenta a selectividade para hidrocarbonetos mais pesados.

5- Ruténio:

Este impulsionador é utilizado em catalisadores de cobalto com bases de alumina, sílica e titania. Com base na sílica, provoca a produção de alcinos leves e tem um efeito negativo sobre a selectividade. Mas, com base na titânia, aumenta a selectividade da C^{5+} .

7-22-2- Catalisador de ferro

A característica do índice do catalisador de ferro é a sua actividade em direcção à reacção de deslocamento água-gás, desperdiça monóxido de carbono e produz dióxido de carbono e hidrogénio. Por esta razão, é adequado para gás de síntese com uma baixa relação H_2 /CO (como o gás de síntese do carvão). Ao mesmo tempo, também consome água de produção, o que provoca a oxidação e a desactivação do catalisador de ferro. Embora a actividade do ferro na síntese de Fischer-Tropsch seja inferior à do cobalto, o preço mais baixo, maior disponibilidade e selectividade inerente às olefinas e compostos oxigenados estão entre as vantagens deste catalisador em comparação com o cobalto. Na presença de catalisador de ferro, a selectividade do metano permanece baixa mesmo a temperaturas por volta de 340 C, mas a temperaturas mais elevadas, o peso molecular médio dos produtos é tão baixo que nenhum produto é produzido na fase líquida nas condições de reacção. O catalisador de ferro é muito flexível e a síntese selectiva de olefinas é possível com ele.

7-22-2-1- Componentes de catalisadores de ferro

7-22-2-1-1-Accelerators

Os aceleradores são substâncias que são continuamente adicionadas ao percurso de alimentação dos reactores catalíticos e aumentam o rendimento do produto desejado. Por razões económicas, os aceleradores estão limitados a materiais baratos, tais como vapor, hidrogénio, ar, etc. Na síntese Fischer-Tropsch com catalisador de ferro, é utilizado um acelerador de vapor de água. Este vapor de água reage com carbono e evita a deposição de carbono.

7-22-2-1-2- Reforçadores

No catalisador de ferro, são utilizados reforçadores que são:

7-22-2-1-3-Potassium:

O potássio aumenta a absorção de monóxido de carbono no catalisador, enquanto que diminui a absorção de hidrogénio porque se torna fácil de separar da superfície por hidrogenação. O potássio provoca o crescimento da cadeia e aumenta a selectividade para moléculas mais pesadas. Também aumenta a proporção de olefinas para parafinas nos produtos hidrocarbónicos resultantes. Outros efeitos do potássio incluem: aumento da actividade da reacção de deslocamento água-gás, aumento da taxa de desactivação do catalisador, e aumento da actividade da síntese de Fischer-Tropsch (claro, em baixas concentrações de potássio) nos reactores Syntol e Arg, é utilizado catalisador de ferro com reforço de potássio. Provoca a produção de produtos de gasolina em Syntol e de combustível diesel e cera em Arg.

7-22-2-1-4-Manganês

Os catalisadores de ferro com reforço de manganês aumentam a selectividade dos alcinos de luz e diminuem a selectividade do metano.

7-22-2-1-5-Cobre

O seu efeito de reforço é muito mais do que o do potássio e, ao mesmo tempo, realiza a reacção de mudança de água-gás lentamente. O peso molecular médio dos produtos aumenta com a presença de cobre. O cobre facilita a regeneração do ferro e reduz o tempo para atingir condições de estado estável na síntese de Fischer-Tropsch.

7-22-3-Comparação de catalisadores de ferro e cobalto

Nenhum destes dois catalisadores tem uma superioridade absoluta sobre o outro, e a escolha de cada um deles baseia-se num estudo técnico e económico detalhado no que diz respeito à localização da unidade industrial, à fonte de gás de síntese (gás natural ou carvão), à possibilidade de obter de acordo com os recursos internos e aos produtos desejados.

A água e o CO_2 não têm um efeito inibidor sobre a cinética (velocidade) da reacção Fischer-Tropsch na presença de catalisador de cobalto, mas são factores inibidores na presença de catalisador de ferro. E, em geral, para alcançar uma maior taxa de conversão, a utilização de catalisadores de cobalto é melhor do que a utilização de ferro. A vida útil do catalisador de cobalto é maior do que a do ferro, embora o cobalto seja extremamente sensível mesmo a quantidades muito pequenas de enxofre.

A selectividade para os compostos de cera é mais do que ferro em Catalyzerbalt. Para aumentar a selectividade no ferro, são utilizados melhoradores químicos, e no cobalto, alterando a pressão do reactor, de modo que com o aumento da pressão do reactor, a selectividade aumenta em comparação com os compostos mais pesados. No caso do catalisador de ferro, a selectividade não está relacionada com a pressão. A cera obtida da síntese de Fischer-Tropsch pode ser convertida em combustível diesel com um número de cetano de 70, realizando o hidrocraqueamento. Em geral, pode-se dizer que, em comparação com o cobalto, os catalisadores de ferro são mais selectivos para a produção de olefinas e os catalisadores de cobalto são mais selectivos para a produção de parafinas de cadeia longa.

Os catalisadores de ferro são utilizados a uma temperatura mais elevada de 330-350 C e os catalisadores de cobalto são utilizados a uma temperatura mais baixa de 25-330 C.

7-22-4- Redução da actividade catalítica

Quanto maior for a actividade do catalisador, menor será o volume necessário do reactor e o processo pode ser levado a cabo em condições de funcionamento mais amenas. Mas, ao mesmo tempo, a duração da manutenção da actividade do catalisador é também muito importante. Teoricamente, espera-se que ao longo da reacção e com a passagem do tempo, a actividade e selectividade do catalisador permaneçam inalteradas, mas na prática, haverá condições que inevitavelmente reduzirão a actividade e selectividade do catalisador. A velocidade de desactivação do catalisador pode ser de cerca de alguns segundos (por exemplo, no caso de falha catalítica do fluido FCC) a vários anos (por exemplo, na síntese de amoníaco). Factores que diminuem a actividade do catalisador. como se segue:

7-22-4-1-Lumpy

O crescimento de cristais de base ou fase activa, que provoca a redução da superfície activa do catalisador, é chamado de bombeamento. O seu mecanismo é a penetração superficial e a mobilidade da massa a altas temperaturas. É evidente que a aglomeração é fortemente dependente da temperatura e o ponto de fusão desempenha nela um papel importante, porque no ponto de fusão o comportamento da fase líquida é observado e a penetração no sólido é feita muito mais rapidamente. Com base nisto, duas temperaturas específicas são definidas como temperaturas Tammann e Hutting, que estão directamente relacionadas com o ponto de fusão. À temperatura de coagulação, a rede de cristais sólidos torna-se relativamente fraca e à temperatura de taman, a possibilidade de coagulação aumenta.

$$T_{Hutting} = 0.3(Melting\ Point)$$
$$T_{tammann} = 0.5(Melting\ point)$$

Nas relações acima referidas, as temperaturas estão em Kelvin. A temperatura de fusão do cobalto é 1766 k e para o ferro é 1808 k. A alumina gama (com alta porosidade) é mais sensível à aglomeração do que a alumina alfa (com porosidade média). No caso de partículas muito finas, a temperatura de movimento é mais baixa que a temperatura Hoting e Taman. Se a massa metálica estiver ligada à base com uma ligação química, a possibilidade de bombeamento torna-se muito menor porque a energia de ruptura da ligação é muito maior do que a energia necessária para superar a rede de cristais sólidos. A presença de vapor de água acelera a desactivação do catalisador através da aglomeração hidrotérmica.

Nas relações acima referidas, as temperaturas estão em Kelvin. A temperatura de fusão do cobalto é 1766 k e para o ferro é 1808 k. A alumina gama (com alta porosidade) é mais sensível à aglomeração do que a alumina alfa (com porosidade média). No caso de partículas muito finas, a temperatura de movimento é mais baixa que a temperatura Hoting e Taman. Se a massa metálica estiver ligada à base com uma ligação química, a possibilidade de bombeamento torna-se muito menor porque a energia de ruptura da ligação é muito maior do que a energia necessária para superar a rede de cristais sólidos. A presença de vapor de água acelera a desactivação do catalisador através da aglomeração hidrotérmica.

7-22-4-2-Poisoning

A absorção química das impurezas da ração pode causar a inactivação química do catalisador. Os elementos dos grupos V e VI e os iões metálicos que têm 5 ou mais electrões no nível energético podem causar o envenenamento dos catalisadores Fischer-Tropsch. Se o envenenamento for causado por elementos dos grupos V e VI, o catalisador pode ser reactivado por oxidação e redução, mas se o envenenamento for causado por iões metálicos, torna-se muito difícil reanimar o catalisador, mas se for feito, a resistência O catalisador é muito mais contra o veneno.

7-22-4-3-A deposição de carbono

A deposição ou coqueificação de carbono provoca a inactivação do catalisador, cobrindo a sua superfície. Para ultrapassar este problema, pode ser introduzido vapor de água adicional para evitar a formação de carbono.

7-22-4-4-Inactivação do catalisador de ferro

Os factores que reduzem a actividade do catalisador de ferro incluem: a presença de substâncias cerosas ou aromáticas nas cavidades catalíticas, venenos, tais como outros compostos orgânicos contendo enxofre, aglomeração hidrotérmica, e deposição de carbono através da reacção de Boudward. O teor de enxofre permitido na alimentação é inferior a 0,03 mgs por metro cúbico padrão de gás. Claro que, neste caso, o tipo de reactor utilizado é também eficaz. Em reactores de leito fluidizado, o catalisador será completamente envenenado, mas no caso de reactores de leito fixo, o veneno é absorvido apenas na camada superior do leito e as partes inferiores permanecem quase intactas. O efeito dos agentes inactivadores depende em grande parte da temperatura.

Síntese a baixa temperatura de 200-300C e reactores de leito fixo são utilizados para produzir cera líquida. A lavagem do catalisador com um solvente adequado aumenta a sua actividade, mas este efeito é de curto prazo porque as cavidades do catalisador são novamente preenchidas com cera. Nos reactores de lama, as partículas do catalisador são demasiado finas para que a taxa de penetração da cera actue como um factor limitador. Além disso, a contaminação com ceras muito pesadas é quase impossível. No processo LTFT, as substâncias aromáticas não são produzidas, portanto, não há qualquer problema com o catalisador. A superfície activa do jovem catalisador é superior a $200m^2$ /gr, enquanto que este valor atinge $50m^2$ /gr no final da vida útil do catalisador. Portanto, espera-se que nos reactores de leito fixo, a actividade e a selectividade à cera diminuam com o tempo. Também, com a redução de Sio_2 adicionada ao catalisador, a possibilidade de bombeamento também aumenta.

No caso de reactores tubulares, as experiências mostram que o tamanho dos cristais e a taxa de oxidação do ferro a $Fe\ O_{23}$ aumentam desde a entrada até à saída do reactor. É também óbvio que a taxa de envenenamento do catalisador é muito mais elevada na entrada do que na saída.

7-22-4-5- Desactivação do catalisador de cobalto

O cobalto, tal como o ferro, é muito sensível ao enxofre, com a diferença de que no caso do ferro, a diminuição da actividade catalisadora nos reactores de chorume pode ser compensada pela adição de catalisador fresco durante o processo, mas isto deve-se ao preço muito elevado do cobalto em comparação com o ferro No caso do cobalto, não é possível. Por conseguinte, é necessário que o gás de síntese produzido esteja isento de enxofre.

Se o cobalto for utilizado para produzir cera a baixa temperatura (inferior a) e a pressão parcial for alta, não serão produzidos compostos aromáticos. Além disso, nos reactores de lama, devido à melhoria da transferência de calor, é eliminada a possibilidade de formação de pontos quentes locais nas partículas catalisadoras, o que torna a aglomeração e a formação de coque de carbono aromático - que contamina a superfície do catalisador - impossível. No caso do catalisador de cobalto, bem como do ferro, o entupimento das cavidades catalíticas por ceras muito pesadas é quase impossível.

Um factor importante na desactivação do catalisador de cobalto é o vapor de água produzido pela síntese Fischer-Tropsch, que pode ser eficaz das seguintes formas:

1- tornar-se grumoso.

2- Oxidação do cobalto.

3- Formação de compostos de cobalto com base (tais como silicatos de cobalto e aluminatos).

Do ponto de vista termodinâmico, é impossível oxidar a fase a granel do cobalto, mas os átomos de superfície do cobalto são muito activos e a sua oxidação é possível. Por outro lado, a oxidação e redução contínua dos átomos de superfície devido ao seu contínuo rearranjo e movimento acelera a aglomeração. Porque a reacção do cobalto com o material de base requer cobalto em estado de óxido, portanto, o vapor de água acelera este processo. Estes compostos não podem ser reduzidos em condições normais, e isto significa a perda permanente da fase activa do catalisador. Por exemplo, o cobalto sobre uma base de sílica perde a sua actividade na presença de água, devido à formação de silicato de cobalto irredutível.

Quadro 7-5- Distribuição de diferentes produtos utilizando catalisador de ferro e cobalto:			
Cobalto (chorume)	Ferro (leito fluidizado)	Ferro (chorume)	Tipo de catalisador
220	340	235	Temperatura ©

4	8	3	CH_4
1	4	0.5	C_2H_4
1	3	1	C_2H_6
2	11	1.5	C_3H_6
1	2	1.5	C_3H_8
2	9	2	C_4H_8
1	1	2	C_4H_{10}
5	16	7	C_5, C_6
11	20	9	$C_7 @ 160°C$
22	16	0.17	$160 - 350°C @$
1	5	51	$+350°C$
1	5	4	Componente oxigenado
0.92	0.7	0.95	α

Quadro 7-6- Efeito das condições de funcionamento sobre a selectividade e outros parâmetros na síntese de Fischer-Tropsch

Selectividade do metano	Deposição de carbono	Selectividade alcoólica	Selectividade de olefinas	Ramificação	Comprimento da cadeia	
↓	↑	↓	×	↑	↓	Temperatura
↓	×	↑	×	↓	↑	Pressão

$\uparrow$	$\downarrow$	$\downarrow$	$\downarrow$	$\uparrow$	$\downarrow$	relação $H_2:CO$
$\uparrow$	$\uparrow$	$\downarrow$	$\downarrow$	$\times$	$\times$	Conversão
$\times$	$\times$	$\uparrow$	$\uparrow$	$\times$	$\times$	Hora
$\uparrow$	$\downarrow$	$\uparrow$	$\uparrow$	$\downarrow$	$\uparrow$	Catalisador de ferro reforçado com álcali

7-23- Reactores de processo Fischer-Tropsch

Em geral, os reactores utilizados na síntese Fischer-Tropsch são classificados em três categorias com base na forma como a alimentação entra em contacto com o catalisador: 1) leito fixo tubular 2) leito fluidizado 3) leito fluidizado Um ponto importante sobre todos os tipos de reactores O acima referido é remover o calor excessivo produzido pela síntese Fischer-Tropsch do sistema.

7-23-1- Reactores tubulares de leito fixo:

Os reactores de leito fixo tubular (Reactores de leito fixo tubular) foram a primeira geração de reactores que foram utilizados em 1937 para a síntese Fischer-Tropsch na Alemanha. Os reactores Arg, concebidos pela Sasol e operados na África do Sul, são também concebidos na mesma base. Nestes reactores, foi utilizado um grande número de tubos para aumentar a área de superfície e assim aumentar a taxa de transferência de calor.

O interior destes tubos é preenchido com grãos catalisadores, e o gás de síntese entra nestes tubos por cima e move-se para baixo. No interior da carapaça do reactor, a água é utilizada como líquido refrigerante. Esta água absorve o calor da reacção e transforma-se em vapor. Ao controlar a pressão do vapor de saída, a temperatura no interior do reactor pode ser controlada. A tabela 7.7 mostra os produtos produzidos por este tipo de reactor:

Tabela 7-7- Produtos produzidos no reactor TFBR	
Peso%	Produto
4	CH_4
4	Olefins C_2 Para C_4
4	Parafina C_2 a C_4
18	Gasolina
19	Produtos de destilação média
48	Óleos pesados e ceras
3	Compostos oxigenados

As desvantagens dos reactores TFBR são:

1) Alto custo de construção do reactor

2) Operações de manutenção de reactores difíceis e dispendiosas

3) Queda de pressão de gás elevada (cerca de 3 a 7 bar)

A temperatura máxima de funcionamento do reactor determina a formação de fuligem. A formação de fuligem reduz a actividade do catalisador e acaba por entupir os tubos.

7-23-2- Reactor de Leito Fluidizado:

Os reactores de leito fluidizado rotativo (CFBR) foram concebidos e operados pela primeira vez pela Sasol em 1955. Nestes reactores, o catalisador de ferro gira com o gás de síntese numa trajectória circular dentro do reactor, para este fim e devido ao peso pesado do catalisador, é necessário um compressor forte, que naturalmente será caro. Estes tipos de reactores são utilizados a alta temperatura para produzir gasolina e olefinas leves. As olefinas produzidas incluem etileno e propileno como produtos principais e

1-penteno e 1-hexeno como produtos secundários. A tabela 7-8 mostra os produtos produzidos nestes reactores.

Tabela 7-8- Produtos produzidos no reactor CFBR	
Peso%	Produto
7	CH_4
24	Olefins C_2 Para C_4
6	Parafina C_2 a C_4
36	Gasolina
12	Produtos de destilação média
9	Óleos pesados e ceras
6	Compostos oxigenados

As vantagens destes reactores em comparação com os reactores de leito fixo são:

1) Simplicidade e facilidade de operação

2) Menos queda de pressão

3) Menor custo de manutenção

4) Maior eficiência devido à melhoria da transferência de massa e calor

7-23-3- Reactores de chorume:

No reactor de chorume, partículas sólidas do catalisador são dispersas num chorume líquido. Nos reactores de chorume, a mistura é bem feita. Além disso, o chorume é rodado por uma bomba a alta velocidade. O reactor de chorume é principalmente utilizado em reacções de polimerização.

Os reactores de chorume têm diferentes tipos como o leito fixo, multitubo, leito fluido e colunas de bolhas de chorume, e esta diversidade tem causado mais atenção aos reactores de chorume nos últimos anos. Nestes reactores, o gás é disperso numa enorme piscina de líquido contendo partículas catalíticas em suspensão, e ocorre o contacto adequado entre as três fases sólido-líquido-gás. Os reactores de chorume são utilizados para sínteses altamente exotérmicas. São instalados tubos verticais nestes reactores para controlar a temperatura de reacção e a troca de calor.

O primeiro reactor de leito de chorume com um diâmetro de 5 metros e uma altura de 22 metros foi concebido e operado pela Sasol em 1993. A razão para este nome é que as ceras com elevado peso molecular são utilizadas como chorume dentro do tanque do reactor, e as partículas catalisadoras (ferro ou cobalto) são suspensas no mesmo. O gás de síntese entra no reactor a partir do fundo. O hidrogénio e o monóxido de carbono são dissolvidos na fase de chorume e a reacção é realizada na superfície do catalisador. A alimentação não convertida e os hidrocarbonetos leves produzidos são removidos da parte superior do reactor e depois separados. Os hidrocarbonetos líquidos produzidos são acumulados no interior do reactor e depois removidos. Os reactores de chorume são concebidos para funcionar a baixas temperaturas. As condições de temperatura e pressão de funcionamento são de cerca de 230 C e 22 bar. O diâmetro das partículas catalisadoras utilizadas nestes reactores é de cerca de 100 micrómetros. Para remover o calor gerado, é instalada uma serpentina de água de arrefecimento no interior do reactor.

Nos projectos que a Sasol está a executar no Qatar e na Nigéria, são utilizados reactores de chorume desenvolvidos com uma capacidade de produção de 17.000 barris por dia. Estes reactores têm um diâmetro de cerca de 10 metros e uma altura de 50 metros.

A razão pela qual a capacidade destes reactores está limitada a 17.000 barris por dia é que uma maior capacidade significa mais volume para o reactor e é muito difícil construir um reactor com dimensões muito grandes que possa estar em serviço a pressões de cerca de 30 bar.

As vantagens dos reactores de chorume são:

1) São mais fáceis de fazer.

2) O custo da sua elaboração é mais baixo.

3) A queda de pressão que criam é inferior a 1 bar.

4) No reactor de chorume, devido ao movimento de bolhas de gás na fase líquida, a mistura das fases é bem feita, e como resultado, a transferência de calor e massa também é bem feita. Assim, evita-se a criação de gradiente de temperatura e de pontos quentes ao longo do reactor, o que evita que os catalisadores sejam danificados.

5) No reactor de chorume, o contacto entre o gás de síntese e o catalisador é cada vez melhor, o que aumenta a taxa de conversão e aumento da produção, e a quantidade de catalisador consumida por uma tonelada de produto diminui, de modo que a quantidade de catalisador consumida por uma tonelada de produto no reactor de chorume é de 20% a 30% do reactor de leito fixo.

6) Ao contrário dos reactores de leito fixo, é possível substituir e adicionar catalisador em reactores de chorume, sem necessidade de parar a unidade.

7) O custo actual em reactores de chorume é inferior ao dos reactores de leito fixo.

7-23-3-1- Tipos de regime de fluxo no reactor de chorume

* regime de fluxo homogéneo ou homogéneo (fluxo da bolha).

* Regime de fluxo heterogéneo (altamente turbulento).

* Regime de fluxo coagulado.

A diferença na velocidade do gás diferencia os regimes uns dos outros. O regime de desenho depende das opções de desenho (como o diâmetro da coluna, etc.) e opções operacionais (velocidade aparente do gás e do líquido) e da natureza física (densidade, viscosidade, tensão superficial, etc.).

7-23-3-2- Regime de fluxo homogéneo

Neste tipo de regime, temos a mesma distribuição de partículas de gás, também as bolhas não interferem e a velocidade do gás é inferior a 0,5 m/s. Neste caso, as partículas de gás são ineficazes na mistura de líquidos, e a formação de partículas de gás depende do ponto de injecção e distribuição.

7-23-3-3- Regime de fluxo heterogéneo

Estudos mostram que a transição de um regime homogéneo para um regime heterogéneo é atrasada com o aumento da pressão. Se a velocidade do gás for inferior a 4 m/s, o reactor tende a funcionar neste regime. A mudança de velocidade para converter o regime de fluxo de homogéneo para heterogéneo tem lugar na gama de 0,44-0,67 m/s, o que foi investigado por Sarafi e os seus colegas.

7-23-3-4- Regime de fluxo coagulado

O aumento da velocidade do gás acaba por fazer com que as partículas se juntem e formem coágulos, por vezes o tamanho destes coágulos é o mesmo que o diâmetro da coluna. Isto acontece frequentemente em colunas com um diâmetro inferior a 0,15m.

Com diferentes métodos tais como CARPT, PIV, LDV, o regime de fluxo de uma coluna pode ser determinado. Para a concepção de reactores de chorume, é muito importante conhecer o tipo de fluxos.

7-23-3-5- Resíduo de gás

A retenção de gás é um parâmetro muito importante nos reactores de chorume e os seguintes factores afectam a retenção da fase gasosa:

7-23-3-5-1- Factores eficazes de retenção de gás

1. Velocidade aparente do gás: O gás residual tem uma relação de potência com a velocidade aparente do gás (G$\propto$U^n), onde n depende do regime de fluxo e é 0,7-1,2 para fluxo homogéneo e 0,7-0,4 para fluxo heterogéneo.

2. O efeito da pressão e densidade do gás: À medida que a pressão do sistema aumenta, a retenção de gás aumenta. O aumento da pressão reduz a tendência das pequenas bolhas a coalescerem e o desaparecimento de grandes bolhas.

3. O efeito dos sólidos: o aumento da concentração de sólidos reduz a retenção de gás.

4. Efeito das propriedades físicas do líquido: quanto mais viscoso o líquido é; mais efeito tem na retenção de gás. A diminuição da tensão superficial também aumenta a retenção devido à formação de pequenas bolhas.

5. Efeito do tamanho do reator.

6. Distribuidor de gás.

7-23-4- Tipos de reactores de chorume:

- coluna de bolhas.
- Reactor com laço interior.
- Reactor com anel exterior.
- Reactor esférico.

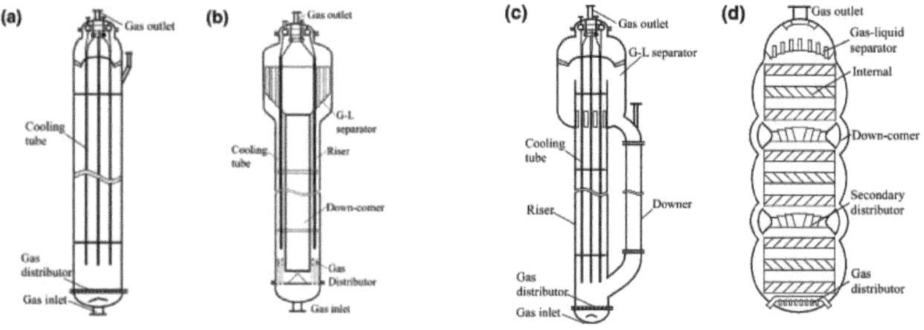

Figura 7.4. Tipos de reactores de chorume

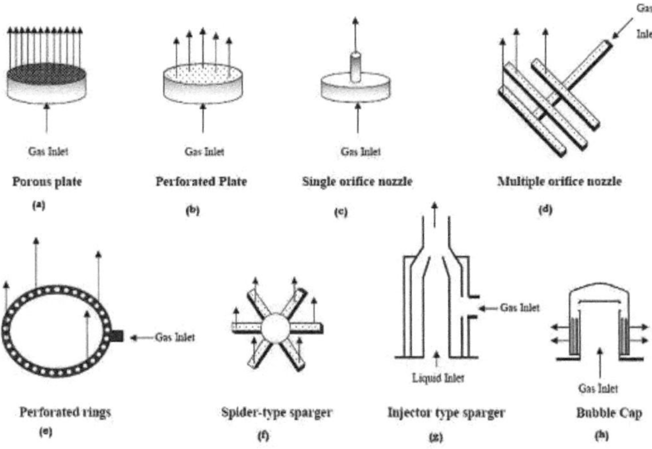

Figura 7.5. Tipos de distribuidores utilizados na coluna da bolha

7-23-4-1- Limitações de penetração em reactores de chorume:

A vantagem dos reactores de chorume é o seu controlo mais fácil da temperatura. Ao mesmo tempo, têm o problema de que o passo determinante da velocidade neles pode ser a transferência de materiais do gás para o líquido ou do líquido para a superfície do catalisador. Três etapas de transferência de massa que podem ser de controlo de velocidade, como se segue:

291

1- Transferência de massa na interface gás-líquido na camada limite do líquido.

2- Transferência de massa na camada limite do líquido na interface líquido-sólido.

3- Transferência de massa dentro dos orifícios do catalisador.

Como a superfície de transferência de massa entre líquido e sólido é muito maior do que a superfície entre líquido e gás, portanto, a segunda fase não pode ser a fase de controlo de velocidade. Além disso, as experiências mostram que a primeira fase não é a fase que determina a velocidade. Por conseguinte, neste campo, a investigação deve centrar-se nas propriedades físicas dos grãos catalisadores.

7-23-5- Reactores de leito fixo (Arge):

Em 1955, a Sasol Company concebeu reactores especiais Arg para trabalhar a pressões mais elevadas. Estes reactores operam a baixa temperatura e o seu produto é principalmente cera e hidrocarbonetos parafínicos.

Em cada reactor, existem 250 tubos com um diâmetro interior de 50 mm e um comprimento de 20 metros, dentro de cada tubo, um volume igual a 20 litros, é colocado um catalisador de ferro. No revestimento do reactor, a água sem solutos remove o calor gerado do sistema e transforma-se em vapor, que é utilizado no processo. A pressão do reactor é de cerca de 27 atmosferas e a temperatura é de cerca.

O gás de síntese que não participou na reacção é separado dos produtos leves produzidos na saída do reactor e devolvido ao interior. Uma vez que a percentagem de conversão é baixa em cada um destes reactores. A razão volume do fluxo de retorno para a alimentação fresca (Recycle Ratio) é de cerca de 2.

Os produtos produzidos no interior do reactor tornam-se líquidos e fluem no leito do catalisador e deixam o reactor. A figura seguinte mostra um diagrama simples do reactor Arg:

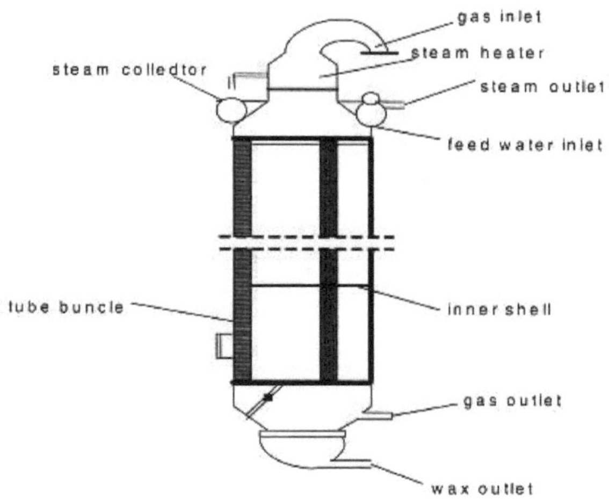

Figura 7.6. Esquema simples do reactor Arg

Foram lançados seis reactores ARG na unidade de Sasolburg, dos quais cinco estão a ser produzidos a baixa pressão com uma capacidade de 500 barris por dia, e um a alta pressão com uma capacidade de 700 barris por dia.

Devido aos defeitos mencionados no caso de reactores de leito fixo, em 1993, a Sasol suspendeu o uso de reactores Arg e decidiu desenvolver reactores de chorume para utilização no complexo Secunda (embora os reactores Arg na unidade de Sasolburg continuem a funcionar). Mas devido às vantagens que os reactores de leito fixo têm (como a concepção e operação simples) no mesmo ano, a Shell decidiu utilizar reactores de leito fixo no processo SMDS. Neste processo, utilizando catalisador de cobalto, são produzidas ceras pesadas, que são separadas por hidrocraqueamento e destilação, e produtos mais leves tais como combustíveis limpos, solventes e ceras.

7-23-6- Reactores de leito fluido Synthol:

Estes reactores são a segunda geração de reactores Sasol, que foram utilizados pela primeira vez em 1955. A altura destes reactores é de 50 metros e o seu diâmetro é de 1,2 metros. Nestes reactores, o gás de síntese entra no reactor a partir do fundo e ao mesmo tempo é-lhe adicionado um catalisador de ferro sob a forma de pó. Uma vez que o catalisador está quente, a sua adição à alimentação faz com que esta seja pré-aquecida e a partir desse momento ocorrem as reacções de Fischer. - O Tropesh começa. O fluxo de gás faz com que o catalisador se mova juntamente com ele e passe por um ciclo fechado. O calor produzido pelos permutadores de calor localizados no percurso do fluxo de gás é removido do sistema. No final do trajecto, por silicones, as partículas do catalisador são separadas do gás e estão prontas para serem reutilizadas no processo. O gás de saída do reactor inclui produtos leves e gás de síntese que não participaram na reacção. Depois de os separar uns dos outros, o gás de síntese é devolvido ao reactor.

Os reactores Syntol funcionam a uma temperatura elevada de cerca de 340 C. Por esta razão, os seus produtos incluem principalmente olefinas leves e derivados da gasolina.

A fim de facilitar a circulação do catalisador, as partículas do catalisador devem ser muito pequenas e finas, e como resultado, algum catalisador é sempre transferido para fora do reactor pelo fluxo de gás, por esta razão, é necessário adicionar continuamente o catalisador ao reactor. Para este efeito, 85 toneladas de catalisador são adicionadas ao reactor uma vez por semana.

Uma das desvantagens dos reactores synthol é o seu elevado consumo de energia a fim de mover as partículas catalisadoras. Estes reactores foram reformados devido ao seu elevado consumo de energia e actualmente a Sasol não utiliza estes reactores. Outras desvantagens destes reactores são: elevado custo de investimento, dificuldade em aumentar o rácio e elevado custo de corrente.

A capacidade de cada reactor Syntol no complexo Secunda era de 5.500 barris por dia, e a capacidade de cada reactor Syntol na unidade Musgas era de 6.500 barris por dia.

7-23-6-1- Reactores de sintetizadores avançados:

A terceira geração de reactores Sasol, reactores Syntol avançados (SAS)

(Sasol Advanced Synthol) que foi instalado pela primeira vez em 1998 em Sasolburg. Nestes reactores, ao contrário dos reactores Synthol convencionais, o leito do fluido catalisador é fixo. A capacidade de produção destes reactores é superior à dos reactores de leito de fluido rotativo, apesar do seu menor volume.

No complexo Secunda, todos os reactores de 16 segunda geração foram substituídos por 9 reactores de terceira geração, em resultado dos quais a capacidade de produção do complexo aumentou de 150.000 barris por dia para 175.000 barris por dia. É claro que os antigos reactores ainda existem no complexo, mas são utilizados como reservatórios.

Os reactores SAS também funcionam a altas temperaturas semelhantes aos reactores Syntol convencionais e os seus catalisadores também são semelhantes. Por conseguinte, não houve qualquer alteração no tipo de produto produzido.

Nestes reactores são colocadas bobinas de água refrigerada, que absorvem o calor gerado e produzem vapor de água. que este vapor de água produzido é utilizado no processo.

Os reactores SAS têm vantagens significativas sobre os reactores de segunda geração. Por exemplo, a sua concepção e construção é mais simples, de tal forma que o seu custo de construção é 60% inferior ao dos reactores synthol convencionais, os seus custos de funcionamento são mais baixos, os seus custos de manutenção são 85% inferiores aos da segunda geração, e a sua capacidade e quantidade de produção A sua conversão é mais elevada.

Actualmente, na unidade de Sasolburg, além de 6 reactores ARG com uma capacidade de 3200 barris por dia, 1 reactor Syntol avançado com uma capacidade de 3500 barris por dia, e no complexo de Secunda, 8 reactores Syntol avançados com uma capacidade total de 124.000 barris por dia e um reactor de chorume Estão a funcionar com uma capacidade de 3000 barris por dia. A figura abaixo mostra um esquema simples de reactores syntol e de reactores synthol avançados.

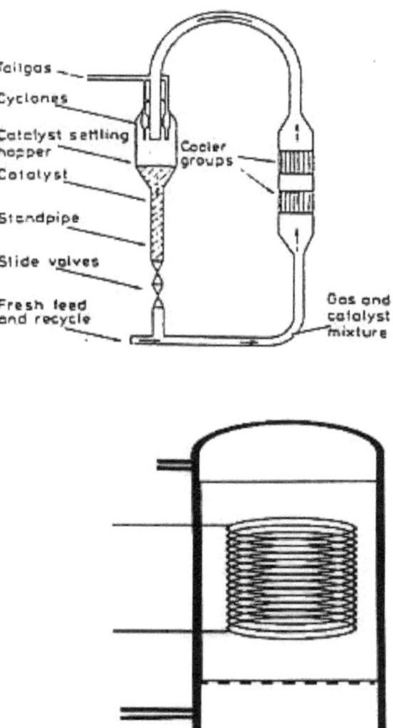

Figura 7.7. Um desenho simples de reactores synthol e de reactores synthol avançados

296

As tabelas 7.9 e 7.10 mostram os produtos dos reactores Arg e Syntol e a comparação da gasolina e do gasóleo produzidos nos reactores Arg e Syntol, respectivamente.

Tabela 7.9. Produtos dos reactores Arg e Syntol		
Reactor Syntol $325^\circ C$ (%wt) @	@ Reactor Arg $220^\circ C$ (%wt)	Produtos
10	2	CH_4
4	0.1	C_2H_4
4	1.8	C_2H_6
12	2.7	C_3H_6
2	1.7	C_3H_8
9	3.1	C_4H_8
2	1.9	C_4H_{10}
40	18	$C_5 - C_{11}$
7	14	$C_{12} - C_{18}$
4	7	$C_{19} - C_{23}$
	20	$C_{24} - C_{35}$
	25	$+ C_{35}$
6	3.2	Compostos oxigenados

Tabela 7.10. Comparação da gasolina e do gasóleo produzidos nos reactores Arg e Syntol			
Syntol (%wt)	Arg (%wt)	Imóveis	Produto
57	32	Olefins	$(C_5 - C_{11})$
14	60	Parafina	
8	57	Parafina normal	

7	0	Aromática	
15	0	Compostos cíclicos	
6	7	Álcoois	
6	0.6	Ketons	
2	0.4	Compostos oxigenados	
65	35	Número de octanas	
$(C_{12} - C_{18})$			
73	25	Olefins	
10	65	Parafina	
6	61	Parafina normal	
10	0	Aromática	
4	6	Compostos cíclicos	
2	<1	Álcoois	
1	0.05	Cetonas	
55	75	Número de cetano	

Referências

[1].M.A.Goula, W.Gunert, "Methane partial oxidation to synthesis gas using nickel on calcium aluminate catalysts", Catalysis Today, 32(1996)149-156.

[2]. A.Chauvel , G.Lefebvre, Petrochemical Processes, Part 1: Synthesis-Gas Derivatives and Major Hydrocarbons, Editions Techni p, Pari s, France, 1989

[3]. Sogge et.al .," Technical and economic evaluation of natural gas-based synthesis gas production technologies", Relatório SINTEF STF21 A93106, Noruega,1994.

[4] Abbott,J.," GTL syngas Generation using synetix gas heated reforming technology, Synetix,1998

[5] Lee TS, Chung JN. Modelação Matemática e Simulação Numérica de um Reactor de Leito Fischer-Tropsch e a sua Gestão Térmica para Produção de Combustível de Hidrocarboneto Líquido utilizando Biomassa Syngas. Energia & Combustíveis 2012;26:1363-79.

[6] Sheehan J, Camobreco V, Duffield J, Graboski M, Shapouri H. Inventário do Ciclo de Vida do Biodiesel e do Diesel Petrolífero para Utilização em Autocarros Urbanos. Colorado: U.S. Department of Energy's Office of Fuels Development; 1998.

[7] Borg Ø, Dietzel PDC, Spjelkavik AI, Tveten EZ, Walmsley JC, Diplas S, et al. síntese Fischer-Tropsch: Tamanho da partícula de cobalto e efeitos de suporte na actividade intrínseca e distribuição do produto. Journal of Catalysis 2008;259:161-4.

[8] Almeida LC, Sanz O, Merino D, Arzamendi G, Gandía LM, Montes M. Análise cinética e modelação de reactores microestruturados para a síntese de Fischer-Tropsch sobre um catalisador Co-Re/Al2O3. Catálise Hoje 2013;215:103-11.

[9] Atashi H, Mansouri M, Hosseini S, Khorram M, Mirzaei A, Karimi M, et al. Cinética intrínseca da síntese Fischer-Tropsch sobre um catalisador de cobalto-potássio impregnado. Coreano J Chem Eng 2012;29:304-9.

[10] Marvast MA, Sohrabi M, Zarrinpashne S, Baghmisheh G. Fischer-Tropsch Synthesis: Estudo de Modelação e Desempenho para o Fe-HZSM5 Catalisador Bifuncional. Engenharia Química e Tecnologia 2005;28:78-86.

[11] Mirzaei AA, Shirzadi B, Atashi H, Mansouri M. Modelação e optimização das condições de funcionamento da síntese de Fischer-Tropsch num reactor de leito fixo. Journal of Industrial and Engineering Chemistry 2012;18:1515-21.

[12] Mogalicherla AK, Elbashir NO. Desenvolvimento de um Modelo Cinético para Síntese Fischer-Tropsch de Fluidos Supercríticos. Energia & Combustíveis 2011;25:878-89.

[13] Park N, Kim J-R, Yoo Y, Lee J, Park M-J. Modelação de um reactor de leito fixo à escala piloto para síntese Fischer-Tropsch à base de ferro: Abordagem bidimensional para um diâmetro óptimo do tubo. Combustível 2014;122:229-35.

[14] Rafiq MH, Jakobsen HA, Schmid R, Hustad JE. Estudos experimentais e modelação de um reactor de leito fixo para síntese Fischer-Tropsch utilizando biosyngas.Fuel Processing Technology 2011;92:893-907.

[15]- Anderson, R.B., "Catalysts for the Fischer-Tropsch Synthesis", Vol .4, Vannostrand Reinhold, New York, US,1958.

[16]- Zi mmerman, W.H., "Reaction Kinetics over iron catalysts used for the FTS", Can.J.Chem.Eng., 68, 292-301, 1990.

[17]- Huff, J, R., "Intrinsic of FTS on a reducedfused magnetite catalyst", Ind.Eng.Chem.Proc.Rec.Dev., 23, 696-705, 1984.

[18]. E.S. Lox,;G.F. Froment, " Kinetics of the Fischer-Tropsch Reaction On a Precipitated Promoted Iron Catalyst.1. Expermental Procedure and Results ",Industrial Engineering and Chemistry Research 32 (1993) 61- 70.

[19]. Jr.G.A. Huff,C.N.Satterfield, " Intrinsic Kinetics of the Fischer-Tropsch Synthesis On a Reduced Fused-Magnetite Catalyst" , Ind . Eng.Chem .Process Des.Dev., 23(1984) , 696 - 705.

[20]. C.N. Satterfield, R.T. Hanlon, S. E. Tung, Z. Zou, G.C. Papaefthymiou," Effect of water on the Iron - Catalyzed Fischer-Tropsch Synthesis" ,Ind.Eng. Chem .Prod. Res.Dev ., 25 (1986) ,407 - 414.

[21]. Jr.G.A. Huff,C.N.Satterfield," Stirred Autoclave Apparatus for Study of the Fischer -Tropsch Synthesis in a slurry Bed. 2.Analytical Procedures ", IndustrialEngineering and ChemistryFundamentals (1983) 258 - 263.

[22]. Jr.G.A. Huff,C.N.Satterfield, " Some Kinetic Design Considerations in the Fischer -Tropsch Synthesis on a Reduced Fused-Magnetiite Catalyst ",Ind.Eng.Chem.Process Des. Dev., 23(1984) , 851 - 854.

[23]. G.P. vanderLaan, A.A.C.M Beenackers, R. Krishna, "Multicomponent Reaction Engineering Model for Fe-Catalyzed Fischer -Tropsch Synthesis in Commercial Scale Slurry Bubble Column Reactors", Chemical Engineering Scienece 54 (1999) 5013- 5019.

[24]. C.Maretto,R.Krishna, "Modelação de um Reactor de Polpa de Coluna de Bolha para Síntese Fischer -Tropsch", CatalysisToday 52(1999) 279- 289 35. E. Costa,A.de Lucas, P.Garcia, "Fluid Dynamics of Gas - Liquid -Solid Fluidized Beds", Ind. Eng.Chem.Prod. Res.Dev . ,25 (1986),849 – 854.

[25]. W.L McCabe, J.C.Smith, P.Harriot,Unit Operations of Chemical Engineering (Singapura: McGraw - Hill international editions, 1985)p. 147 – 152 [26]. M. E. Dry, "The Fischer - TropschProces: 1950 - 2000 ", Catalysis Today 71 (2002) 227 - 241

[27]. R. L. Espinoza, A. P. Steynberg, B. Jager, A. C. Vosloo, "Low Temperatur Fischer-Tropsch Synthesis from a Sasol Perspective",Applied CatalysisA: General 186 (1999) 13 - 26.

[28]. C. Knottenbelt, "Mossgas " Gás - para - líquido" Diesel Fuels - an Environmentally Friend Option",Catalysis Today 71 (2002) 437-445.

[29]. P. Dee Patterson , R. L Payne, S. Tam, "Potential Impacts of Gas to LiquidsTechnologyon Oil and Gas Industry", Proceedings of 2003 WorldPetroleum congress .

[30]. D. J. Wilhelm, D. R. Simbeck, A.D. Karp, R. L. Dickenson, "Syngas Production for Gas-to-Liquids Applications:Technologies,Issues and Outlook", Fuel Processing Technology 71 (2001) 139 - 148 .

[31].A.C. Vosloo, "Fischer Tropsch: a Futuristic View", Fuel Processing Technology 71 (2001) 149 - 155.

[32]. M.H.Koelmel, "Transformation of Global Energy Markets: the Future Roles of GTL & LNG", Proceedings of 2003 World Petroleum congress

[33].E.S. Lox,; G.F. Froment, "Kinetics of the Fischer -Tropsch Reaction on a Precipitated Promoted Iron Catalyst". 2. Kinetic Modeling " ,Industrial Engineering and Chemistry Research 32 (1993) 71- 82.

[34]. H. Schulz, M. Claeys. Modelação cinética das distribuições de produtos Fischer-Tropsch. Catálise Aplicada A: Geral. 186 (1999) 91-107.

[35]. R. Oukaci, A.H. Singleton, J.G. Goodwin. Comparação de Co F-Tcatalysts patenteados utilizando reactores de coluna de bolha fixa e de chorume. Catálise Aplicada

R: Generalidades. 186 (1999) 129-44.

[36]. M.E. Seco. Aspectos catalíticos da síntese industrial Fischer-Tropsch. Journal of Molecular Catalysis. 17 (1982) 133-44.

[37].S.T. Sie. Desenvolvimento do processo e escalada: IV. História do desenvolvimento de um processo de síntese Fischer-Tropsch. Rev Chem Eng. 14 (1998) 109-57.

[38] .R. Krishna, S.T. Sie. Concepção e ampliação do reactor Fischer-Tropsch de chorume de coluna de bolha. Tecnologia de processamento de combustível. 64 (2000) 73-105.

[39]. R.L. Espinoza, A.P. Steynberg, B. Jager, A.C. Vosloo. Síntese de Fischer-Tropsch a baixa temperatura, numa perspectiva Sasol. Catálise Aplicada A: Geral. 186 (1999) 13-26.

[40]. R. Krishna. Uma estratégia de expansão para um reactor de polpa de coluna de bolha à escala comercial para a síntese de Fischer-Tropsch. Ciência e Tecnologia do Gás Petrolífero - Rev IFP. 55 (2000) 359-93.

[41]. R. Krishna, J.M. van Baten. A Strategy for Scaling Up the Fischer-Tropsch Column Bubble Bubble Column Slurry Reactor. Tópicos em Catálise. 26 (2003) 21-8.

[42]. M.N. Kashid, A. Renken, L. Kiwi-Minsker. Transferência de massa gás-líquido e líquido-líquido em reactores microestruturados. Ciência da Engenharia Química. 66 (2011)3876-97.

[43] Y.H. Chin, J. Hu, C. Cao, Y. Gao, Y. Wang. Preparação de um novo catalisador estruturado baseado em matrizes de nanotubos de carbono alinhados para um reactor de síntese de micro-canal Fischer Tropsch. Catálise Hoje. 110 (2005) 47-52.

[44]. J. Knochen, R. G¨ uttel, C. Knobloch, T. Turek. Síntese de Fischer-Tropsch em reactores de leito fixo estruturados em milli: Estudo experimental e considerações sobre a ampliação. Engenharia Química e Processamento: Intensificação do processo. 49 (2010) 958-64.

[45]. L. Guillou, D. Balloy, P. Supiot, V. Le Courtois. Preparação de um catalisador composto multicamadas para síntese de Fischer-Tropsch num reactor de micro-câmara. Catálise Aplicada A: Geral. 324 (2007) 42-51.

[46]. M.A. Marvast, M. Sohrabi, S. Zarrinpashne, G. Baghmisheh. Síntese de Fischer-Tropsch: Modelação e estudo de desempenho do catalisador bifuncional Fe-HZSM5. Engenharia Química e Tecnologia. 28 (2005) 78-86.

[47]. R. Philippe, M. Lacroix, L. Dreibine, C. Pham-Huu, D. Edouard, S. Savin, etal. Efeito da estrutura e propriedades térmicas de um catalisador Fischer-Tropsch num leito fixo. Catálise Hoje. 147 (2009) S305-S12.

[48]. B. W. Wojciechowski. Cinética da síntese de Fischer-Tropsch. Revisões de catálise. 30 (1988) 629-702.

yes

I want morebooks!

Buy your books fast and straightforward online - at one of world's fastest growing online book stores! Environmentally sound due to Print-on-Demand technologies.

Buy your books online at
www.morebooks.shop

Compre os seus livros mais rápido e diretamente na internet, em uma das livrarias on-line com o maior crescimento no mundo! Produção que protege o meio ambiente através das tecnologias de impressão sob demanda.

Compre os seus livros on-line em
www.morebooks.shop

Printed by Books on Demand GmbH, Norderstedt / Germany